AF723067

Böschungen und Baugruben

- **gleichmäßige Aufteilung:** die verbleibenden Flächen sind so aufzuteilen, dass eine gleichmäßige Aufteilung entsteht; es sollten die Lamellenbreiten nicht zu großen Schwankungen unterliegen.

Die Lamellen werden durchnummeriert und es wird nun jede Lamelle einzeln berechnet. Hier wird nun an einer Lamelle die notwendigen Details erläutert.

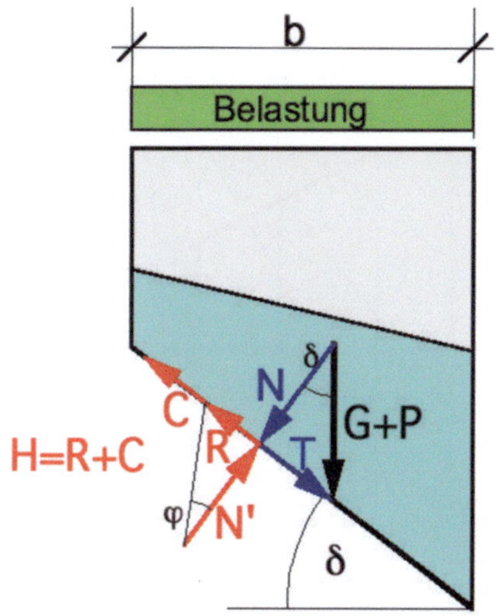

Abbildung 3.20: Kräfte bei einer Lamelle

Die Lamelle hat eine definierte Breite b in der die Belastung und der Boden bzw. das Bauwerk liegt. Die Aufstandsfläche wird vereinfacht als Gerade mit der Neigung der Tangente an den Kreis angenommen. Die Aufstandsfläche hat den Neigungswinkel δ gegenüber der Horizontalen.

Bei der Berechnung wird angenommen (Vereinfachung), dass die linke und rechte Erddruck auf jeweils eine Lamellenseite sich gegenseitig aufheben und somit nichts zur Gleitung beitragen. Diese Annahme ist durchaus vernünftig, da sich der Gleitkörper als Ganzes bewegt und innere Bewegungen nicht vorkommen.

Es werden nun die Vertikalkräfte als Summe der vorkommenden Bodengewichte und der einwirkenden Belastung ermittelt. Dabei wird die Belastung nur gerechnet, wenn sie einen Einfluss hat, der in der Lamelle treibend wirkt.

$$G+P=\Sigma(A*\gamma)+b*p \tag{3.12}$$

Diese Vertikalkraft wird nun entsprechend dem Neigungswinkel δ der Lamelle in eine Normalkraft N und die Tangentialkraft bzw. treibende Kraft T entsprechend dem Kraftdreieck aufgeteilt.

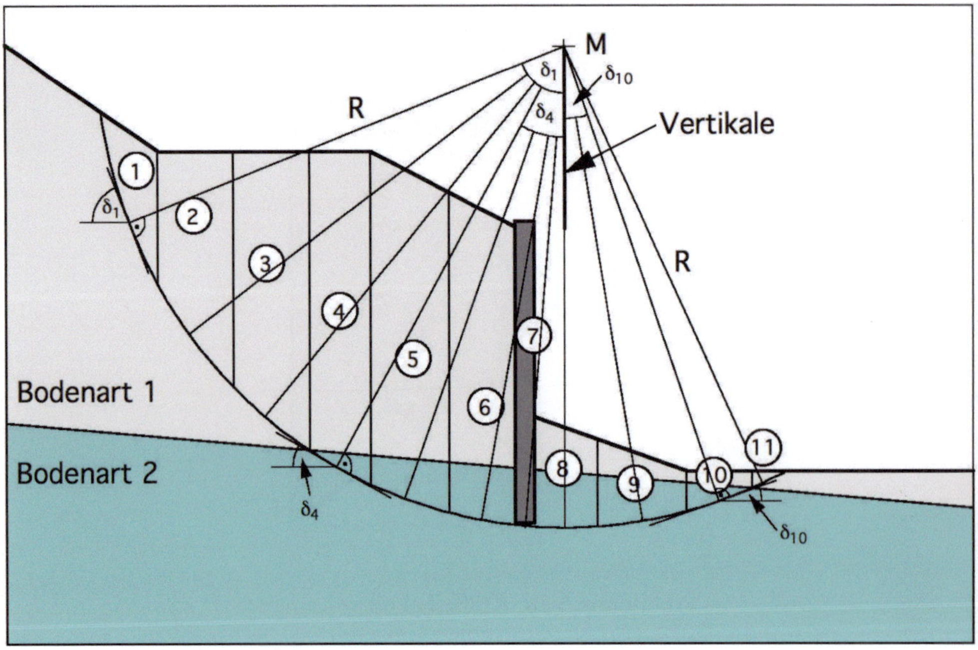

Abbildung 3.21: Ermittlung der Gleitfugenneigung der Lamellen

$$N=(G+P)*cos\delta \qquad T=(G+P)*sin\delta \tag{3.13}$$

N drückt auf die Gleitfuge, damit entsteht eine Reaktionskraft in gleicher Größe, aber in entgegengesetzter Richtung:

$$N'=N \tag{3.14}$$

Für die Berechnung der Reibungs- und Kohäsionskräfte in der Gleitfuge werden nur die entsprechenden Bodenkennwerte der Bodenschicht verwendet, in der die Gleitfuge aufliegt. Darüber liegende andere Bodenarten haben nur einen

Einfluss auf das Lamellengewicht G siehe Formel 3.12 und nicht auf die Schereigenschaften. Nun können die haltenden Kräfte mit der Reibung in der Gleitfuge errechnet werden.

$$R = N' * tan\varphi = (G + P) * cos\delta * tan\varphi \tag{3.15}$$

Und mit der Kohäsion c und der Länge der Gleitfuge l an der Unterseite der Lamelle kann die Kohäsionskraft ermittelt werden:

$$C = c * l = c * \frac{b}{cos\delta} \tag{3.16}$$

Und somit ergeben sich die haltenden Kräfte zu:

$$H = R + C \tag{3.17}$$

Nun sind die treibenden Kräfte T und die Haltenden Kräfte H für jede Lamelle berechnet. Es wird nun das resultierende Moment aus den haltenden und treibenden Kräften mit dem Radius R als Hebelsarm berechnet.

$$M_h = \Sigma(H * R) \qquad M_t = \Sigma(T * R) \tag{3.18}$$

Für die Standsicherheit des Geländebruches muss nun das haltende Moment M_h größer sein als das treibende Moment M_t. Die Sicherheit errechnet sich dann zu :

$$\eta = \frac{M_h}{M_t} \tag{3.19}$$

Dieser Zusammenhang kann vereinfacht werden, denn sowohl im Zähler als auch im Nenner ist der Radius R vorhanden, durch den gekürzt werden kann.

$$\eta = \frac{M_h}{M_t} = \frac{R * \Sigma H}{R * \Sigma T} = \frac{\Sigma H}{\Sigma T} \tag{3.20}$$

Somit werden bei der Ermittlung der Sicherheit einerseits die haltenden Kräfte und andererseits die treibenden Kräfte jeweils zusammengezählt und anschliessend dann miteinander dividiert.

In der nachfolgenden Tabelle ist die Gleitkreisberechnung des in den letzten Abblldungen aufgezeigten Gleitkreises berechnet.

Lam Nr.	b [m]	A [m2]	γ [kN/m3]	p [kN/m2]	V [kN]	δ [°]	φ [°]	c [kN/m2]	T [kN]	H [kN]
1	1,18	1,93	21,0	0,0	40,5	60,6	30,0	0,0	35,31	11,49
2	1,60	6,14	21,0	15,0	152,9	53,3	30,0	0,0	122,62	52,77
3	1,58	8,68	21,0	15,0	206,0	39,8	30,0	0,0	131,85	91,37
4	1,29	7,91	21,0	15,0	185,5	29,2	25,0	0,0	90,48	75,49
	1,29	0,42	19,5	0,0	8,2	29,2	25,0	3,0	4,00	7,77
5	1,63	9,54	21,0	0,0	200,3	20,1	25,0	0,0	68,85	87,73
	1,63	1,36	19,5	0,0	26,5	20,1	25,0	3,0	9,11	16,82
6	1,39	7,17	21,0	0,0	150,6	10,3	25,0	0,0	26,92	69,08
	1,39	1,52	19,5	0,0	29,6	10,3	25,0	3,0	5,30	17,84
7	0,40	5,02	25,0	0,0	125,5	5,0	25,0	3,0	10,94	59,50
8	1,31	1,18	21,0	0,0	24,8	0,0	25,0	0,0	0,00	11,56
	1,31	1,45	19,5	0,0	28,3	0,0	25,0	3,0	0,00	17,11
9	1,84	0,90	21,0	0,0	18,9	-9,4	25,0	0,0	-3,09	8,69
	1,84	1,50	19,5	0,0	29,3	-9,4	25,0	3,0	-4,78	19,05
10	1,36	0,41	21,0	0,0	8,6	-19,0	25,0	0,0	-2,80	3,80
	1,36	0,40	19,5	0,0	7,8	-19,0	25,0	3,0	-2,54	7,75
11	0,75	1,13	21,0	0,0	23,7	-24,7	30,0	0,0	-9,92	12,45

Summe =	482,26	570,27

Sicherheit η =	1,18

Abbildung 3.22: Tabellenberechnung des Gleitkreises

Das Ergebnis zeigt eine Sicherheit von 1,18.

Lastfallklasse	Sicherheitszahlen η		
	Sicherheitsklasse		
	1	2	3
1 (Regellastfälle)	1,0	1,15	1,3
2 (Ausnahmelastfälle)	1,0	1,1	1,2
3 (Sonderlastfälle)	1,0	1,05	1,1

Abbildung 3.23: erforderliche Sicherheiten bei Geländebruch

Die erforderlichen Sicherheiten sind in der ÖNORM B4433 abhängig von dem Lastfall (nach ÖNORM B4430/1) und der Sicherheitsklasse (nach ÖNORM B4040) angegeben.

Der im Beispiel ermittelte Sicherheitsfaktor ist mit den zulässigen Sicherheitsfaktoren zu vergleichen. Im vorliegenden Fall ist die Sicherheit nicht ausreichend, er sollte 1,3 sein, es muss daher eine Verbesserung der Situation erreicht werden. Dies kann beispielsweise mit einer tieferen Einbindung der Stützwand erreicht werden. Es muss dann der Gleitkreis erneut gerechnet werden, damit die erforderliche Sicherheit nachgewiesen wird.

Bei einer wie im Beispiel dargestellten Situation sind mehrere Gleitkreise mit unterschiedlichem Radius und auch unterschiedlicher Mittelpunktslage durchzurechnen um auf die minimale Sicherheit zu kommen. Dies wird meist mittels EDV-Programmen durchgeführt, wobei die Kriterien für Gleitkreise immer zu beachten sind.

Ein Beispiel für eine beginnende Rutschung war in Navis (nahe Brenner), bei der durch Drainagen eine tiefere Ausbreitung der Gleitebene verhindert werden konnte.

Abbildung 3.24: Rutschung im leicht bindigen Boden mit Drainagen in Navis

3.3 Fels

Im Gegensatz zu Lockermaterial ist Fels kein gleichmäßiges Material, sondern ist durch sein Wachstum und die geologische Geschichte geprägt. So sind bei jedem Fels die Schichtung als Ergebnis der Entstehung und auch die Klüftung als Folge der Belastung prägende Merkmale, die die Eigenschaften des Felsens beherrschen.

Abbildung 3.25: Klüftung von Fels: offen - geschlossen

Durch Krafteinwirkung aus geologischen Kräften (z.B. Plattentektonik) oder auch der Witterung (Frost und Eis) bricht der gewachsene Fels in einzelne Bruchkörper, die sich mit der Zeit auch mehr oder weniger bewegen können. Es bleibt aber eine Struktur, die in verschiedenen Raumrichtungen unterschiedliche Eigenschaften besitzen.

Es ist nun Aufgabe bei der Betrachtung von Felsböschungen diese Raumstrukturen zu erkennen und entsprechend der geometrischen Form eine Nachbildung (Darstellung) zu wählen, mit der man die Berechnung der Böschungssicherheit durchführen kann. Besonderes Augenmerk ist dabei auf die Raumrichtung der Bruchstrukturen und deren Größe zu richten.

Abbildung 3.26: Zerlegung von Fels: 5-20 cm-Bereich - < 2 cm Bereich

Die Abbildungen zeigen, dass es zwischen einfachen Strukturen bis hin zu sehr kleinen und noch dazu gekrümmten Strukturen in der Natur alle Möglichkeiten gibt. So bleibt für die Berechnung nichts anderes übrig, als diese vorkommenden Strukturen zu vereinfachen und dann mit den jeweils möglichen Ansätzen einen Nachweis der jeweiligen Sicherheit zu erbringen.

Bei den Klüften gibt es von einfachen Klüften bis hin zu Mylonitzonen, die ein vollkommenes Zerreibsel einer gesamten Zone darstellen, jede Art von Zwischenstationen. Einen guten Überblick über die verschiedenen Kluftarten hat L. Müller in seinem Buch 'Der Felsbau' [26] aufgezeigt. Hier sieht man schon, dass eine Vereinfachung der Struktur bei einer Berechnung unbedingt notwendig ist. Es wird die Kluft als flächenhafte Struktur, die den Fels trennt angenommen. Somit werden in den Berechnungen nur ebene Flächen mit den unterschiedlichsten Eigenschaften verwendet.

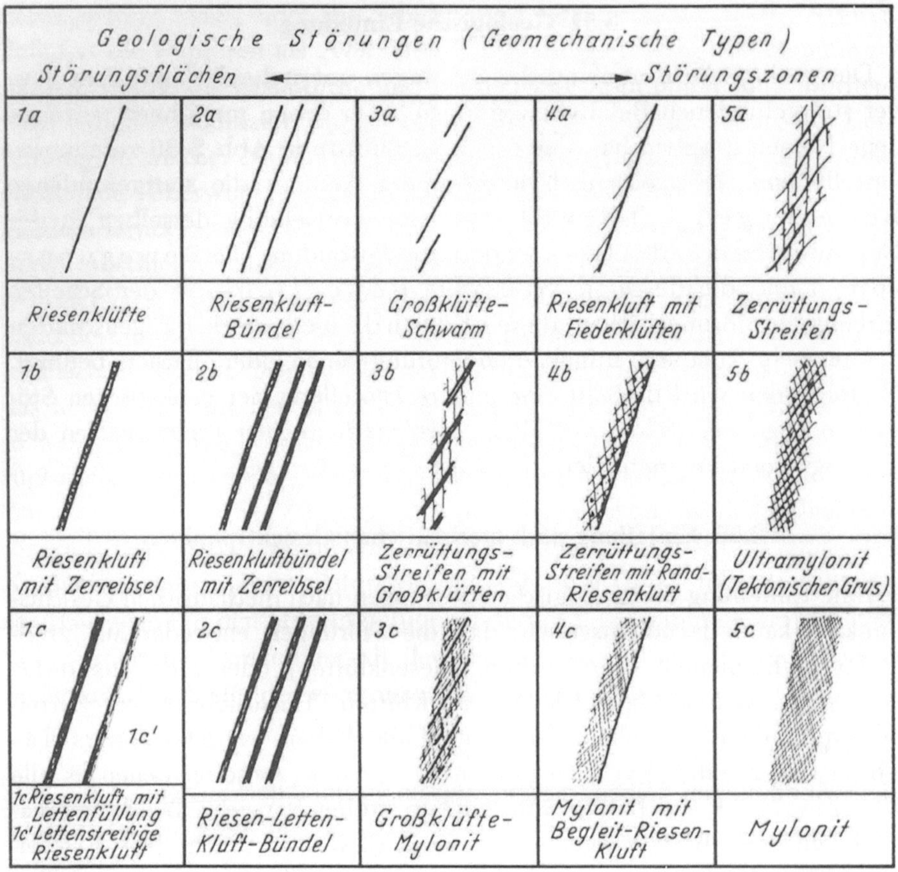

Abbildung 3.27: Einteilung der Kläfte nach L.Müller

Im vorliegenden Buch werden in den Berechnungen die Klüfte mit der Bezeichnung 1a bis 5a (Riesenklüfte bis Zerrüttungsstreifen) als Klüfte ohne Füllung bezeichnet, die Klüfte mit Zerreibsel (1b bis 5b) als Klüfte mit rolliger Kluftfüllung und letztlich die Klüfte 1c bis 5c als Klüfte mit bindiger Kluftfüllung.

Ein weiteres Kriterium ist die Lage der Klüfte im Raum und deren Zuordnung. Geht man im einfachsten Fall von einer quaderähnlichen Struktur aus, so kann man, wenn diese im rechten Winkel zur Schnittebene liegen, die Schnittzeichnung als Grundlage für eine Berechnung verwenden.

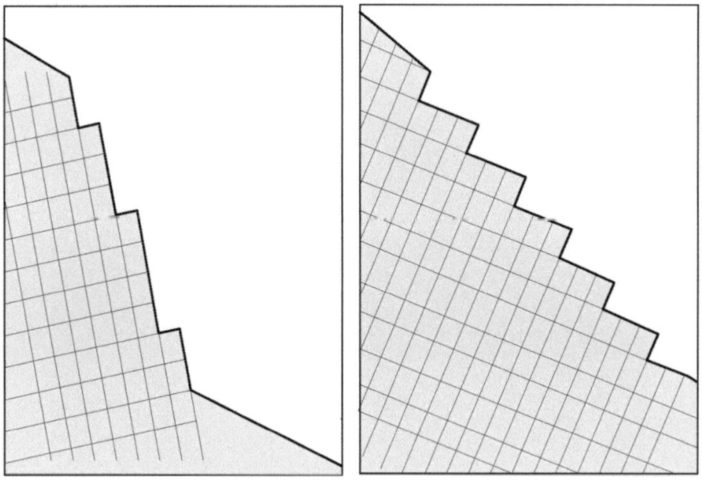

Abbildung 3.28: unterschiedliche Böschungsneigung entsprechend der Kluftlage

Die Böschungsnachweise sind relativ einfach zu machen und werden in den nächsten Punkten erarbeitet.

Falls die Klüfte nicht senkrecht zur Bildebene liegen und auch noch schiefwinklig zueinander stehen, wird das Kluftsystem schon etwas komplizierter. Dann verwendet man oft die Darstellung mit Hilfe der Lagekugel, wie es unter Punkt 3.3.4 erläutert wird.

3.3.1 Keine Kluftfüllung

Die einfachste Form von Fels neben einem ungeklüfteten Fels, der in der Praxis fast nie vorkommt, ist der regelmäßig geklüftete Fels ohne eine Kluftfüllung.

In dieser Felsstruktur werden die einzelnen Kluftkörper mit ihrer Kluftneigung dargestellt und entsprechend ihrer Lage auch in eine Berechnung eingeführt. Dabei wird ähnlich wie bei der rolligen Böschung das Kräftesystem ermittelt. Die Aufstandsfläche wird als Gleitfläche verwendet, und der Kräfteansatz entspricht dem einer Böschung mit rolligem Boden. Mögliche seitliche Kräfte aus benachbarten Kluftkörpern oder aus der Schräglage der Kluftkörper sind noch zusätzlich zu berüücksichtigen. Generell ändert sich jedoch nichts in der Betrachtungsweise gegenüber dem dargestellten Käfteansatz.

Abbildung 3.29: klüftiger Fels ohne Kluftfüllung an der Steinplatte (Tirol)

Der Reibungswinkel in Klüften ohne Füllung ist meist relativ hoch und wird normalerweise, wenn keine eigene Untersuchung vorliegt mit 40-45 Grad angesetzt.

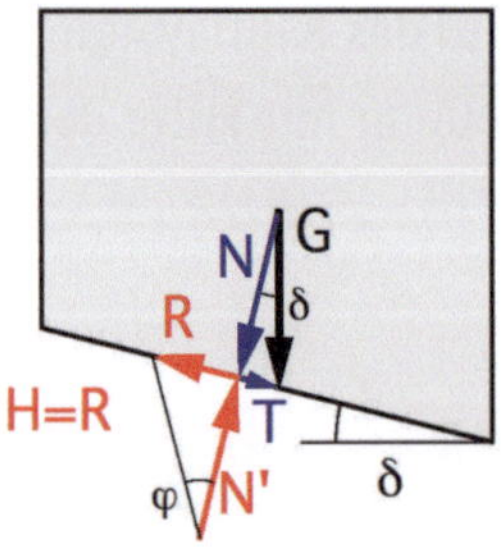

Abbildung 3.30: Kräfteansatz bei einem Kluftkörper

Eine Besonderheit bei solchen Strukturen ist, dass am Übergang zu Luft immer wieder Bewuchs an der Kluftaußenseite besteht. Die Wurzeln des seitlichen Bewuchses heben durch ihre Sprengwirkung die Klüfte an und es kann im Randbereich dadurch oft keine Reibung übertragen werden. Dies ist bei Strukturen mit steilen Felswänden immer wieder zu berücksichtigen.

Im nachfolgenden Bild ist eine solche Situation aufgezeigt, die in unmittelbarer Nähe von einem Bauwerk liegt. Zur Sicherung mussten Anker verwendet werden, die ein Wandern der Felskörper unterbanden.

Abbildung 3.31: Fels ohne Kluftfüllung jedoch mit Bewuchs

Die Bearbeitung von Kluftsystemen ohne Füllung ist oft riskant und nur mit größter Vorsicht zu tätigen.

Abbildung 3.32: Bearbeitung von Fels ohne Kluftfüllung am Karlesjoch (Kaunertaler Gletscher)

3.3.2 Rollige Kluftfüllung

Die Kluftfüllung entsteht meist durch die Verschiebung der Kluftkörper. Dabei entsteht Gesteinsreibsel, das eine rollige Struktur hat.

Abbildung 3.33: Fels mit rolliger Kluftfüllung am Nebelhorn (Oberstdorf)

Die Berechnung der Kluftkörper wird gleich wie bei Klüften ohne Füllung durchgeführt. Als Reibungswinkel in der Kluft ohne Untersuchung hat sich 30 Grad als realistisch herausgestellt. Höhere Reibungswinkel werden nicht empfohlen, da durch die Kluftbewegung eine gleichmäßige rollige Schicht entsteht, die kaum Verkeilungen besitzt.

Eine Besonderheit bei Klüften im Hochgebirge ist eine Kluftfüllung mit Eis. Dies wäre zwar vorteilhaft, da die beiden Kluftkörper miteinander verbunden sind, jedoch entsteht mit zunehmender Erderwärmung ein Abschmelzen des Permafrostes. Dabei dringt von oben her rolliges Material in die Kluft zwischen den Felskörper und der eisigen Kluftfüllung. Da das Eis immer weiter schmilzt, entstehen zusätzliche Hohlräume, die diese Klüfte mechanisch relativ unsicher machen. Dieser Vorgang ist derzeit in vielen Hochgebirgsregionen zu beobachten und muss daher immer in Betracht gezogen werden.

Abbildung 3.34: Fels mit rolliger Kluftfüllung und Permafrost am Karlesjoch

Letztendlich sind solche Kläfte mit großer Vorsicht zu behandeln, ein Reibungswinkel kann kaum angesetzt werden, da das abschmelzende Eiswasser eine Art Schmierfilm erzeugen kann und damit die Reibung vollkommen herabsetzt. Besonders in den Sommer und Herbstmonaten ist diese Eigenschaft zu erwarten.

3.3.3 Bindige Kluftfüllung

Die Berechnung der Kluftkörper erfolgt wie bei rolligen Kluftfüllungen, nur mit der Erweiterung der Haltenden Kräfte um dien Kohäsionsanteil, wie er bei der ebenen Gleitfuge auch angesetzt wird. Auf eine diesbezügliche Darstellung der Kräfte und des Krafteckes wird daher an dieser Stelle verzichtet.

Es sei hier aber darauf hingewiesen, dass die Kohäsion von bindigen (lehmigen) Kluftfüllungen schwer fassbar ist. So sind Untersuchungen im Labor nicht möglich, da das aus der Kluft entnommene Material ist derart gestört, dass die Laborwerte nicht die natürlichen Scherparameter zeigen. Versuche vor Ort lassen sich kaum realisieren, da diese sehr aufwendig und daher sehr kostspielig sind und daher der bearbeitende Ingenieur zur Abschätzung der Parameter gezwungen wird.

Bindige Kluftfüllungen haben die Eigenschschaft, dass bei Regenwetter diese Kluftfüllung aufweichen kann und somit die Haftung zwischen den Kluftkörpern teilweise verloren geht. Besonders bei Mylonitzonen bei offenen Böschungen wird diese Eigenschaft oft beobachtet.

Abbildung 3.35: Fels mit Mylonitzonen als Kluftfüllung in Kleinboden (Zillertal)

Besonders gefährlich sind hangparallele Klüfte mit bindigen Füllungen. Hier kann eindringender Regen einen Kluftwasserüberdruck erzeugen, der zum vollkommenen Aufweichen der lehmigen Schicht führt und somit alle Reibungs- und Kohäsionskräfte aussetzt.

Abbildung 3.36: Fels mit durchweichtem Lehm als Kluftfüllung in Weisbach bei Lofer (Salzburg)

3.3.4 Lagekugeldarstellung

Eine gängige Art räumliche Kläfte geotechnisch zu bearbeiten ist mit Hilfe der Lagekugel die Kläfte darstellen. Als Lagekugel wird die Oberfläche einer Halbkugel bezeichnet, auf der ein Netz aufgetragen ist (ähnlich dem geographischen Netz der Erdkugel). Es werden die Himmelsrichtungen in einer 10 Grad Teilung als Striche durch den Mittelpunkt angegeben. Die Breitenkreise, ebenfalls in 10 Grad Unterteilung werden als konzentrische Kreise im Normalnetz in Pollage angegeben.

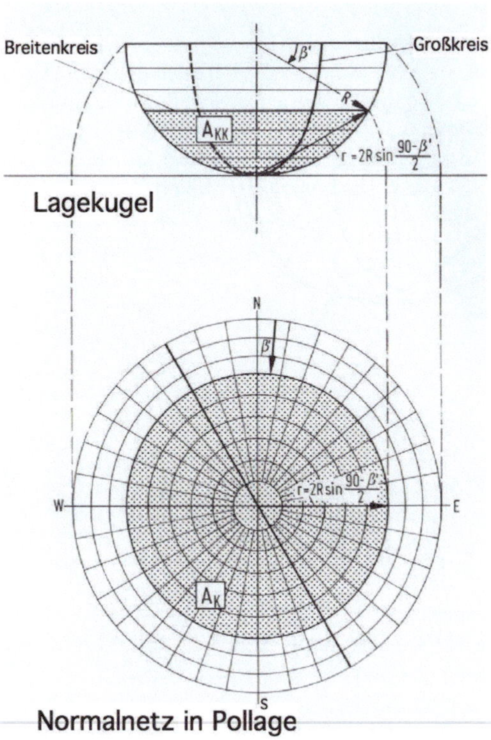

Abbildung 3.37: Abbildung der Lagekugel auf das flächentreue Netz in Pollage (Wittke)

Will man nun eine Kluft (Ebene) darstellen, so wird diese mit einem Geologenkompass eingemessen. Dabei werden zwei Winkel gemessen:

- **Streichwinkel α:** dies ist der Winkel zwischen der Nordrichtung und einer Höhenlinie auf der Kluft

- **Fallwinkel β:** dies ist der Winkel der Falllinie gegenüber der Horizontalen

Eine Darstellung wie die beiden Winkel zu übertragen sind wird in der folgenden Abbildung gezeigt. In der Lagekugel kann nicht nur die Kluft als Fläche eingetragen werden, es besteht hier auch die Besonderheit die Lotrechte auf die Kluft zu zeichnen. Dann gibt es von der Lotrechten auf die Kluft einen Durchstoßpunkt bei der Lagekugel, der Pol genannt wird. Die Besonderheit der Lagekugel ist nun, dass eine räumliche Fläche (Kluft) als Punkt dargestellt werden kann.

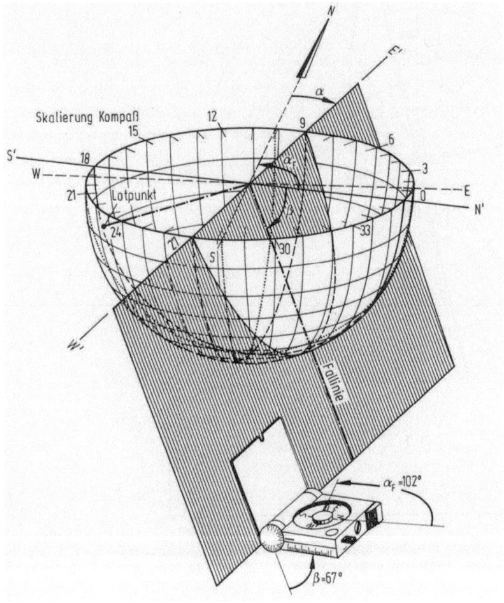

Abbildung 3.38: Eintragung der Kluft in die Lagekugel (Wittke)

Es wird nun eines praktischen Beispiels eines Felsbruches im Bereich der Bergstation der Karlesjochbahn beim Kaunertaler Gletscher die Anwendung der Lagekugel demonstriert. Im Zuge der Errichtung der Bergstation der Liftanlage musste eine Böschung in die bestehende Felswand hergestellt werden um für das Bauwerk der Bergstation genügend Platz zu machen. Im Zuge der Böschungsherstellung wurde ein Kluftsystem von drei Klüften erkennbar, das innerhalb von Stunden zu einem Verbruch führte. Die beiden Bilder zeigen die selbe Situation direkt vor und nach dem Verbruch.

Die direkt rechts neben dem Verbruch befindliche Felsböschung war auch sturzgefährdet und musste aus Sicherheitsgründen geankert werden. Die Sicherung sollte mit einer Rasterankerung, durchgeführt werden.

Abbildung 3.39: Karlesjoch Felsbruch entlang von 3 Klüften

Hierbei sind die Ankerart, die Ankertiefe und -richtung entscheidende Kriterien, die für die Arbeitsmannschaft vom Geotechniker zusammen mit dem Geologen vorzugeben waren.

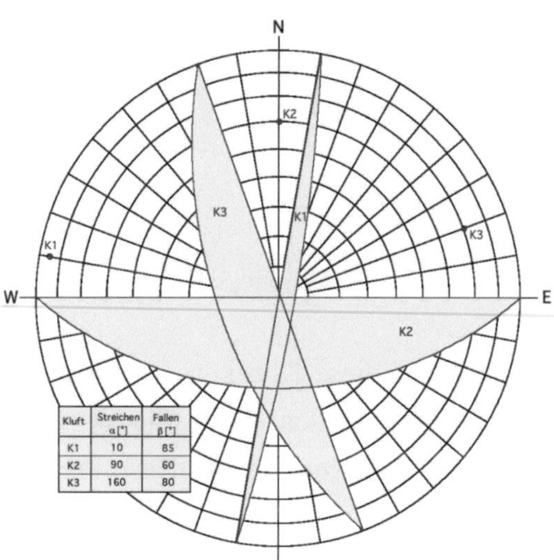

Abbildung 3.40: Karlesjoch Lagekugel mit 3 Klüften

Die drei Klüfte wurden geologisch eingemessen und in der Lagekugel aufgetragen. Bereits mit dieser Klufteintragung ist die Richtung der Kluftverschneidungen K3-K2 und K1-K2 klar erkennbar. Die jeweilige Kluftverschneidung hat die Richtung vom Mittelpunkt der Lagekugel zum Verschneidungspunkt der jeweiligen Klüfte. Es besteht also im Bereich der Kluftkörper die Tendenz Richtung Norden abzurutschen.

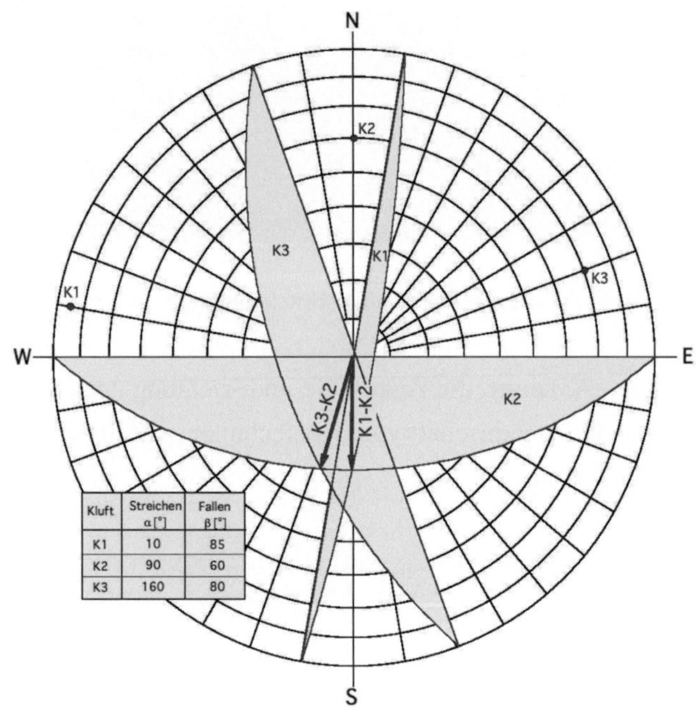

Abbildung 3.41: Karlesjoch Lagekugel mit eingetragenen Kluftverschneidungen

Im Kluftverband selbst sind diese Kluftkörper stabil, es muss nun eine Freiheit der Bewegung geschaffen werden, damit die Gesteinsmassen entlang der Kluftverschneidungen sich bewegen können. Diese Freiheit wird mit einer offenen Felsböschung geschaffen, bei der eine Bewegung der Felskörper auf die Luftseite ermöglicht wird.

Eine Böschung stellt in der Lagekugel eine Kluft dar, die als Besonderheit auf einer Seite kein Material hat, es also auf die Luftseite eine Bewegungsfreiheit gibt. Trägt man nun die Böschung zusätzlich in die Lagekugel ein, so erkennt man, dass die Böschung steiler ist als die Kluft 2 und damit auch die beiden Kluftverschneidungen aus der Böschung heraustreten.

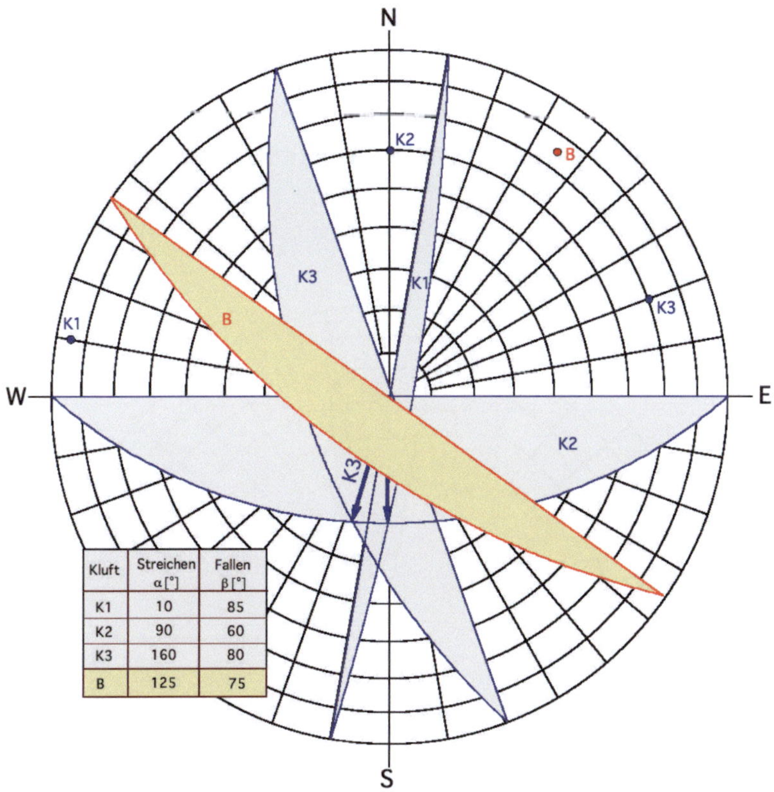

Kluft	Streichen α[°]	Fallen β[°]
K1	10	85
K2	90	60
K3	160	80
B	125	75

Abbildung 3.42: Karlesjoch Lagekugel mit eingetragenen Klüften und der Böschung

Wie man auch in der Abbildung 3.39 erkennen kann, ist die Böschung steiler als die Kluft 2. Somit kann eine Bewegung der Kluftkörper entlang den beiden angegebenen Kluftverschneidungen oder auch dazwischenliegend möglich sein. Dies ist ein Bereich der für die Bewegung des zwischen den drei Klüften eingeschlossenen Materials möglich ist. Es muss daher davon ausgegangen werden, dass hier eine Gefährdung für einen Felssturz vorliegt. In der Natur hat sich genau dieser Felssturz ereignet, wobei dieser bis zur Verschneidung der Kluft 1 mit der Kluft 3 fortgesetzt hat.

Es gilt nun diesen Bereich in den die Bewegungsmöglichkeit vorherrscht weiter zu untersuchen. Es wurde noch nicht untersucht welche Rolle die Reibung in den Felsklüften spielt. Unter der Annahme, dass sich Gesteinszerreibsel in den Klüften als rolliges Material befindet, ist die Annahme eines Reibungswinkels von 30 Grad durchaus gerechtfertigt. Bei einer zusätzlichen Verzahnung der Klüfte wäre auch ein größerer Reibungswinkel bis 40 Grad möglich. In der Abbildung 3.39 erkennt man jedoch ganz gut, dass die drei Klüfte relativ glatt sind, ein niedriger Reibungswinkel ist daher sinnvoll. Es wurde der Scherwinkel mit 30 Grad gewählt.

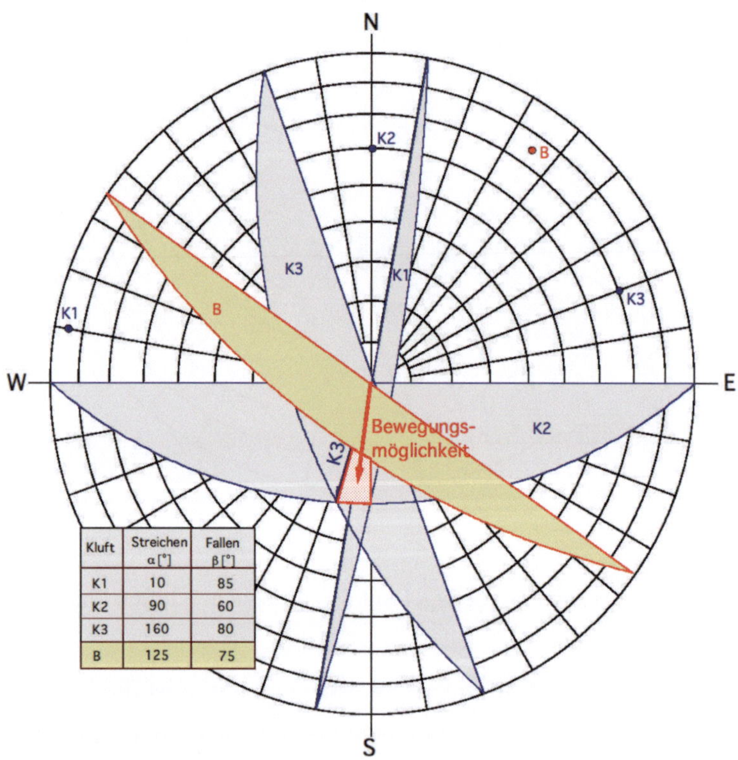

Abbildung 3.43: Karlesjoch Lagekugel mit Bewegungsmöglichkeit der Kluftkörper

Trägt man nun den Reibungswinkel mit Hilfe der Großkreise der Lagekugel in Schräglage bei den Polen der einzelnen Klüfte ein, so entsteht der Reibungskegel nach Talobre. Dieser Reibungskegel gibt in der Lagekugel jene Kraftrichtungen an innerhalb dessen die Kräfte vom Ursprung aus gesehen aufgenommen werden können. Kräfte die ausserhalb angreifen, d.h. eine Neigung haben die nicht in den Kreis zeigt, köännen nicht mit der Reibung aufgenommen werden, es kommt zu Bewegung des Kluftkörpers.

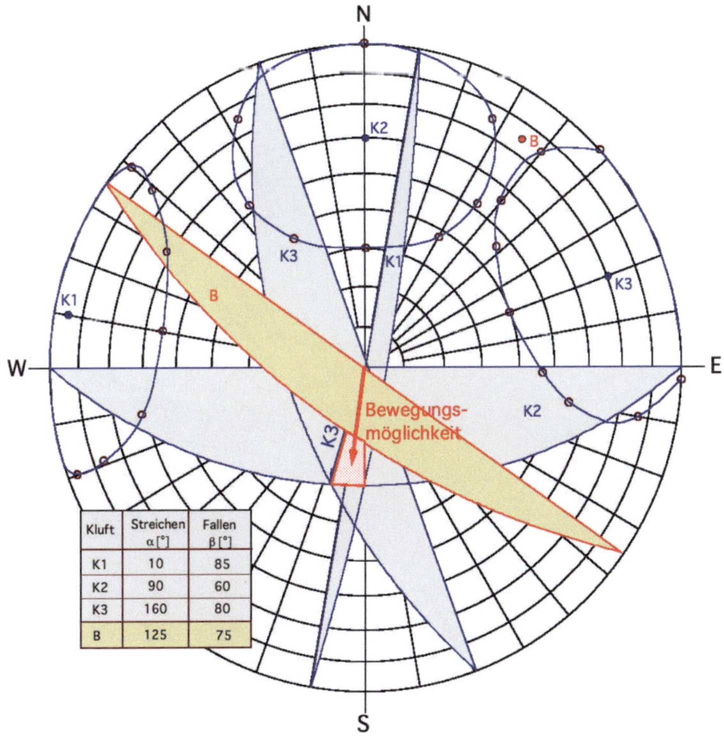

Abbildung 3.44: Karlesjoch Lagekugel mit eingetragenen Kluftreibungskegeln

Bei der Darstellung der Reibungskegel sieht man, dass die drei Reibungskegel sich nicht überschneiden. Die Kluftkörper werden in der Bewegung alleine jeweils von der nächsten Kluft geprägt. Im Übergang zwischen zwei benachbarten Klüften wird ein Kluftkörper von beiden Reibungskegeln beeinflusst. Dies führt dazu, dass entlang der Kluftverschneidungen eigene Reibungsbereiche entstehen, die einen größeren Bereich an Kräften übertragen können. Dies kommt aus der Verspannung der Kluftkörper in Eckbereichen.

Betrachtet man sich nun die gesamten Reibungsbereiche dieses Kluftsystems mit den drei Klüften, so muss man erkennen, dass im Falle des Eigengewichtes der gesamtem Böschung die Reibung auf den Kluftflächen keine Hilfe zur Standfestigkeit beiträgt.

Das Eigengewicht ist lotrecht und in der Lagekugel geht diese Kraft durch den Mittelpunkt der Kugel. Die Bereiche in denen Kräfte durch Reibung aufgenommen werden können sind ca. 30 Grad davon entfernt. Die Reibung bietet also keinerlei Hilfe für die Kluftkörper. Es musste zum Felssturz kommen.

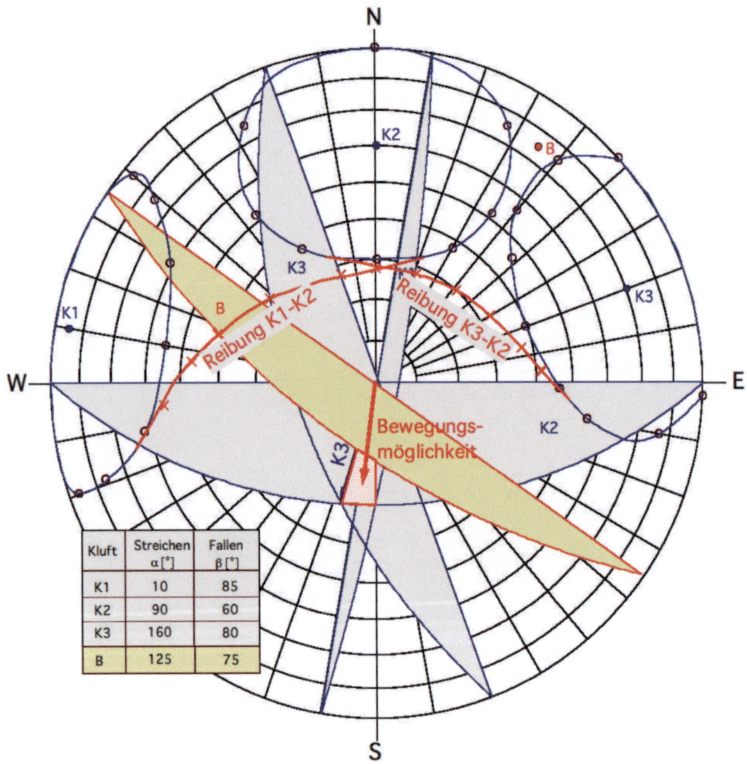

Kluft	Streichen α [°]	Fallen β [°]
K1	10	85
K2	90	60
K3	160	80
B	125	75

Abbildung 3.45: Karlesjoch Lagekugel mit eingetragenen Reibungsbereichen

Um den direkt benachbarten Felsbereich bei der nun offen stehenden Böschung zu sichern, wurde eine Systemankerung angedacht. Es stellte sich nun die Frage der Ankerrichtung und Ankerneigung sowie der Ankerkraft und den gegenseitigen Abständen der Anker.

Hier muss man schrittweise vorgehen: zuerst die Ankerrichtung und die Ankerneigung. Diese beiden Richtungswerte können mit der Lagekugel ermittelt werden. Betrachtet man die Lagekugel so sieht man, dass es günstig wäre im Rechten Winkel zur Böschung zu ankern. Es ließe sich damit eine Kraft zwischen die beiden Reibungskegel von Kluft K2 und Kluft K3 einbringen, die eine Verbindung der beiden Reibungskegel erwirken könnte.

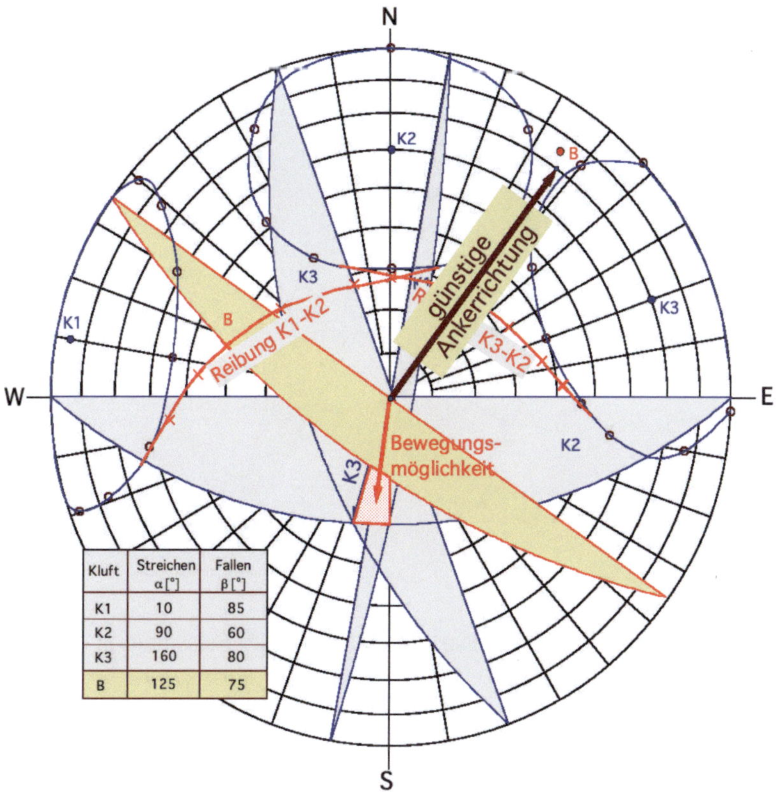

Abbildung 3.46: Karlesjoch Lagekugel mit günstiger Ankerrichtung

Auch bei der Neigung könnte der positive Effekt unterstützt werden, wenn die Anker mit einer Neigung von ca. α = 20 Grad fallend gegenüber der Horizontalen (Fallrichtung) angeordnet werden. Damit ist eine optimale Ankerrichtung aus der Lagekugel ermittelt worden.

Zur weiteren Ermittlung der Ankerkraft und Ankerart wird nun der kritische Schnitt gezeichnet bei dem man erkennt wie die Gewichtsverhältnisse sind und nach dem man auch die Ankerlängen bestimmen kann.

Aus dem Schnitt der Abbildung 3.47 ermittelt sich die Querschnittsfläche des zu sichernden Felspaketes zu F = 23,8 m^2. Bei einer Felsdichte von $\gamma = 24\ kN/m^3$ ergibt sich ein zu haltendes Eigengewicht von G = 571,2 kN. Dieses Gewicht wird in seine normale (senkrechte) und tangentiale Kraft bezüglich der Gleitebene aufgeteilt:

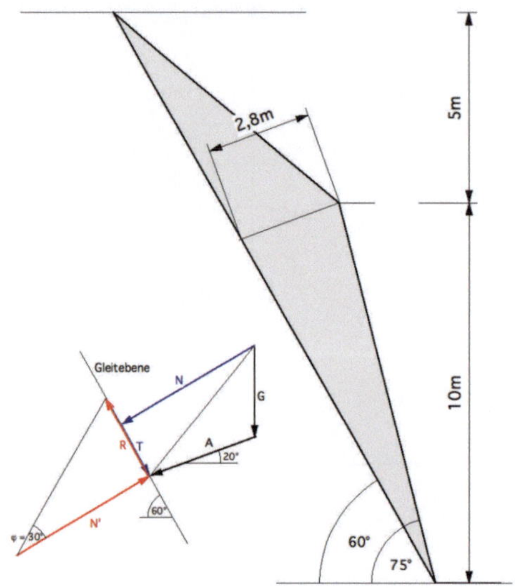

Abbildung 3.47: Karlesjoch Schnitt der Felssituation

$$G_n = G * sin(\delta) = 571,2 * sin(60) = 494,7[kN] \tag{3.21}$$

$$G_t = G * cos(\delta) = 571,2 * cos(60) = 285,6[kN] \tag{3.22}$$

Nun muss der Ankertyp gewählt werden. Es wurde ein Typ MAI R32S gewählt, da diese Anker in der Felswand am Seil hängend mit händischen Pressluftdrehbohrmaschinen gebohrt werden mussten. Es waren aus diesem Grund leichte Anker gewählt worden, die sich mit Muffen recht einfach verlängern ließen. Damit war gewährleistet, dass jede Ankerlänge hergestellt werden konnte. Nun diese Ankerart hat einen Stahlquerschnitt von As = 5,0 cm^2. Da der Anker nur mit der normalen Zementumhüllung mit Ankermörtel für eine Korrosion geschützt ist, muss für einen langfristigen Einsatz eine Verminderung des

Querschnittes in Form eines Abrostzuschlages gerechnet werden. Normalerweise würden 1,0 mm Abrostrate im gegebenen Fall reichen, nur wird hier in einer Höhe von 3.300 m wegen möglichem Permafrosteinfluss der maximale Abrostzuschlag von 2,0 mm gewählt. Damit verringert sich der ausnutzbare Querschnitt des Ankers zu As = 3,3 cm^2. Mit diesem Stahlquerschnitt und der Stahlqualität BST 550/650 errechnet sich die zulässige Zugkraft von A = 135 kN für jeden Anker. Diese Kraft kann man auch in einen tangentialen und normalen Anteil auf die Gleitfuge rechnen.

$$A_n = A * cos(\alpha) = 135 * cos(20) = 126,9[kN] \tag{3.23}$$

$$A_t = -G * sin(\alpha) = -135 * sin(20) = -46,2[kN] \tag{3.24}$$

Um die Anzahl a der Anker für den Schnitt zu ermitteln, müssen entsprechend dem Krafteck in Abbildung 3.47 folgende Gleichungen erfüllt werden:

$$N = G_n + a * A_n \tag{3.25}$$

$$T = G_t + a * A_t \tag{3.26}$$

$$R = \eta * T \tag{3.27}$$

Die notwendige Sicherheit für diesen Fall wird mit η = 1,5 festgelegt. Die Erhöhung gegenüber der Angabe in Abbildung 3.23 wird begründet in der zusätzlichen Möglichkeit von Erdbebenbelastung und auch von Zusatzkräften aus dem möglichen Lastfall Permafrost. Die Kraft R muss jedoch auch folgendem Zusammenhang genügen:

$$R = N * tan(\varphi) \tag{3.28}$$

Aus diesen Gleichungen lässt sich die Anzahl der Anker ermitteln zu:

$$a = \frac{G_n * tan(\varphi) - \eta * G_t}{\eta * A_t - tan(\varphi) * A_n} = 1,0 \tag{3.29}$$

Mit diesem Wert kann der Rasterabstand der Anker ermittelt werden, wobei die auch die Verbauhöhe von h = 15 m eingeht:

$$e = a * \sqrt{h} = 1,0 * \sqrt{15} = 3,9[m] \tag{3.30}$$

Die Ankerlänge wurde mit l = 6 m festgelegt, da mindestens eine Haftstrecke von im Fels erforderlich ist um eine Kraft von 135 kN einzuleiten. Der maximale Gleitfugenabstand ist im Schnitt mit 2,8 m angegeben. Somit ergeibt sich die notwendige Ankerlänge aus der Freispiellänge und der Haftstrecke zu:

$$l = f + h = 2,8 + 3 = 5,8[m] \tag{3.31}$$

Damit wurde der Hang neben dem gezeigten Felssturz gesichert.

Abbildung 3.48: Karlesjoch rastermäßig verankerte Felsböschung

3.4 Bauen im Permafrost

3.4.1 Permafrost

In den letzten Jahren wird immer häufiger der Begriff Permafrost insbesondere im Zusammenhang mit der Erderwärmung als negative Erscheinung im Hochgebirge verwendet. Die Ursache für Felsabbrüche und ganze Hangrutschungen im Bereich der Gletscher wird immer häufiger bei der Veränderung des Permafrostes gesucht. Es sollen hier nur einige Begriffe zur Thematik, mit besonderem Augenmerk auf die Auswirkungen des sich verändernden Permafrostes auf Bauwerke, erklärt werden.

Permafrost wird als derjenige Bereich im Untergrund bezeichnet, der sich über dan gesamten Jahresverlauf unter einer Temperatur von 0 Grad Celsius befindet. Bekannt ist der Permafrost in Norwegen, Finnland und russischer Tundra sowie Kanada und Alaska. Bei uns im Alpenraum kommt diese Bodenformation erst über einer Höhe von 2.400 m vor. Typisch dabei ist, dass der Permafrost meist in Gipfellagen der Berge vorkommt, wobei dann oft auf der nördlichen Flanke ein mehr oder weniger großer Gletscher die Vereisung des Gebirgszuges ergänzt.

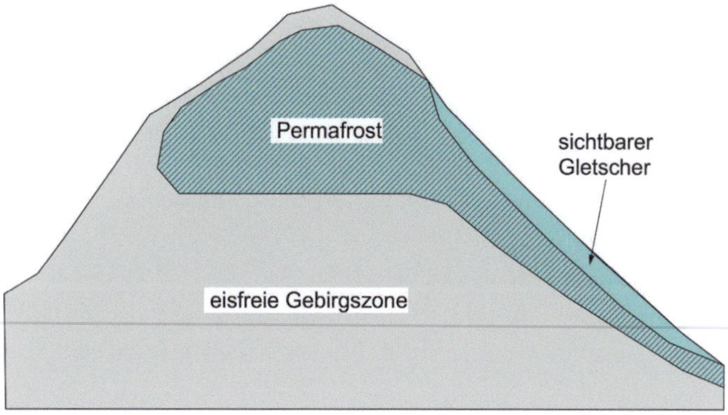

Abbildung 3.49: Permafrost im Gipfelbereich mit nördlich angrenzendem Gletscher

Auf Grund der Geländeneigung bewegt sich (fließt) das im Freien liegende Eis (Gletscher) zu Tal. Diese Bewegung ist relativ langsam, so wird auch die negative Temperatur an der Gletscheroberfläche talwärts verschoben. So ergibt sich, dass die Gletscher wesentlich weiter ins Tal reichen als der Permafrost in den direkt benachbarten Gebirgsbereichen.

Auf Grund der ständigen Temperaturänderung der Luft wirkt diese selbstverständlich auch in den Untergrund. Normalerweise sprechen wir von Frostzone, die in Mitteleuropa über Winter entsteht und im Frühjahr–Frühsommer wieder abtaut. Eine Abschätzung der Vereisungstiefe infolge der negativen Temperaturen kann mit Hilfe des Frostindexes nach dem Zusammenhang von Brown ermittelt werden. Damit sind die Frosttiefen auch mit den Temperaturdaten über das gesamte Jahr nachvollziehbar.

In sehr hoch gelegenen Zonen über ca. 2.400 m ist der Frost soweit in den Untergrund vorgedrungen, dass die Wärme des Sommers nicht mehr ausreicht, das gesamte Eis aufzutauen. Es verbleibt Eis im Untergrund (Permafrost), der jedoch an seiner Geländeoberfläche im Sommer–Herbst wieder auftaut und im Winter dann erneut wieder einfriert. Dieser Frost-Tau-Wechsel kann jedenfalls grob mit dem Zusammenhang von Brown (siehe Kapitel Bodeneigenschaften) nachvollzogen werden.

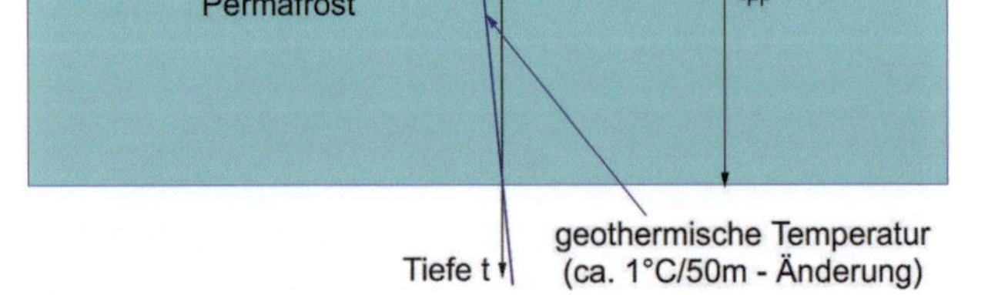

Abbildung 3.50: Temperaturverlauf im Untergrund bei Permafrost

Dieser Wechsel von Wasser zu Eis und retour hat einen entscheidenden Einfluss auf die Gebirgsformationen. Besonders die Eigenschaft von Wasser, das sich im Übergang von Flüssigkeit zu Eis um ca. 10 Prozent ausdehnt, macht die Situation so gefährlich. Jede Kluft füllt sich im Herbst mit Wasser, das im Laufe des Winters gefriert. Somit wird die Kluft im Winter um jeweils 10 Prozent erweitert. Dieser Vorgang wiederholt sich im Bereich der Auftauzone jährlich.

Sieht man sich Felsbereiche an, die Jahrzehnte im Permafrost eingelagert waren und nun seit 10-15 Jahren wegen der globalen Erwärmung nun im Frost-Tauwechsel liegen, so erennt man im Sommer sehr gut die Klüfte, die sich jährlich verändern.

Abbildung 3.51: Felsformation mit Kluftbewegungen wegen Frost–Tauwechsel

Im obigen Bild sind diese Klüfte nun ca. 10 Jahre frei und zeigen schon klare Bewegungserscheinungen. Die über einer Kluft liegenden Felsteile haben sich bereits um mehrere cm bewegt.

Sind Bauwerke davon betroffen, so sind sie zusätzlich durch geeignete Massnahmen zu sichern. Eine solche Sicherung erfolgt mit zweierlei Methoden:

- Klüfte mit Zementmörtel füllen
- Felsblöcke gegenseitig verübeln

Zusätzlich kann eine Oberflächenisolierung vor weiterem Eindringen von Wasser schützen. Dies muss jedoch als kritisch angesehen werden, denn großflächig den Berg gegen Niederschläge abzudichten kann ja nicht als Lösung angesehen werden, da die Folgen für Fauna und Flora für einen Bauingenieur nicht absehbar sind. Selbst lokale Abdichtungen sind nicht immer zielführend, da die dreidimensionale Klüftung immer wieder Wege für des Wasser zulässt.

Im nächsten Bild ist die Zerrüttung durch den Frost–Tauwechsel über die Jahrhunderte klar erkennbar. Es führt zur kompletten Auflösung der Gesteinsstruktur und endet in einer körnigen Struktur wie es Kies-Böden sind, bei denen keine Wachstumsrichtung oder auch Struktur mehr zu erkennen ist.

Abbildung 3.52: Felsformation wegen Frost-Tauwechsel gänzlich zerstört

Es ist hier der Übergang von einer Felsformation zu Lockenmaterial, das geotechnisch keine Richtung mehr für irgendwelche Materialeigenschaften besitzt. Man spricht hier auch nicht mehr von einer Klüftung, sondern nur von einem Porengehalt der in Volumenprozent angegeben wird. Dieser Porengehalt vergrößert sich ständig, bis hin zur lockersten Lagerung, die irgendwo zwischen 35 bis 43 Prozent des Gesamtvolumens liegt. Eis und Schnee haben hier jeden Winter eine gestaltformende Kraft, sodass jedes Jahr an der Oberfläche direkt Deformationen an den einzelnen Gesteinskörpern erkennbar sind.

Generell kann nun für die Gründung von Bauwerken im Bereich von Permafrost nur gearbeitet werden, wenn folgende Bedingungen eingehalten werden:

- Gründungstiefe in den Permafrost legen,
- keine positiven Temperaturen in den Permafrost einleiten,
- möglichst den Wasserzutritt oberhalb des Permafrostes vermeiden
- falls Permafrost zurückweicht, Gründung entsprechend tiefer legen
- offene Klüfte im Gründungsbereich schließen und stabilisieren
- Bauwerk messtechnisch im Jahresabschnitt kontrollieren

3.4.2 Wurmkogel - Ötztal

Die Idee, eine bestehende Blockhütte am Wurmkogel in 3.080 m bei den Hochgurgler Bergbahnen im Ötztal gegen ein Bauwerk zu tauschen, das einerseits die Funktion der Hütte übernimmt und andererseits auch die Schönheit der Gipfelregion in über 3.000 m zum Mittelpunkt macht, ist sehr bestechend. Es wurde diese Idee neben der Bergstation der Wurmkegelbahn in die Wirklichkeit umgesetzt.

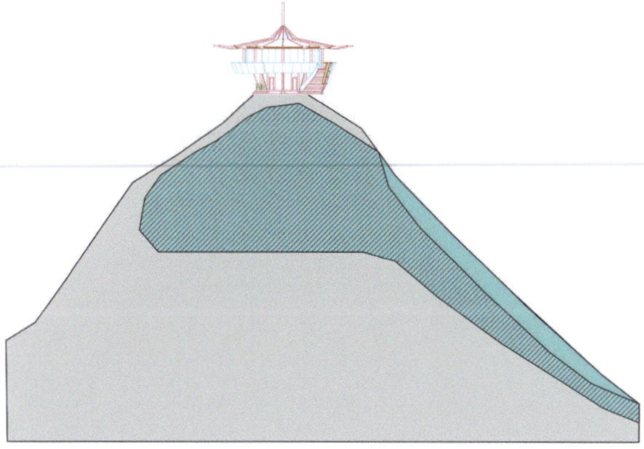

Abbildung 3.53: Bauwerk auf schmalem Felsgrat

Als Geotechniker ist man bei einem solchen Projekt durchaus fachlich gefordert. Hier ein paar Punkte, die diese Situation verdeutlichen:

- Bauwerk auf 3.080 m
- Grat für die Gründung ist nur 6 m breit
- Bauwerk muss Windkräfte aufnehmen von 200 km/h
- Felsgrat liegt im Permafrostbereich
- Permafrost löst sich mit Erderwärmung auf
- Felsflanken sind wegen Permafrostwechsel unstabil
- Klüfte sind bis zu 10 cm geöffnet und nur teilweise gefüllt

Diese Punkte zwingen zu einer guten Vorbereitung der Gründungsplanung, wobei nicht nur Lasten aus dem Bauwerk, sondern auch die Veränderung des Permafrostes zu beachten sind.

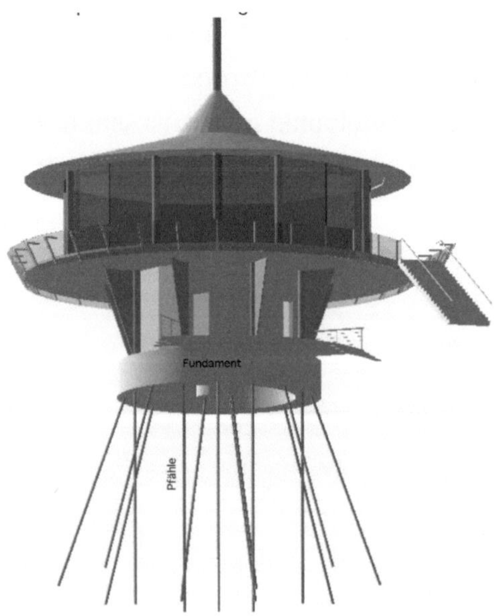

Abbildung 3.54: Bauwerk mit Gründungselementen

Es wurde abgeschätzt, wie tief eine mögliche Beeinflussung des zurückweichenden Permafrostes reichen kann. Mit Spannungsvergleichsberechnungen lässt sich nachvollziehen, dass ab einer Tiefe von ca. 7 m unter Bodenplatte sich eine Spannungsänderung unterhalb von 10 Prozent der ursprünglichen Spannung aus der Grat-Eigenbelastung ergibt. Es wurde dabei die Gründung bis in diese Tiefe mit Stahlpfählen vorgenommen.

Abbildung 3.55: Herstellung der Grundplatte

Zusätzlich erreichte man mit dieser Gründung eine Verbindung der Gesteinsblöcke, die durch erhebliche Klüfte bereits in einem nicht stabilen Zustand waren. Besonders wenn man bedenkt, dass eine rückläufige Permafrostschicht diese Klüfte freigibt, ist eine Verkoppelung und Kluftfüllung nur vorteilhaft. Es entsteht dabei insgesamt ein verfestigter Gründungsbereich, der als Gesamtkörper reagiert.

Durch die räumliche Anordnung der Pfähle, die wegen der Beengtheit des Grates noch zusätzlich angeglichen werden mussten , ist das Gesamtgebilde nun großflächig im tieferen Untergrund des Gesamtgrates eingebettet.

Im nächsten Bild erkennt man die Gesamtsituation am Wurmkogel direkt nach Bauvollendung des Restaurants (Top Mountain Star) und der dazwischen führenden Skipiste, die durch eine Holzankerwand gesichert war. Diese Geländestützung solle in den folgenden Jahren wegen des rückgängigen Permafrostes noch große Probleme erzeugen.

Ursprünglich ging man davon aus, dass die Holzankerwand in einem Schutthaufen auf dem Fels gebaut wurde, der oberhalb des Gletscherbereiches gelegen ist.

Abbildung 3.56: Wurmkogel mit Seilbahnation und Top Mountain Star 2006

Es stellte sich jedoch mit zunehmender Schmelze des Permafrostes heraus, dass der gesamte Bereich bis zum Grat mit sich auflösendem Permafrost durchzogen war, der auf Grund des konstanten abschmelzen in sich zusammensackte und entlang von Felsoberflächen abrutschte.

Abbildung 3.57: Wurmkogel Holzankerwand 2008

Nach zwei Jahren begannen erste Rutschigen im Bereich hinter der Holzankerwand, die zeigten dass die Gletscherschmelze extrem fortschreitet. Im Sommer war der Gletscher nur noch bis zur Holzankerwand sichtbar, dies zeigte die Auflösung des Gletschers.

Abbildung 3.58: Wurmkogel Holzankerwand 2009

Im darauffolgenden Jahr schmolz das Eis weiter und die Gründung der Holzankerwand war schon ca. 2-2,5 m freigelegt.

Abbildung 3.59: Wurmkogel Holzankerwand 2009

Es fand eine Abrutschen der gesamten seinerzeitigen Hinterfüllung statt, sodass ein gewaltiger Hohlraum entstand. Dieser wurde nun durch eine Spritzbetonauflage gesichert und mit einer Holzbeplankung abgedeckt, sodass die Skiabfahrt wieder die erforderliche Breite aufwies.

Der entstandene Hohlraum wurde durch eine Holzkonstruktion zimmeranns-mäßig gesichert, sodass die Holzankerwand immer noch als Tragelement seine Funktion übernahm.

Abbildung 3.60: Wurmkogel Holzankerwand 2012

Zusätzlich wurden die Gründungsanker welche noch ca.3 m im verbliebenen Untergrund steckten mit Beton umhüllt, sodass keine Knickgefahr bei diesen Druckelementen bestand. Somit konnte die Skipiste für zumindest eine weitere Zeit erhalten bleiben.

Nachdem jedoch immer wieder Rutschungen in diesem Bereich stattfanden, entschloss man sich die Skipiste zu verlegen und den Bereich oberhalb der Holzankerwand nicht mehr als Skipiste zu verwenden. Es wurden zwar die Hohlräume die bei den immer auftretenden kleineren Rutschungen entstanden verfüllt, es war aber allen Beteiligten bewusst, dass das nur eine vorübergehende Notlösung war.

Abbildung 3.61: Wurmkogel Rutschung bei Holzankerwand 2016

Im Frühsommer 2016 trat infolge der immer weiteren Eisabnahme in den Klüften eine größere Rutschung auf, die fast den gesamten Bereich der Holzankerwand bis hinauf zum Grat betraf. Dabei sind die Felsflanken freigelegt worden, an denen der darüberliegende Boden abrutschte.

Der Grat war somit nur noch 0,5 bis 1 m breit und es war nicht mehr möglich von der Bergstation zum Top Mountain Star (Restaurant und Aussichtsplattform) gefahrlos zu gehen. Durch die Abgleitung des zerrütteten Materials war an eine Wiederherstellung einer Böschungssicherung am selben Ort nicht zu denken. Man musste hier eine veränderte Konstruktion planen, die in zeitlich sehr kurzer Zeit auch im Herbst noch ausführbar war.

Abbildung 3.62: Wurmkogel sanierte Holzankerwand 2016

Man entschloss sich eine neue Holzankerwand etwas höher angeordnet auf einem Betonfundament zu errichten, mit dem man den Grat sicherte. Dieser Grat ist wichtig für die Verbindung der Bergstation des Skiliftes mit dem Restaurant Top Mountain Star.

4 Sicherung von Geländesprüngen

Natürliche Böschungen haben bei ihrer Entstehung eine maximale Neigung eingenommen. Der Zustand in dem sie entstanden sind war im Grenzgleichgewicht (Sicherheit $\eta = 1{,}0$). Später können sich durch äußere Umstände die Materialkennwerte verändert, bzw kann sich auch sich der Wasserhaushalt im Untergrund (Böschung) zum Vorteil verändert haben. Deshalb haben natürliche Böschungen eine Sicherheit größer als 1,0. Wir wissen aber vor einer Untersuchung der Böschungssituation und des betroffenen Untergrundes nichts über die vorhandene Sicherheit.

Wenn man nun Böschungen bearbeitet, verlangt die Noxrm dass entsprechende Sicherheiten eingehalten werden. Hier beginnt schon das Problem. Bei der Entstehung wurde nur die Grenzsicherheit eingehalten. Daher sind viele natürliche Böschungen gemäß der Vorgabe der Norm zu steil. Sie befinden sich heute noch nahe dem Grenzgleichgewicht und haben nicht die normmäßigen Reserven. Man steckt in einem Dilemma. Wir können nicht alle normmäßig zu steilen Böschungen entsprechen in einen sicheren Zustand bringen. Die Kosten würen unerschwinglich; bzw. man müsste ganze Landstriche entvölkern. Dies gilt insbesondere für alle Gebirgsbereiche auf der gesamten Erde.

Man behilft sich damit, dass man Lagepläne mit Gefahrenzonen ausweist, die natürliche Gefährdungen aufzeigen. So gibt es Gefahrenzonen für Hangrutsch, Muren, Lawinen und Hochwasser. In den ergänzenden Beschreibungen wird näher auf die einzelnen Gefahrenarten und deren Auswirkung auf den Menschen eingegangen. So werden bei Bauprojekten (Straßen, Brücken und Gebäude) unterschiedliche Auflagen den Erbauern auferlegt, um die generelle Sicherheit für Leib und Leben zu erreichen. Diese Gefahrenzonenpläne liegen üblicherweise bei Ämtern (Bauamt, Gemeindeamt etc.) auf und können von jedermann dort auch eingesehen werden.

© Der/die Autor(en), exklusiv lizenziert an
Springer Fachmedien Wiesbaden GmbH, ein Teil von Springer Nature 2024
B. Wietek, *Böschungen und Baugruben*, https://doi.org/10.1007/978-3-658-44911-7_4

Stellt sich heraus, dass im Zuge einer Bautätigkeit die erforderliche Sicherheit einer Böschung nicht eingehalten wird, so sind alle notwendigen Maßnahmen zu setzen, diese zu erreichen. Dies bedeutet in den meisten Fällen dass durch künstliche Unterstützung (Sicherung) die normmässig erforderliche Sicherheit erreicht werden muss.

Um Geländesprünge abzusichern wird eine Sicherung verwendet. Es gibt sehr viele Arten von Sicherungen und es entstehen laufend neue. Hier ist dem Erfindergeist eine breite Betätigung ermöglicht. Für dieses Buch werden nur Sicherungen gezeigt, die im Alpenraum häufig eingesetzt werden.

4.1 Randbedingungen

Bei der Sicherung von Geländesprüngen, ob dies nun Böschungen oder auch Baugrubensicherungen sind, ist eine erhöhte Aufmerksam auf die jeweiligen Randbedingungen zu legen. Dies macht ja jede Baustelle zu einem Unikat, da die Randbedingungen für die Sicherung fast immer unterschiedlich sind.

4.1.1 Baugrunderkundung

Eine ganz entscheidende Randbedingung ist der Aufbau des Untergrundes. Nur weil wir nicht transparent in den Untergrund hineinsehen können, darf man auf die Erkundung des tieferliegenden Untergrundes nicht verzichten. Es kommt allzuoft vor, dass unsichtbar von der Oberfläche die Bodenarti m tieferen Untergrund wechselt und dabei entscheidend die Bodenkennwerte verändert.

Es muss hier unbedingt auf die bestehende Normung hingewiesen werden, die Art und Tiefe der Untergrunderkundung vorgibt. Es wird aus eigener Erfahrung dringend angeraten diese Vorgaben einzuhalten. Im Kapitel Bodeneigenschaften wird ausführlich darauf eingegangen.

4.1.2 Grund- und Hangwasser

Wasser im Baugrund ist meist von der Oberfläche her gesehen nicht erkennbar. Auch die Tiefe des Wassers von der Oberfläche her und auch die Neigung der

Wasseroberfläche ist nicht erkennbar. Auch Untergrunderkundungen wie Schürfgruben oder Bohrungen können nur bedingt Auskunft geben.

Die Oberfläche des Wassers im Baugrund bleibt über den Verlauf eines Jahres nicht gleich. Dies hängt von folgenden Einflüssen ab:

- Wasserspiegelseränderung naher Gewässer (Jahresganglinien)
- örtlicher Niederschlag
- Niederschlag im Einzugsgebiet verzögert
- Neigung von Hangwässern
- bauliche Tätigkeit im Oberwasserbereich

Ein typisches Beispiel für den Einfluss des Wassers ist eine Böschung die im Zuge der neuen Umfahrungsstrasse bei Adelsheim hergestellt wurde. Dabei wurde zwar der Untergrund ausführlich erkundet, jedoch jeglicher Einfluss von Wasser nicht in betrachtet gezogen.

Abbildung 4.1: neuer Hang bei Adelsheim

Hier kam es etwa nach einem halben Jahr zu einem Hangrutsch. Grund dabei war anhaltende Niederschläge, die eine Hangwasserströmung erwirkten. Der Boden war nicht in der Lage den Schub aus dem Sickerwasser in Form von Strömungsdruck aufzunehmen und es entstand die nachfolgend aufgezeigte Rutschung.

Abbildung 4.2: Rutschung bei Hang nahe Adelsheim

Im Verlauf der neu errichteten Gesamtböschung traten mehrere dieser Rutschigen auf, so war klar dass es sich um ein prinzipielles Problem bei diesem neuen Hang handelt.

Es mussten nun einerseits Drainagen in den Hang verlegt werden und andererseits der Böschungsfuß durch eine zusätzliche Sicherung gestützt werden um eine entsprechende Sicherheit für den Gesamthang zu erreichen.

Es wurde dazu eine vernagelte Spritzbetonsicherung gewählt, wie sie später in diesem Kapitel erläutert wird. Ach der diesbezügliche Berechnungsvorgang wird dabei erläutert.

4.1.3 Nachbarverbauung

Eine Besonderheit beim Verbau von Geländesprüngen ist die Nachbarverbauung. Der Verbau darf nur so hergestellt werden, dass möglichst wenig Deformationen beim Nachbargebäude entstehen. Dies ist eine besondere Herausforderung an Planung und Berechnung, da alle Verbannungen Deformationen im Untergrund erzeugen. Diese setzen sich in das unmittelbar benachbarte Bauwerk fort und ergeben dort Risse, die natürlich zu vermeiden sind.

Man muss aus diesem Grunde nicht unbedingt auf Stützwandverfahren wie Pfahlwand oder Schlitzwand zurückgreifen, die ja als sehr verformungsarm gelten. Bei richtiger Anwendung kann auch mit einem sogenannten weichen Verbau wie es die vernagelte Spritzbetonwand darstellt auch diese Herausforderung lösen.

Dieses Verfahren wurde beim Umbau des Hotels Elisabeth in Ischgl gewählt, bei dem sich am Nachbargrund 3-4 stöckige Hotels befinden, auf die Rücksicht genommen werden musste.

Abbildung 4.3: Nachbarbauwerke bei beginnender Baugrube

Mit dem vernagelten Spritzbeton ist geringste Platzverbrauch gegeben und somit entsteht ein maximaler Raum zwischen dem bestehenden Hotel und der Grundgrenze, der durch kein anderes Sicherungsverfahren erreicht wurde.

Abbildung 4.4: Baugrube beginnt sich einzutiefen, Tiefe ca. 5m

An der Oberseite der Baugrube wurden mehrere Messstangen eingebaut, um der ausführenden Mannschaft jederzeit die Deformation der Spritzbetonschale anzuzeigen und Deformationen so früh wie möglich zu erkennen.

Im Bild erkennt man diese Messstangen mit einem Winkel der zur Spritzbetonschale reicht. Hier ist ein Maßstab angebracht, der mehrmals täglich vom Polier überwacht wurde um sofort bei einer eintretenden Bewegung alle zuständigen Personen verständigen zu können. Es war vorgesehen, dass bei mehr als 2 cm Deformation das Bauverfahren nochmals überdacht wird bzw. eine zusätzliche Verstärkung eingebaut wird.

Zusätzlich wurde die gesamte Spritzbetonschale sowie die darüberliegenden Bauwerke in ein Messprogramm eines unabhängigen Vermessungsbüros einbezogen. das wöchentlich während der gesamten Bauzeit die tatsächlich aufgetretenen Bewegungen aufnahm. Als Messgenauigkeit war 1 mm vorgegeben.

Abbildung 4.5: Baufortschritt Tiefe 8m und 12m

Die Spritzbetonschale bestand aus Faserbeton mit einer Stärke von 15 - 20 cm. Es wurden dabei Kunststofffasern verwendet, die bereits als Silomischung angeliefert wurden.

Als Anker bzw. Bodennägel wurden Nägel der Type Mai mit einem Durchmesser von 32 und 38 mm eingebaut. Um die Verformungen so gering wie möglich zu halten wurde jede 3. Nagelreihe vorgespannt. Die Vorspannkraft wurde auf 80 Prozent der errechneten Ankerkraft ausgeführt.

Während der Herstellung wurden in jeder zweiten Nagelreihe Zugversuche an den Ankern durchgeführt um die Sicherheit zu erhalten, dass der Untergrund auch die Lasten übernehmen kann.

Abbildung 4.6: erreichte Endtiefe von 16,5m

Die Verformungen an den Messstangen lagen bei maximal 1 cm, konnten aber nicht genauer abgelesen werden. Die Vermessung brachte wesentlich genauere Werte. Die maximale Verformung innerhalb der gesamten Spritzbetonschale war 17 mm, wobei dies ein Spitzenwert war, ansonsten lagen die Werte zwischen 8 und 14 mm.

Die maximale Bewegung an den darüberliegende Bauwerken wurde mit 7mm eingemessen. Bei den darüberliegende Bauwerken stellten sich nur geringe Risse (meist Haarrisse) ein. Diese konnten einfach mit Spachtelmasse und Farbe saniert werden.

4.1.4 Baukräne

Baukräne sind auf jeder Baustelle eine Herausforderung an alle Beteiligten. In der Planung eines Bauwerkes wird fast nie auf die Situieren eines Baukranes Rücksicht genommen, daher muss die Baufirma irgendwo auf dem Bauareal den Kran aufstellen und möglichst damit auch die gesamte Baustelle bedienen können.

Ein besonders drastischer Fall ist bei einer Baustelle in Going/Tirol aufgetreten. Hier wurde ein großer Kran mit 60m Ausladung aufgestellt und war der Stolz der ganzen Baustelle und des Bauherrn.

Abbildung 4.7: Kran mit 60m Ausleger

Der Kran war knapp neben der Baugrube, die mit Spritzbeton gesichert war, aufgestellt und erreichte somit die gesamte Baustelle. Der Kran stand auf 4 Fertigteilfundamenten diese wiederum auf einer Platte die aus Stahlbeton bestand.

Abbildung 4.8: Gründung des Krans

Nach erstem Augenschein sieht die Gründung recht gut aus. Die Einzelfundamente sind zwar recht nah am Rand der Platte, diese wird jedoch insgesamt die Lasten in eine Flächenlast umleiten und somit scheint die Gründung fachgerecht zu sein.

Beim Betrieb des Kranes zeigte sich jedoch bald eine Wackelbewegung, die als harmlose Bewegung der Platte eingestuft wurde.

Eines Tages neigte sich der Kran und unter lautem Getöse (es sind dabei Stahlteile gerissen) fiel der Kran um. Es war zuerst die Vermutung, dass die seitliche Böschung nachgegeben habe, jedoch bei näherer Betrachtung zeigte sich, dass unter der Fundamentlast ein Grundbruch stattgefunden hatte. Grund dafür war, dass die Platte einerseits zu dünn war und außerdem keine obere Bewehrung hatte. Somit konnte die Platte die Lasten nicht auf die Fläche umlegen und es entstand je nach Stellung des Kranes eine zu große Bodenpressung, die zusätzlich noch einseitig war.

Abbildung 4.9: Versagen der Krangründung mit Umsturz

Es fand ein Grundbruch unter der Platte statt, bei dem die Platte brach und es zeigte sich dabei, dass keine oben liegende Bewehrung eingebaut wurde.

Abbildung 4.10: gebrochene Fundamentalste des Krans

Ohne hier weiter ins Detail einzugehen kann dieses Beispiel einem nur eine Warnung sein, die Lasten eines Kranes richtig einzuschätzen und dann auch richtig in den tieferen Untergrund einzuleiten.

4.1.5 Kurz- und Langzeitsicherungen

Bei der Anwendung von Bauelementen ist die Nutzungsdauer bzw. die Lebensdauer wichtig. Besonders bei Bauteilen die zur Lastübertragung verwendet werden muss man sich über die Nutzungsdauer klar sein,

Für Bauteile, die nur während einer relativ kurzen Periode in Verwendung sind spricht man von temporären Bauteilen. Diese sind nun lt. jeweiliger Norm bis zu drei Jahren zugelassen. Alle anderen Bauteile betrachtet man als permanente Bauteile, die für lange Zeit (>30 Jahre) zugelassen werden.

4.1.5.1 Kurzzeitsicherungen - temporär

Bauteile die weniger als drei Jahre in Verwendung sind werden als temporär eingestuft. Dies sind meist Bauteile die im Bauzustand notwendig sind um Bauzustände abzusichern. Dazu gehören Montagezustände oder Bauteile die nur innerhalb der Bauzeit verwendet werden wie z.B. ein Baugrubenverbau, der durch die spätere Hinterfüllung wirkungslos wird.

Es ist jedoch gerade bei einem Baugrubenverbau zusätzlich abzusichern, dass nach einer Hinterfüllung des Arbeitsraumes das Bauwerk auch in der Lage ist den gesamten Erd- und Wasserdruck mit seiner Konstruktion aufnehmen kann. Ist das nicht der Fall, so ist der Baugrubenverbau als permanent einzuordnen.

Temporäre Bauteile sind nur auf eine Lebenszeit von drei Jahren konzipiert, dies bedeutet der Baustoff muß nur diese Zeit den Erfordernissen entsprechen, danach kann er seine Eigenschaften bzw. auch Tragfähigkeit verändern. Es gelten auch eigene Teilsicherheitsbeiwerte, die geringer sind als bei Langzeitbauteilen.

Somit sind temporäre Bauteile generell kostengünstiger und werden daher immer wieder eingesetzt.

4.1.5.2 Langzeitsicherungen - permanent

Dauerkonstruktionen mit einer Lebens- bzw. Nutzungsdauer über drei Jahren werden als permanente Bauteile eingestuft. Es betrifft die meisten Bauteile eines Bauwerkes.

Dabei sind die Teilsicherheiten etwas höher als bei temporären Bauteilen und haben zusätzlich weitere Anforderungen die nachfolgend beispielhaft aufgezählt sind:

- Wasserdichtheit
- geringe Verformung (möglichst riessefrei)
- keine Korrosion
- kein Ablösen von Teilen an der Oberfläche
- definierte Qualität an Oberfläche (Rauigkeit, Ebenheit)

4.2 Abdeckung und Vernetzung

Grundsätzlich gibt es drei verschiedene Systeme von Abdeckungen bzw. Vernetzungen von Böschungen:

- frei hängende Abdeckungen
- Felsvernetzungen
- Felssturznetze

Da diese Systeme sich generell nicht nur in ihrer Anwendung, sondern auch in ihrer Berechnung unterscheiden, wird hier eigens darauf eingegangen.

4.2.1 frei hängende Abdeckung

Abdeckungen werden meist bei Baugruben zur temporären Sicherung gegen herabfallende Bodenteile verwendet.

Eine Baugrube muss bis zur Gründungsebene des zu errichtenden Bauwerkes ausgehoben werden. Da dies unter der natürlichen Geländeoberfläche ist, entstehen Böschungen an den Rändern, die zu sichern sind. Falls man platz hat, wird ein ungesicherter Abtrag mit einer freien Böschung hergestellt. Diese Böschung muss jedoch sicher gegen abrutschendes Erdreich sein und bedarf daher einem Nachweis. Unter Kapitel 2.2 sind die Nachweise der Böschungsstabilität angegeben.

Eine Baugrabenböschung kann nun auf Grund der örtlichen Bodeneigenschaften recht steil sein, es sind jedoch dabei noch zwei Naturphänomene zu beachten, die die Böschung unsicher machen.

– Niederschlag erzeugt Erosionsrinnen
– Sonneneinstrahlung erzeugt Verdunstung und somit Austrocknung

In beiden Fällen können sich Teile aus der Böschung lösen und herabfallen. Dies ist für die Arbeiter besonders am Rand der Baugrube eine Gefährdung, die vermieden werden muss. Als Schutz vor diesen Gefahren werden die Baugrabenböschungen mit Folien bzw. Vlies abgedeckt. Damit wird erreicht, dass einerseits der Niederschlag keine Erosionsrinnen ausbilden kann und andererseits die Böschung nicht austrocknet und damit einzelne Steine sich aus der Böschung lösen und herabfallen.

Falls jedoch kleinere Teile aus der Böschung sich lösen, werden sie hinter der Folie bzw. dem Vlies gehalten und können nicht frei in die Baugrube springen. Ausserdem werden die Arbeiter durch das Geräusch der herabfallenden Teile gewarnt und können sich aus der Gefahrenzone fortbewegen.

Abbildung 4.11: Abdeckung bei Baugrube Abspannfundament Hängebrücke bei Rappbodetalsperre 2016

4.2.2 Felsvernetzungen

Vernetzungen sind nur bei Felsböschungen die oberflächennah Auflösungserscheinungen infolge Verwitterung zeigen sinnvoll. Zweck von Felsvernetzungen ist es, durch ein flächig über steinschlag- bzw. erosionsgefährdete Böschungen verlegtes Drahtgitter- oder Stahlseilnetz einen Schaden an unterhalb liegende Strassen bzw. Bauwerke durch abstürzende Steine und Blöcke zu verhindern.

Die Stahlnetze liegen am Untergrund (Fels) an und sind mittels Felsnägel (Mikropfählen) im Fels verankert. Zusätzlich werden Stahlseile zwischen den Felsnägeln gespannt, um lose Felsteile möglichst im Abstand der Nägel zurückzuhalten und nicht weiter talwärts rutschen zu lassen. Diese Felsvernetzungen passen sich somit der Böschungsoberfläche an und verhindern die Oberflächenerosion bzw. das Ausbrechen von Gestein.

Dieses System kann beliebig mit Einzelblocksicherungen kombiniert und auch mit Seilen verstärkt werden.

Abbildung 4.12: vorgespannte Vernetzung in Felshängen

Beider Berechnung von Vernetzungen geht man davon aus, dass sich oberflächennahe Teile lösen und hangparallel unter dem Netz zu Tale gleiten. Es werden also böschungsparallele Gleitfiguren untersucht, die wie Hangschutt betrachtet werden. Dieser Bereich wird durch das vernagelte Netz gehalten.

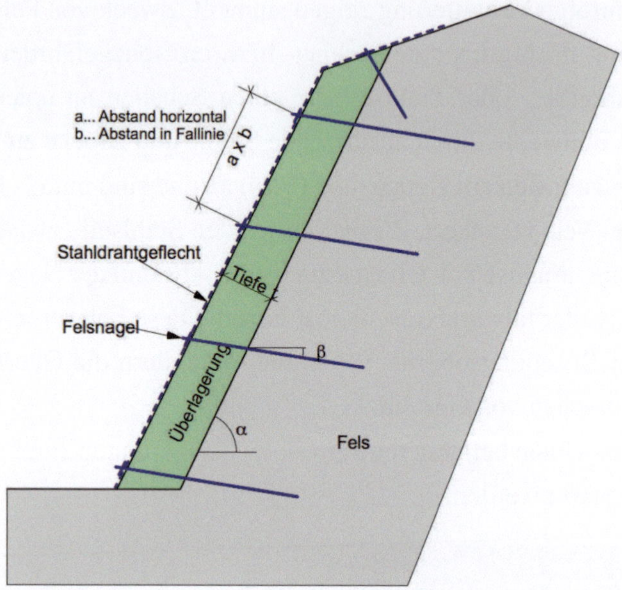

Abbildung 4.13: Systembild der Vernetzung

In der Berechnung werden nun nacheinander unterschiedliche Gleitsituationen berechnet. Zuerst wird eine hangparallele Gleitung gerechnet und der aus der Gleitung resultierende Schub wird zur Bestimmung der Felsnägel bezüglich der Längskraft und der Absicherung gerechnet.

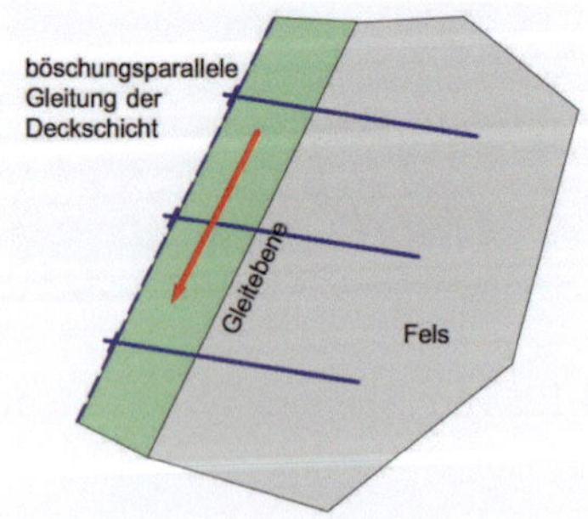

Abbildung 4.14: hangparallele Gleitung

Anschließend wird eine auskeilende Gleitung gerechnet um zu sehen ob das Netz imstande ist diesen Gleitkeil aufzunehmen und ebenso die Verbindung Netz zum Felsnagel zu überprüfen.

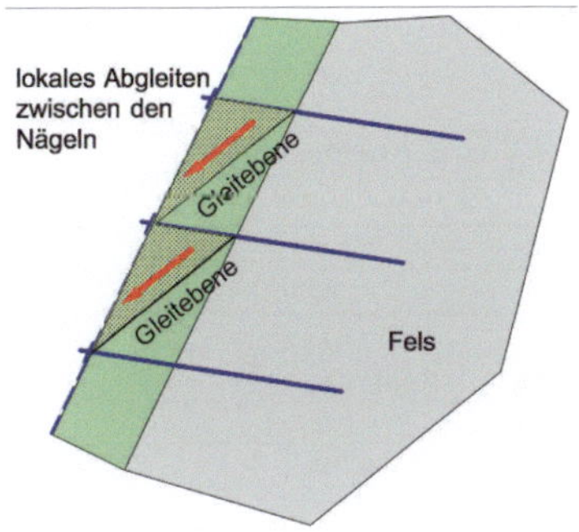

Abbildung 4.15: auskeilende Gleitung

Im Folgenden wird nun eine Berechnung einer Vernetzung mittels Excel-Programm vorgeführt und dabei die einzelnen Schritte erklärt.

Eingabe der Böschungsdaten				
Geometrie:	Böschungsneigung	α =	70	[°]
Untergrund:	Raumgewicht	γ =	21	[kN/m3]
	Reibungswinkel	φ =	35	[°]
	Kohäsion	c =	5	[kN/m2]

Abbildung 4.16: Eingabe der Geometrie

Zuerst werden die geometrischen Größen wie Hangneigung und die Bodenkennwerte der möglichen Gleitschicht angegeben. Es wird dabei angenommen, dass das abrutschende Hangteil wie ein Lockenmaterial wirkt. Dies ist eine pessimistische Annahme, jedoch kann diese durchaus im Gesamtbereich eines Hanges vorkommen.

Anschließend werden die Netzgeometrie, und zwar der horizontale und in Fallrichtung gemessene Abstand der Felsnägel eingegeben. Somit ist das Raster der Verankerung des Netzes vorgegeben. Dann wird der Netzhersteller gewählt, wodurch darauf der Netztyp ausgewählt werden kann. Diese Daten werden einer Liste von möglichen Herstellern und deren Produkten entnommen. Die einzelnen Netztypen unterscheiden sich in Maschenweiten, Drahtdurchmesser und auch der Stahlgüte. Somit ist hier eine umfangreiche Auswahl auch möglich.

Eingabe der Vernetzung mit Bodennagel						
Netzgeometrie:	Abstand	a =	2,4	b =	2,4	[m]
	Tiefe t =	von	0,2	bis	0,5	[m]
Netzart (Bauart):	Firma:	Geobrugg				
	Type	Masche	ø	Stahlgüte		
	Bezeichnung	[mm]	[mm]	[N/mm2]		
	Tecco G65/2	65	2,0	1770		
	Tecco G65/3	65	3,0	1770	dieses Netz wird gewählt	
	Tecco G65/4	63	4,0	1770		
	Spider S3-130	143	3,5	1770		

Abbildung 4.17: Eingabe des Netzes zur Sicherung

Nach dem Netz wird nun eine entsprechende Halterung des Netzes an den Felsnägeln gewählt. Diese muss die Kräfte aus dem Netz an den Felsnagel übertragen. Es handelt sich dabei meist um Krallplatten, die auf das Netz gespannt werden. Die Platten greifen über mehrere Drähte, wodurch sich die Last des Schubes auf mehrere Drähte aufteilt und so eine individuelle Kraftübertragung ermöglicht.

Befestigung:	Firma:	Geobrugg			
	Type	Seitenlänge	Dicke	Stahlgüte	
	Bezeichnung	[mm]	[mm]	[N/mm2]	
	Krallplatte	300	10	500	diese Platte wird gewählt
	Klemmplatte	250	10	500	

Abbildung 4.18: Art der Befestigung des Netzes an die Nägel

Als nächstes müssen die Boden- bzw, Felsnägel definiert werden, die zum Einsatz kommen. Es wird hier zuerst die Nagelart (-Firma) angewählt, womit dann eine Auswahl an Nageltypen aufgezeigt wird, aus der dann auch ausgewählt erden kann. Zusätzlich wird hier die Nagelneigung gegenüber der Horizontalen eingegeben, damit in der Berechnung auch die Richtung der Nägel klar definiert ist.

Bodennagel:	Firma:	IBO - MAI	Neigung zur Horizontalen β [°]	10

Type	ø	A	Stahlgüte	
	[mm]	[cm2]	[N/mm2]	
R32N	29,8	4,30	550	
R32S	29,8	5,00	550	dieser Nagel wird gewählt
R38N	36,3	7,50	550	

Abbildung 4.19: Wahl der Boden- bzw. Felsnägel mit Neigung

Auch hier unterscheiden sich die einzelnen Typen im Durchmesser und der Stahlgüte. Aus dem Durchmesser kann nicht einfach auf die Querschnittfläche rückgeschlossen werden, denn etliche Nageltypen sind Hohlstäbe um das Injektionsgut in die Nagelspitze pressen zu können. Dies sind dann meist auch selbstbohrende Nägel mit einer verlorenen Bohrkrone.

Als Grundlage der Berechnung muss gemäß Eurocode die Bemessungssituation und auch die zu erwartende Schadensfolgeklasse festgelegt werden, um daraus die einzelnen Teilsicherheitsbeiwerte zu ermitteln.

Eingabe der Sicherheiten

Bemessungssituation	BS 1	Endzustand
Schadensfolgeklasse	CC 1	untergeordnete Bauwerke

Abbildung 4.20: Bemessungssituation und Schadensfolgeklasse

Die unterschiedlichen Teilsicherheittswerte wie sie in dem Eurocode definiert sind, sind entsprechend der Bemessungssituation und der Schadensfolgeklasse nachfolgend angegeben.

Teilsicherheiten nach EC 7

Anker

Beanspruchung		Situation
Dauer	Bedingung	BS 1
Ständige	ungünstig	1,35
	günstig	1
Verändeliche	ungünstig	1,5
	günstig	0

Widerstand	Klasse
	CC 1
Kurzzeitanker	1,05
Daueranker	1,05
Netz	1,05

Boden:

Kennwert	Situation	Klasse
	BS 1	CC 1
Reibung	1,1	
Kohäsion	1,3	
Wichte	1	

Geländebruch

Einwirkung		Situation	Klasse
Dauer	Bedingung	BS 1	CC 1
Ständige	ungünstig	1,35	
	günstig	1	
Verändeliche	ungünstig	1,5	
	günstig	0	

Abbildung 4.21: Teilsicherheitsfaktoren für die weitere Berechnung

Weiters sind die möglichen Lastfälle für die weitere Berechnung anzugeben. Im vorliegenden Fall wird lediglich mit Hangwasser gerechnet, die Lastfälle Schnee und Erdbeben werden hier der Einfachheit halber nicht aufgezeigt.

Eingabe der Lastfälle

Boden mit Hangwasser	ja			
Schneebelastung	nein	Last	0,7	[kN/m2]
Erdbeben	nein	Faktor-h	0,050	-
		Faktor-v	0,050	-

Abbildung 4.22: Entscheidung über zu rechnende Lastfälle

Nun kann mit der Berechnung der hangparallelen Gleitung begonnen werden. Es wird in vier Tiefenschritten gerechnet wobei die Grenzen der Tiefen in der Eingabe der Geometrie vorgegeben wurden. Es wird jeweils ein Block begrenzt mit dem Rasterabstand der Nägel gerechnet.

Berechnung für das Böschungsgleiten						
Einflusstiefe	t =	0,20	0,30	0,40	0,50	[m]
Grundfläche	Ag =	5,8	5,8	5,8	5,8	[m2]
Eigengewicht	Ga =	12,7	19,0	25,3	31,7	[kN]
Strömungskraft vert.	Sv =	10,8	16,2	21,7	27,1	[kN]
Schneelast	Gs =	0,0	0,0	0,0	0,0	[kN]
Erdbeben vert.	Ev =	0,0	0,0	0,0	0,0	[kN]
gesamt Vertikallast	Gv =	23,5	35,2	47,0	58,7	[kN]
Erdbeben horiz.	Eh =	0,0	0,0	0,0	0,0	[kN]
Strömungskraft hor.	Sh =	3,9	5,9	7,9	9,9	[kN]
gesamt Horizontallast	Gh=	3,9	5,9	7,9	9,9	[kN]

Abbildung 4.23: Böschungsgleiten in einem Rasterfeld

Es werden die bei einer Gleitung entstehenden Kräfte in ihren vertikalen und horizontalen Anteil ermittelt. Danach werden diese Kräfte in Bezug auf die Gleitebene wirkende Normalkraft N und die treibende Kraft T aufgeteilt.

Aufteilung in Kraftkomponenten:						
in Gleitebene	T =	23,4	35,1	46,9	58,6	[kN]
senkr. zur Gleitebene	N =	4,3	6,5	8,7	10,8	[kN]
Reaktionskräfte in der Gleitfläche:						
Reibungskraft	R =	2,7	4,0	5,4	6,7	[kN]
Kohäsion	C =	22,2	22,2	22,2	22,2	[kN]
gesamte Haltekraft	H =	24,8	26,2	27,5	28,9	[kN]
Differenz zwischen Treibend und Haltend:						
Differenzkraft	D =	-1,4	9,0	19,3	29,7	[kN]
diese Kraft muss durch einen Bodennagel gehalten werden						

Abbildung 4.24: Kraftaufteilung bei der Gleitung

Die Normalkraft auf die Gleitebene erzeugt nun in der Gleitfuge eine Reibungskraft, die haltend auf das System wirkt. Zu dieser Reibungskraft wird nun die Kohäsionskraft dazugerechnet, die sich aus der Kohäsion des Bodenmaterials und der Fläche des Blockelementes ergibt.

Als Ergebnis kann nun die Differenzkraft ermittelt werden, die in einem Block wirkt. Diese Kraft muss nun von einem Felsnagel übernommen werden. Es wird nun aus der möglichen Auswahl ein Nageltyp ausgewählt und auch dessen Vorspannung angegeben. Die Nagelplatte wird auf das Netz aufgelegt und mit der Nagelmutter festgezogen. Dabei entsteht ein Druck auf as verlegte Stahlnetz, was auch als Reaktion eine Nagelzugkraft entstehen lässt, die bei der Abtragung der Blocklasten zur Wirkung kommt.

Wahl des Bodennagels		R32S		Vorspannung	30	[%]
Nagelkraft	B =	78,6	[kN]	Winkel γ =	10	[°]
Anteil haltend	Bh =	13,6	[kN]			
Anteil Reibung	Br =	48,0	[kN]			
Gesamt Nagelhaltekraft	Bg =	61,7	[kN]	Nagel ist ausreichend.		

Abbildung 4.25: Berechnung der haltenden Nagelkraft

Da diese ermittelte Haltekraft eines Nagels mit 61,7 kN größer ist als die wirkende Schubkraft eines Blockes mit max. 29,7 KN, ist gewährleistet, dass der Nagel den rutschenden Block mit der gewählten Vorspannkraft aufhalten kann.

Berechnung für die Nageltiefe

Nagelkraft	78,6	[kN]
Bohrdurchmesser	150,0	[mm]
Mantelfläche/Laufmeter	0,471	[m2/m]
max Verbundspannung	60,0	[kN/m2]
Länge in Überlagerung	0,5	[m]
Verankerungslänge	2,8	[m]
Gesamtlänge	**3,3**	**[m]**

Abbildung 4.26: Ermittlung der Nageltiefe

Für die Ermittlung der Nageltiefe wird von der gewählten Vorspannkraft ausgegangen. Es ist dabei der Bohrlochdurchmesser und die maximale Verbundspannung (= Mantelreibung) anzugeben. Mit diesen Werten lässt sich nun die Tiefe der Verankerungsstrecke ermitteln. zählt man dazu die max. Schichtdicke der Überlagerung dazu, hat man die gesamte Nagellänge.

Nun folgt die Berechnung der Netzsbeanspruchung. Dafür wird das mögliche Stahlnetz und die dazugehörige Auflageplatte zwischen Netz und Ankermutter gewählt. Es werden entsprechend der gewählten Nagelplatte die Anzahl der Drähte, die den Umfang der Platte berühren ermittelt.

Berechnung für die Netzbeanspruchung						
Wahl des Netzes:	Tecco G65/3		der Befestigungsplatte:	Krallplatte		
Maschenweite:	65	[mm]		Weite:	300	[mm]
Einzelquerschnitt:	7,1	[mm2]				
Drähte je Platte:	6	[Stück]				
zul. Kraft je Platte:	50,6	[kN]				
vorh. Kraft je Platte	6,6	[kN]		Netz ist zulässig		

Abbildung 4.27: Nachweis des Netzes

Es wird die von den Drähten übernehmbare Kraft mit der maximalen wirkenden hangparallelen Nagelkraft verglichen.

Berechnung für die Netzbefestigung						
max. Nagelkraft	B =	29,7	[kN]	Winkel δ =	80	[°]
senkr. Zum Netz	S =	29,2	[kN]			
Scherkraft je Draht	s =	4,87	[kN]			
vorh Scherspannung	vorh τ =	689,5	[N/mm2]			
zul. Scherspannung	zul τ =	1.685,7	[N/mm2]	Netz ist zulässig		

Abbildung 4.28: Nachweis der Netzbefestigung

Bei der Berechnung der Netzbefestigung werden die an der Platte befindlichen Drähte auf Absicherung überprüft, wobei als Gesamtkraft die Vorspannkraft des Nagels wirkt.

Das Stahlnetz wird nun nicht alleine durch den Anpressdruck der Nägel gehalten, es hat sich als äusserst nützlich erwiesen, wenn die Nezte durch vorgespannte Stahlseile niedergehalten werden. So können einzelne Rutschkörper sich nur innerhalb eines Blockes bewegen und kaum eine kinetische Energie aufbauen. Dies macht das System der Vernetzung sehr sicher, da keine unerwarteten Bewegungskräfte eintreten.

Diese Stahlseile werden an den Ankerplatten befestigt und bilden so einen Raster auf dem zu sichernden Hang. Falls es notwendig erscheint, können einzelne hervorstehende Felsteile mit diesen Seilen zusätzlich gesichert werden. Dies wird im Zuge der Vernetzung des Hanges von der örtlichen Mannschaft festgelegt. Hier wird auf die Erfahrung der Arbeitsmannschaft bei der Sicherung solcher Hänge auch Rücksicht genommen, denn alle Besonderheiten lassen sich in Planung und Berechnung nicht simulieren.

Vorschlag für die Seilsicherung beim Nagelraster		
Es wird im gegebenen Fall eine Fixierung mit Seilen vorgeschlagen.	**ø [mm]**	**12**
Die Seile sind an den Befestigungsplatten zu verschrauben sodass ein Kraftschluss gegeben ist.		
Die Seile sind in jeder 2. Reihe zu führen, damit das Netz auch niedergehalten ist.		

Abbildung 4.29: Angabe der Seile zur Vernetzung

Letztendlich wird bei diese Berechnung am Ende auch eine Kontrolle durchgeführt, ob auch alle notwendigen Schritte durchgeführt wurden und somit alle Bauteile auch richtig dimensioniert wurden.

Nachweis der zu berechnenden Situationen	
Böschungsgleiten - Nagelermittlung	ist erbracht
Netzbeanspruchung (Netzauswahl)	ist erbracht
Netzbefestigung (Durchstanzen, Anreißen)	ist erbracht
Seilsicherung für das Netz	wird vorgeschlagen

Abbildung 4.30: Kontrolle der Berechnung

Nach dieser nun abgeschlossenen Berechnung wird ein Rutschhang gezeigt, bei dem immer wieder kleine Teile auf den darunterlegenden Weg abstürzten bis man sich zu einer Vernetzung entschloss. Anfangs war nicht klar ob der Hang sich dazu eignet, da jedoch die Felsoberfläche im Bereich von 10 bis 60 cm unter der Oberfläche angefunden wurde, entschloss man sich zu dieser Massnahme. Auch der vorstehende Felsklotz konnte in die Sicherung mit einbezogen werden.

Zusätzlich zu dieser Vernetzung entschloss man sich eine Kokosmatte unterhalb dem Stahlnetz einzulegen in der bereits Samen für Gräser eingearbeitet waren.Dies bewirkte eine relativ rasche Begrünung des Hanges und die Vernetzung war nach einem halben Jahr für den Betrachter nicht mehr erkennbar.

Abbildung 4.31: Vernetzung bei Volders Alter Weg

4.2.3 Felssturznetze

Diese werden als Steinschlagschutz verwendet. Dabei wird davon ausgegangen, dass sich ein Stein löst und aus der Felswand herausfällt bzw. auf der Böschung talwärts gleitet, bzw. auch rollt oder springt. Man muss als Voraussetzung der Dimensionierung solcher Felssturznetze die Fallenergie des Sturzkörpers einschätzen.

Die Fallenergie errechnet sich aus der Masse m des Fallkörpers und der Fallhöhe h und wird in kJ (Kilo-Joule) angegeben. Aus der Fallhöhe wird die Fallgeschwindigkeit ermittelt mit:

$$v = \sqrt{2 * g * h} \tag{4.1}$$

Und damit kann zusammen mit der Masse des Fallkörpers die Fallenergie errechnet werden.

$$E = \frac{1}{2} * m * v^2 \tag{4.2}$$

Es ergeben sich somit für die Praxis folgende Fallenergien:

		Fallhöhe [m]				
		10	20	30	40	50
Fallmasse [to]	1	98	196	294	392	491
	3	294	589	883	1.177	1.472
	5	491	981	1.472	1.962	2.453
	7	687	1.373	2.060	2.747	3.434
	10	981	1.962	2.943	3.924	4.905

Abbildung 4.32: Fallenergie in kJ (Kilo-Joule)

Felssturznetze werden nun für folgende Fallenergien angeboten:

500 — 1.000 — 2.000 — 3.000 — 5.000 kJ

Damit hat man eine ausreichende Auswahl an Schutzverbauungen gegen Steinschlag. Bei noch größeren Fallenergien, wie sie bei Bergstürzen vorkommen werden diese Netze nicht mehr angewendet, sondern man richtet dort eigene Sturzräume mit Energievernichtungsbecken und Dämmen ein in denen diese große Energie dann auch abgebaut werden kann.

Ein gutes Verständnis für die Funktion und Anordnung eines Felssturznetzes bietet eine Prinzipskizze der Fa. Maccaferri,. Hier wird klar erkennbar wie die Energie abgebaut wird und welcher Sicherheitsabstand zu benutzten Räumen dafür auch bereitgestellt werden muss.

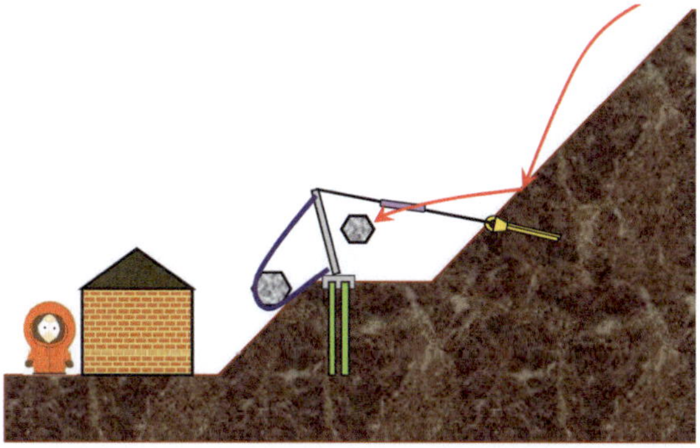

Abbildung 4.33: Prinzipskizze für die Funktion eines Felssturznetzes von Maccaferri

Ein entsprechendes Beispiel einer Anwendung eines Felssturznetzes ist im folgenden Bild gegeben. Dabei wird eine Strasse zu einer Siedlung zu mehreren Häusern gesichert. Somit wurde nicht nur eine Strasse sondern insbesondere der Schulweg für etliche Kinder gesichert. Die Felssturznetze sind für eine Fallenergie von 500 kJ ausgelegt.

Abbildung 4.34: Felssturznetz bei Kleinboden in Fügenberg Tirol

Das aufgebaute System besteht aus einem Stahlnetz das mittels starken Seilen getragen wird. Diese sind auf dem Untergrund und den Stützen befestigt. Die

Fallenergie wird durch dir starke Deformation des Netzes aufgenommen, wobei bei den Tragseilen Abfangstrukturen eingebaut sind, die diese Deformationen wie eine Feder aufnehmen können.

Zur Anwendung dieses Systems ermittelt man die Fallenergie und sucht nun bei den entsprechenden Firmen die Systeme aus, die dann auch von den Firmen versetzt werden. Die für die zu erbringenden geotechnischen Nachweise notwendigen Lastangaben der Seile und Anker bzw. Mikropfähle werden von den Firmen jeweils im Einsatz bekannt gegeben. Grundlage dazu sind ausreichende Feldversuche der jeweiligen Spezialfirmen.

Die von den einschlägigen Firmen wie Maccaferri, Geobrugg und Trummer angebotenen Steinschlagnetze gehen von einer Fallenergie von 500 kJ aus. Dies ist eine relativ große Energieeinwirkung. Werden geringere Energien erreicht, so werden meist die Systeme für 500 kJ eingebaut. Es soll hier im Folgenden gezeigt werden, wie kleinere Systeme berechnet werden können und somit eine Ergänzung zu den großen Schutzkonstruktionen erarbeitet werden kann.

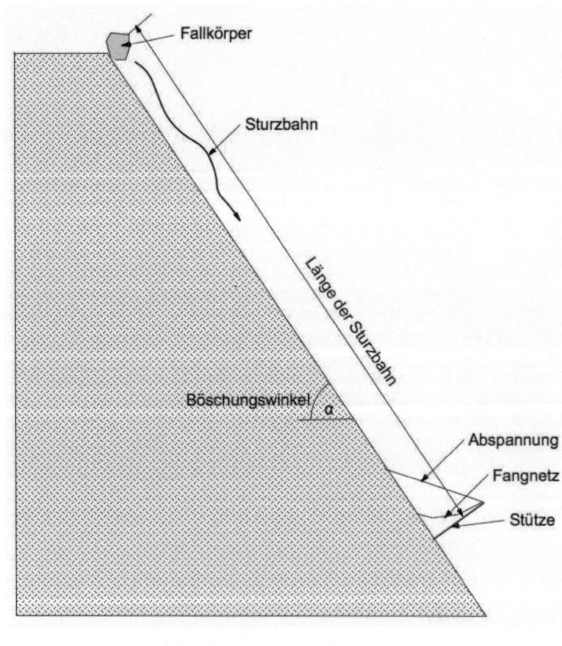

Abbildung 4.35: System eines kleinen Felssturzes

Bei einer entsprechenden Berechnung des kleinen Systems wird zuerst ein Fallkörper (Felsbrocken) definiert, der abstürzen soll.

Durchmesser Fallkörper	d =	0,5	[m]
Dichte Fallkörper	γ =	2.600	[kg/m³]
Volumen Fallkörper	V =	0,065	[m³]
Masse Fallkörper	M =	170	[kg]

Abbildung 4.36: Definition des Fallkorpers

Die Masse des Fallkörpers wird dann für die Ermittlung der Bewegungsenergie verwendet.

Höhe der Böschung	H =	45	[m]
Neigung der Böschung	α =	60	[°]
Reibungswinkel	ϕ =	35	[°]
Reibbeiwert	η =	0,70	-

Abbildung 4.37: Eingabe die Geometrie und des Untergrundes

Mit den geometrischen Werten wie Länge und Böschungswinkel ist die Sturzbahn definiert. Die Untergrundwerte werden für die Berechnung der Sturzenergie benötigt, da es sich hier nicht um einen freien Fall handelt, sondern um einen gebremste Bewegung, die abhängig vom Untergrund eine verzögerte Beschleunigung erfährt.

Dabei spielt der Reibbeiwert eine großen Einfluss. Dieser errechnet sich aus dem Reibungswinkel des anstehenden Untergrundes, wobei eine Kohäsion (wie beim Fels üblich) nicht berücksichtigt wird, da es sich ja nur um Oberflächenkontakte mit Reibung handelt.

$$\eta = tan(\phi) \tag{4.3}$$

Bei einem Abrollen auf Fels wird üblicherweise ein Reibungswinkel von 35 Grad angesetzt, dies entspricht den Erfahrungen bei einschlägigen Versuchen.

Zur Berechnung der Beschleunigung des Fallkörpers geht man von einer gleichmäßigen Beschleunigung aus, deren Wert von der Gravitationskonstanten g und der Böschungsneigung sowie dem Reibbeiwert abhängt.

$$a = g * sin(\alpha) - \eta * cos(\alpha) \tag{4.4}$$

Mit der Länge der Sturzbahn kann nun die Geschwindigkeit des Fallkörpers Beim Fangnetz errechnet werden:

$$v = \sqrt{2 * a * L} \tag{4.5}$$

Beschl. Der Masse	a =	5,1	[m/s²}
Länge der Bahn	L =	52,0	[m]
Geschw. Am Ende	v =	22,9	[m/s]
Bewegungsenergie	**E =**	**90**	**[kJ]**

Abbildung 4.38: Ermittlung der Bewegungsenergie

Die Bewegungsenergie errechnet sich dann zu:

$$E = M * v^2 \tag{4.6}$$

Sie wird in kJ (Kilo-Joule) angegeben, wobei mit 1 J = 1 Nm definiert ist.

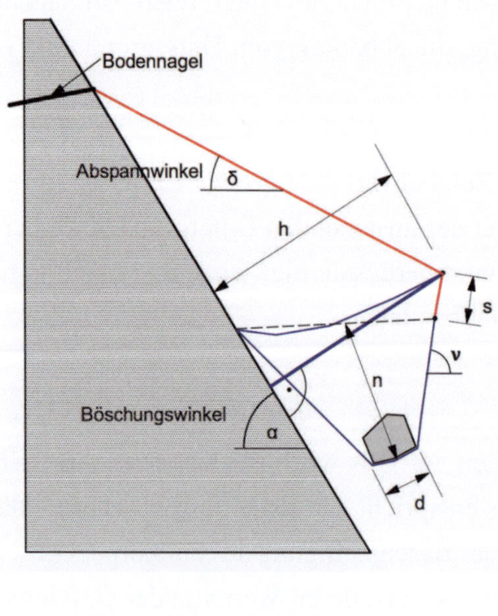

Abbildung 4.39: Definitionen der Schutznetzanordnung

Zuerst müssen Angaben bezüglich der Geometrie des Schutznetzes und dessen Abstützung sowie der Lage der Abspannseile gemacht werden.

Steherabstand	e =	5,0	[m]
Steherhöhe	h =	3,0	[m]
Fangfeldfläche	A =	15,0	[m²]
Abspannwinkel	δ =	20,0	{Grad]

Abbildung 4.40: Geometrische Angaben der Fangkonstruktion

Anschließend werden die möglichen Deformationen des Netzes als Bandbreite eingegeben. Diese wird mehrfach variiert, bis in einem engen Bereich eine praktikable Lösung erreicht wird. Diese beeinflusst dann die Wahl des Netzes, das den Fallkörper einberufen muss.

		von [m]	bis [m]
Netzbewegung	n =	1,0	2,0
Seildurchhang	s =	0,4	0,8

Abbildung 4.41: Variationsmöglichkeit der Netzbewegung und des Seildurchhanges

Es wird ebenso der Seildurchhang variiert, damit kann die Seilspannkraft so beeinflusst werden, dass ein gewünschtes Seil zur Anwendung kommen kann.

Zu Beginn der eigentlichen Berechnung wird ein Netz ausgesucht, da hier entscheidend ist, welche Netzweite und welche Drahtstärke ein Netz hat.

Nachfolgend werden die gebräuchlichsten Netze der Firmen Geobrigg und Trümmer aufgezeigt, von der Fa. Maccaferri ist eine solche Zusammenstellung nicht gefunden worden.

Type	Masche	ø	Stahlgüte	Drahtbruch
Bezeichnung	[mm]	[mm]	[N/mm2]	[kN]
Tecco G65/2	65	2	1770	5,6
Tecco G65/3	65	3	1770	12,5
Tecco G65/4	63	4	1770	22,2
Spider S3-130	143	3,5	1770	17,0

Abbildung 4.42: Stahldrahtnetze der Fa. Geobrugg

Type	Masche	ø	Stahlgüte	Drahtbruch
Bezeichnung	[mm]	[mm]	[N/mm2]	[kN]
50/50/4	50	4	550	6,9
50/50/6	50	6	550	15,6
50/50/2,5	50	2,5	550	2,7
60/60/2,5	60	2,5	550	2,7
60/60/3,1	60	3,1	550	4,2

Abbildung 4.43: Stahldrahtnetze der Fa. Trummer

Für die weitere Berechnung wird im vorliegenden Beispiel mit dem Netz 50/50/2,5 von der Fa. Trümmer gerechnet.

Es wird nun errechnet, wie viele Drähte des Netzes beim Fallkörper am Rand vorhanden sind. Dazu wird der Fallkörper als Kugel vereinfacht und es wird errechnet, wie viele Drähte am Umfang der Kugel die Stoßkraft übernehmen müssen. Es wird hier mit einer Sicherheit von 1,5 bei der Ermittlung der zulässigen Drahtzugkraft gerechnet.

Maschenweite	m =	50	[mm]
Umfang Fallkörper	U =	1,57	[m]
Anzahl Drähte	nd =	31	{Stück)
zul Drahtkraft	Zd =	1,80	[kN]

Abbildung 4.44: Ermittlung der zulässigen Drahtkraft des gewählten Netzes

Nun muss mit der Energie des Fallkörpers und dem vorgegebenen Bremsweg = Netzbewegung die Netzkraft ermittelt werden.

$$N_k = E/s \tag{4.7}$$

Dabei ist E die Bewegungsenergie und s der Bremsweg = Netzbewegung.

Netzbewegung [m]	1,0	1,25	1,5	1,75	2,0
Netzkraft [kN]	89,5	71,6	59,7	51,1	44,8
Einzeldrahtkraft [kN]	2,89	2,31	1,92	1,65	1,44

Abbildung 4.45: Berechnung der Einzeldrahtkraft bei verschiedenen Netzbewegungen

Es ergeben sich nun für die unterschiedlichsten Netzbewegungen die zugehörigen Netzkräfte. Diese durch die Drahtanzahl dividiert ergibt die jeweilige Einzeldrahtkraft, die bei der Bremsstrecke zur Wirkung kommt.

Erst bei einer Netzbewegung von 1,75 m wird die zulässige Drahtkraft erreicht. Somit ist mit dieser Netzbewegung weiter zu rechnen.

Die Netzkraft, die durch den Fallkörper bei vorgegebener Netzbewegung entsteht, wird nun auf das Seil, das das Netz oben und unten festhält, übertragen. Es wird dabei von einer vereinfacht gleichmäßigen Lasteintragung zwischen den Stützen ausgegangen. Diese errechnet sich im vorliegenden Fall zu:

$$q_s = N_k/e + g_s = 51,1/5 + 0,67 = 10,9[kN/m] \tag{4.8}$$

Da aber das Seil kein starrer Körper ist hängt die Durchbiegung des Seiles einerseits von der Belastung und andererseits von der Seilspannung ab.

Dazu müssen nun Seile ausgesucht werden, die für eine solchen Einsatz zur Verfügung stehen. Hier gibt es mehrere Seilfirmen, die entsprechende Seile zur Verfügung stellen:

Type	ø	Stahlgüte	Seilbruch
Bezeichnung	[mm]	[N/mm2]	[kN]
78500	8	1960	69
78501	9	1960	84
78502	10	1960	101
78503	11	1960	119
78504	12	1960	139
78505	13	1960	161

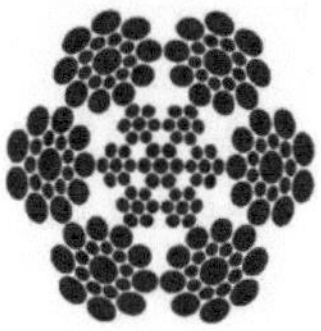

Abbildung 4.46: Stahlseile der Fa. Brugg

Diese Seile sind lt. Hersteller besonders für die Holzwirtschaft geeignet. Es wird dabei auf den kleinen Biegeradius bei Umlenkscheiben hingewiesen und auch, dass sie bei Kontakt mit dem Erdreich (am Boden schleifen) wenig Probleme aufweisen. Außerdem wird die besondere Robustheit bei einem Betrieb hervorgehoben.

Type	ø	Stahlgüte	Seilbruch
Bezeichnung	[mm]	[N/mm2]	[kN]
PE 3	6,1	1240	26
PE 5	8,1	1240	47
PE 7	10,1	1240	73
PE 10	11,9	1240	101
PE15	14,1	1240	141
PE 20	16,6	1240	195

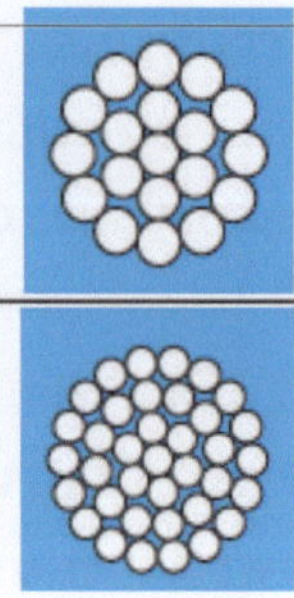

Abbildung 4.47: Stahlseile der Fa. Pfeifer

Als günstige Seile bietet die Fa. Pfeifer die offenen Spiralnebel aus Edelstahl an, deren Tragkraft zwischen26 und 945 kN angegeben wird. Die vorstehende Auswahl betrifft die zu verwendenden Seile bei einfachen Fangkonstruktionen wie sie auch hier behandelt werden.

Type	ø	Stahlgüte	Seilbruch
Bezeichnung	[mm]	[N/mm2]	[kN]
8	8	1770	43
9	9	1770	55
10	10	1770	66
11	11	1770	82
12	12	1770	97
13	13	1770	112

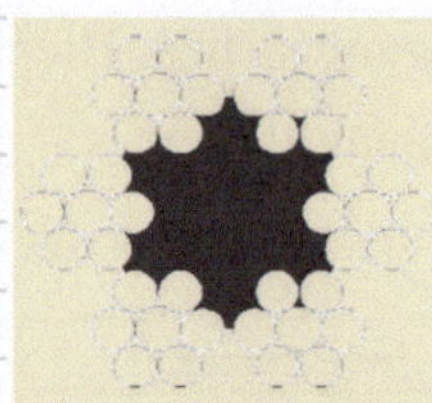

Abbildung 4.48: Stahlseile der Fa. Solitec

Die Fa. Solitec gibt als Zug- und Förderseil die vorstehenden Seile im kleineren Bereich an, wobei hier auch noch Seile mit Zwischendurchmesser zur Verfügung stehen (siehe deren Katalog).

Aus den möglichen Seilen wird ein Seil gewählt um die Seilkraft bei gegebenen Durchgang zu errechnen. Im vorliegenden Beispiel wird das Seil der Fa. Brugg mit der Beziehchnung 78502 (ø = 10 mm) gewählt. Das gewählte Seil hat unter Berücksichtigung einer Sicherheit von 1,5 eine zulässige Seilkraft von 67,3 kN, die nicht überschritten werden darf.

Es werden nun die Seilkräfte für vorgegebene Seildurchgänge bei der ermittelten Seilbelastung errechnet.

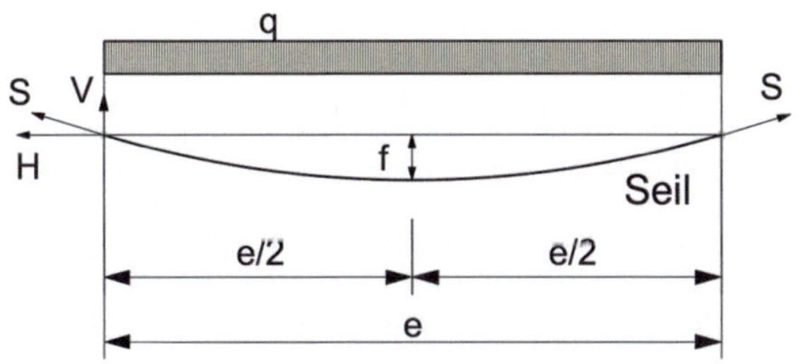

Abbildung 4.49: Statisches System der Seilbeanspruchung

Die Kräfte aus dem Seil berechnen sich zu:

$$H = q * l^2/(8 * f) \tag{4.9}$$

$$V = q * l/2 \tag{4.10}$$

$$S = \sqrt{H^2 + V^2} \tag{4.11}$$

Die Seillängung wird aus der Differenz des Auflagerabstandes e zur Bogenlänge mit dem Durchgang f errechnet.

Seildurchhang [m]	0,4	0,5	0,6	0,7	0,8
Seillängung [cm]	8,5	13,2	18,8	25,5	33,0
Seil-Horizontalkraft [kN]	85,1	68,1	56,8	48,7	42,6
Seil-Vertikalkraft [kN]	27,2	27,2	27,2	27,2	27,2
Seilkraft [kN]	89,4	73,4	63,0	55,8	50,5

Abbildung 4.50: Berechnung der Seilkraft und Seillängung

Die nach den angezeigten Formelzusammenhängen errechneten Seilkräfte zeigen, dass erst ab einer Durchbiegung von 0,6 m die Seilkraft kleiner wird, als die Zulässige Seilkraft von 67,3 kN. Dies ergibt sich bei einer Seillängung von 18,8 cm.

Es muss nun bei der Verankerung des Seiles ein Federmechanismus eingebaut werden, der diesen Anforderungen entspricht. Hierzu werden üblicherweise Federn oder Stahlringe verwendet, die dem ermittelten Kraft-Verformungsverhalten entsprechen.

Es wird nun die Stütze und das Abspannseil berechnet. Dazu müssen zuerst die Winkel der geometrischen Situation ermittelt werden.

Winkel Stütze zur Horizontalen	90 - α =	30	[Grad]
Winkel Schutznetz zur Horizontalen	ν =	79,4	[Grad]
Winkel der Abspannung	δ =	20	[Grad]

Abbildung 4.51: Winkel am Stützenauflager

As =	54,5	[kN]	
α =	80,6	[Grad]	
β =	49,4	[Grad]	
γ =	50,0	[Grad]	
Sa =	54,0	[kN]	Zug
St =	70,2	[kN]	Druck

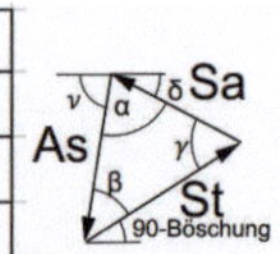

Abbildung 4.52: Kräfte und Winkel am Stützenauflager

Mit Berücksichtigung der Sicherheit für die Krafteinwirkung entstehen folgende Kräfte:

	Sicherheit für Kräfte:		1,5
Abspannseilkraft:	Sa =	81,0	[kN]
Stützenkraft:	St =	105,3	[kN]

Abbildung 4.53: Stützenkraft und Albspannkraft mit Sicherheit

Es wird nun als Abspanneseil ein Seil der Fa. Brugg gewählt, da auch das Netzseil von dieser Firma gewählt wurde.

Bezeichnung:	78504	zul Sa =	92,7	[kN]
		ø =	12	[mm]

Abbildung 4.54: gewähltes Seil für die Abspannung

Als Stütze wird ein Profilträger der Type HE-A mit der Größe 120 mit der Stahlgüte S235 gewählt. Dabei sind folgende Profilwerte massgebend:

Profil	h [mm]	b [mm]	A [cm2]	G [kg/m]	Wy [cm3]	Wx [cm3]
120	114	120	25,3	19,86	106	38,5

Abbildung 4.55: Profilwerte des HE-A 120

Als Anprallkraft wird die halbe Netzkraft in halber Stützanhöhe angesetzt. Grund dafür ist, das Abspannseil lenkt den Fallkörper so ab, dass nicht ein direkter Treffer anzusetzen ist, sondern nur ein Streittreffer. Dieser wird mit der halben Fallkraft abgeschätzt.

Damit ergibt sich für die Stütze ein maximales Moment von 28,8 kNm und eine Normalkraft in Stützenachse von 105,3 kN. Mit diesen Werten ergibt sich für das gewählte Profil eine Randspannung von 313 N/mm2. Dies entspricht auch genau der zulässigen Biegebeanspruchung des gewählten Profiles.

Nun folgt die Dimensionierung der Verankerung des Abspannseiles. Es müssen dazu nach der Wahl des Neigungswinkels des Nagels die restlichen Winkel ermittelt werden, bevor man die Kräfte des Auflagers und die Nagelkraft errechnet.

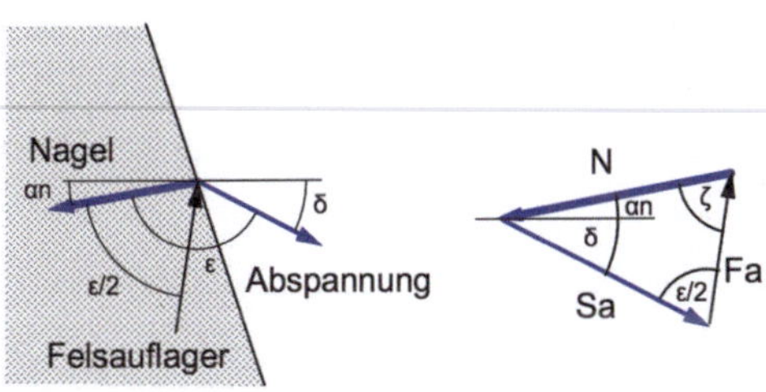

Abbildung 4.56: Winkel und Kräfte beim Nagel und Seilabspannung

Mit dieser Definition der Winkel und der Kräfte lassen sich nun auch deren Werte ermitteln:

$\alpha n + \delta =$	30,0	[Grad]
$\varepsilon/2 =$	75,0	[Grad]
$\zeta =$	75,0	[Grad]
N =	81,0	[kN]
Fa =	41,9	[kN]

Abbildung 4.57: errechnete Winkel und Kräfte bei Nagel und Seilabspannung

Das Fundament, das die die Kraft Fa in den Boden bzw. Fels einleitet muss örtlich vom Geotechniker in Abstimmung mit dem Statiker festgelegt werden.

Für die Verankerung der Nagelkraft können nun verschiedene zugelassene Nagelsysteme verwendet werden.Nachfolgend sind die drei häufigsten Nageltypen aufgezeigt, wobei nut die kleineren Nägel angegeben werden, die bei diesen Konstruktionen zur Anwendung kommen.

Type	Stahlsorte	A	Fstreck
		[cm2]	[kN]
25	500	4,91	246
28	500	6,16	308
32	500	8	402

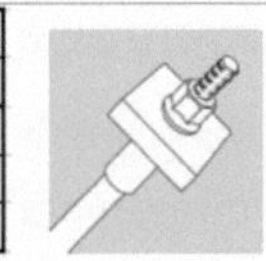

Abbildung 4.58: einfacher Bodennagel der Fa. DSI

Beim einfachen Bodennagel wird ein Loch gebohrt und der Stab hineingeführt und anschließend vermörtelt. Dies bedingt jedoch, dass das Bohrloch offen bleiben muss, was normalerweise nur im Fels der Fall ist. Daher eignet sich dieser Nagel besonders bei Felsuntergrund.

Type	Stahlsorte	A	Fstreck
		[cm2]	[kN]
R32N	550	4,3	230
R32S	550	5	280
R38N	550	7,5	400

Abbildung 4.59: selbstbohrender Nagel von MAI-IBO

Selbstbohrende Nägel sind Hohlstäbe und haben eine verlorene Bohrkrone. Beim Bohren wird das Bohrgut entweder durch einen Pressluftstrom von der Bohrkrone zum Bohrloch herausgefordert, oder es wird beim Bohren Zementmörtel durch die Bohrkrone injiziert und dabei das Bohrgut nach aussen gefördert, wobei das Bohrloch zwischenzeitlich durch den Zementmörtel derart gestützt wird, dass ein Nachbrechen im Bohrloch verhindert wird. Gleichzeitig ist der Zementmörtel dann auch der Verbund zwischen Stahlglied des Nagels und dem Untergrund.

Type	Stahlsorte	A [cm2]	Fstreck [kN]
TITAN 30/11	550	4,2	260
TITAN 40/20	550	7,3	425
TITAN 40/16	550	9	525

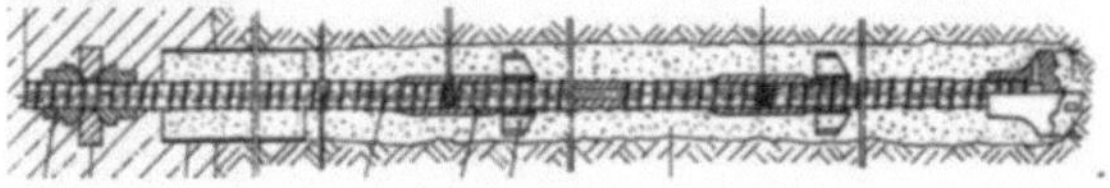

Abbildung 4.60: selbstbohrender Nagel von Ischebeck

Wie leicht erkennbar ist, kann im Berechnungsbeispiel von jeder Ankerart die kleinste Type für die Übertragung der Zugkräfte ausgewählt werden. Es obliegt nun dem Geotechniker auf Grundlage der Festigkeitseigenschaften des Untergrundes und des Bohrdurchmessers die notwendige Länge des Nagels zu ermitteln.

Auf die Bemessung der Betonfundamente und auch der einzelnen Übergangsteile von Netz zu Seil und Stütze sowie Bodennagel sind noch statische und konstruktive Details auszuarbeiten. Auf diese Darstellung wird hier bewusst verzichtet, da dies eine rein konstruktiv statische Bearbeitung ist, die im Rahmen des vorliegenden Buches nicht bearbeitet wird.

4.3 Prallwand

Ein Hang zwischen einer Bundesstrasse und der Bahn im Land Salzburg kam immer wieder in Bewegung. Die Böschung, mehr und weniger Steil erstreckt sich über eine größere Distanz.

Abbildung 4.61: Rutschng bei Verkehrswegen in Salzburg

Es musste eine Sicherung der unterhalb liegenden Bahnlinie errichtet werden, wobei eine Gesamtsicherung des Hanges mit einer Vernetztng aus unterschiedlichsten Gründen abgelehnt wurde. So entschloss man sich eine Prallwand auf der Unterseite des Hanges vor der Bahnlinie zu errichten. Diese soll künftig abrutschende Teile davor hindern die Bahnlinie zu blockieren.

Die Prallwand wird prinzipiell gegen rutschendes Erdreich (Muren) oder auch gegen rutschenden Schnee (Lawinen) angewendet. Dabei wird die auf die Wand wirkende Belastung aus der Bewegungsenergie ermittelt. Dazu ist zuerst die Bewegung der Rutschmasse (Mure oder Lawine) zu analysieren und daraus können im Anschluss die auf die Prallwand einwirkenden Kräfte ermittelt werden.

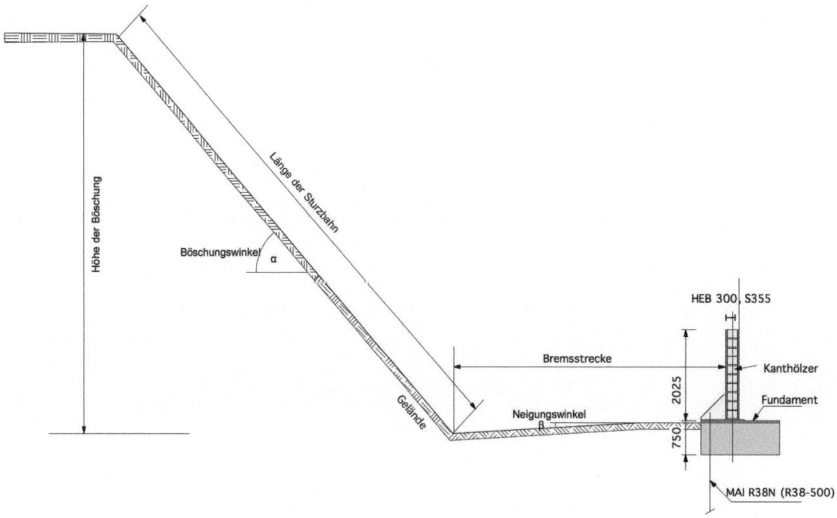

Abbildung 4.62: Schnitt zur Situation einer Prallwandsicherung

Da es sich bei der Rutschmasse um ein gleichmäßiges Material handelt, wird zuerst die Geometrie beachtet.

Höhe der Böschung	H =	45	m
Neigung der Böschung	α =	40	°
Boden-Reibungswinkel	ϕ =	35	°

Abbildung 4.63: Geometrische Grunddaten

Der Reibungswinkel des Untergrundes wird benötigt um die Verzögerung zum Unterschied einer reibungsfreien Gleitung zu beachten. Der aus dem Reibungswinkel zu ermittelnde Reibbeiwert ist der Tangens des Reibungswinkels.

Reibbeiwert	η =	0,70	-
Beschleunigung der Masse	a =	1,04	m/s2
Länge der Bahn	s =	70,01	m
Gesch. am Ende der schiefen Bahn	v =	12,09	m/s

Abbildung 4.64: Bewegungsdaten der Rutschbahn

Damit kann man die Beschleunigung und auch die Geschwindigkeit der Rutschmasse am Ende der Beschleunigungsstrecke errechnen.

$$a = g * sin(\alpha) - \eta * cos(\alpha) \tag{4.12}$$

$$v = \sqrt{2 * a * L} \tag{4.13}$$

Nun kommt die Bremsstrecke in einer anderen Neigung. Es muss nun die Geschwindigkeit der Bewegungsmasse zu Beginn der Bremsstrecke ermittelt werden. Diese errechnet sich aus der Differenz der beiden Neigungen:

$$v_{ba} = v * cos(\alpha - \beta) \tag{4.14}$$

Bremsstrecke	L =	3	m
Neigung der Strecke	β =	-5	°
Gesch. am Anfang der Bremsstrecke	v =	8,55	m/s
Beschleunigung der Masse	a =	-7,70	m/s2
Länge der Bahn	s =	3,00	m
Gesch. am Ende der Bahn	v =	5,18	m/s

Abbildung 4.65: Bewegungsdaten der Bremsstrecke

Es wird die Beschleunigung in der Bremsstrecke ermittelt, anschließend die Geschwindigkeit am Ende der Bremsstrecke.

$$v_{be} = \sqrt{2 * a_{be} * s_b * v_{ba}^2} \tag{4.15}$$

Mit diesen Werten und der Dichte des Rutschkörpers lässt sich nun die Flächenbelastung auf die Prallwand errechnen.

$$p = \rho * v_{be}^2 / 2 \tag{4.16}$$

Dichte der Mure	ρ =	2.200	kg/m3
Flächenbelastung auf die Wand	**p =**	**29,57**	**kN/m2**

Abbildung 4.66: Dichte Rutschkörper und Prallwandbelastung

Mit dieser Belastung aus der Rutschmasse kann nun die Prallwand in ihren Einzelheiten bemessen werden.

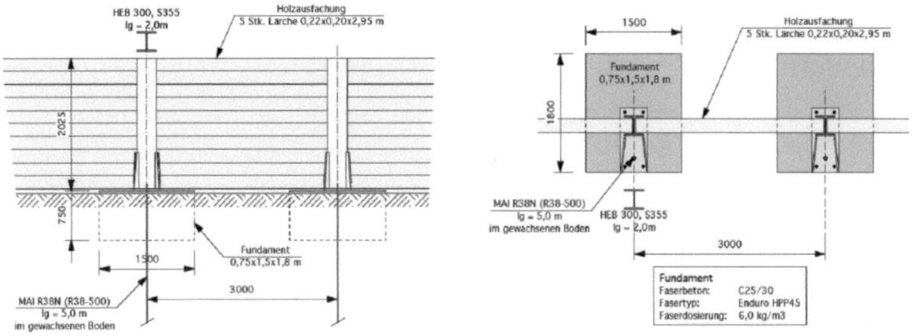

Abbildung 4.67: Darstellung der Prallend

4.4 Stützmauer

Als klassischer Verbau eines Geländesprunges gilt die Stützmauer. Es gibt davon mehrere Varianten, die je nach den vorliegenden Randbedingungen angewendet werden.

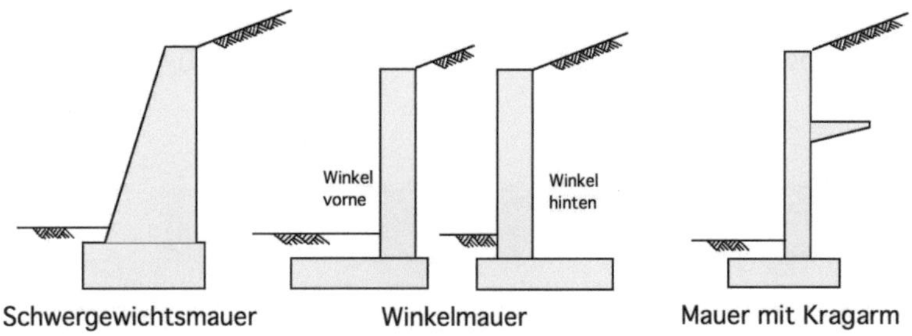

Abbildung 4.68: Arten von Stützmauern

Die klassische Schwergewichtsmauer wird heute meist mit einer mit Natursteinen besetzten Vorderschale hergestellt um so einerseits Beton zu sparen und andererseits den Eindruck einer Natursteinmauer zu erwirken, die vom optischen her mehr gewünscht wird als eine reine Betonmauer. Die Schwergewichtsmauer wird oftmals nur aus Beton hergestellt. Dabei ist die Aufstandsbreite oft die halbe Mauerhöhe. Dies zeigt schon den extrem hohen Materialverbrauch. Daher haben sich die schlankeren Stahlbetonmauern auch durchgesetzt.

Die Winkelmauern aus Stahlbeton sind wesentlich schlanker als die Schwergewichtsmauern.

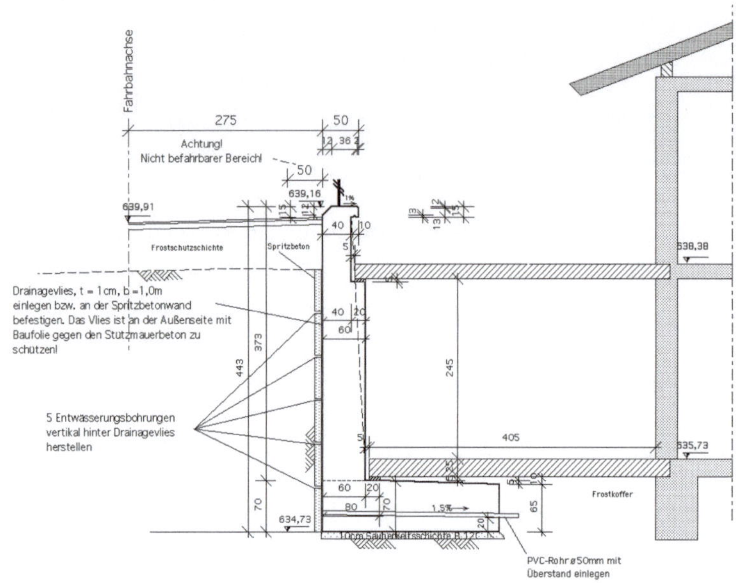

Abbildung 4.69: Betonmauer zur Strassensicherung in Hippach Zillertal

Abbildung 4.70: Betonmauern zur Strassensicherung in Hippach Zillertal

Der Winkel am Fuß kann nun nach vorne oder nach hinten zeigen. Beim Winkel hinten besteht der Nachteil, dass ein großer Voraushub notwendig ist. Daher wird diese Variante meist bei geschütteten Böschungen (Rampen) ausgeführt.

Im abgebildeten Beispiel ist eine Winkelstützmauer aus Platzgründen mit Winkel nach vorne ausgeführt worden. Es wird hier nachfolgend die gesamte Berechnung mit allen Zwischenschritten der Winkelmauer aufgezeigt.

Raumgewicht:	Boden:	21,0 kN/m3	Mauer:	24,0 kN/m3
Boden Reibungswinkel:		35,0 Grad	Kah	0,251
Wandreibungswinkel:		20,0 Grad	Kph	10,77
Wandwinkel:	alpha =	7 Grad	beta =	20

Wandgeometrie:
a = 5,20
b = 0,70
c = 1,50
d = 0,66
e = 0,60
f = 0,00
g = 0,70

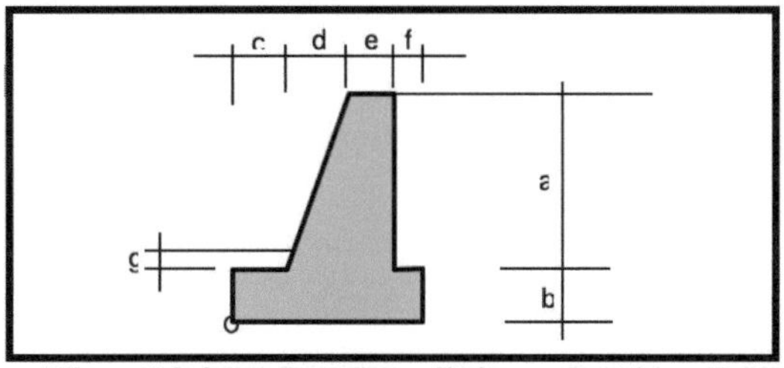

Element Nr:	Breite m	Höhe m	Hebelsarm m	Raumgew kN/m3	Fläche	Gewicht	Moment
1	0	5,20	2,76	21	0,00	0,00	0
2	0,6	5,20	2,46	24	3,12	74,88	184,205
3	0,33	5,20	1,94	24	1,72	41,18	79,897
4	1,5	0,70	0,75	21	1,05	22,05	16,5375
5	2,76	0,70	1,38	24	1,93	46,37	63,9878
Eah			1,97			91,78	180,496
Eav			2,76			33,40	92,1961
Eph			0,47			221,58	103,402

Abbildung 4.71: Berechnung der Gewichte und Momente bei der Stützmauer [50]

Nach der Eingabe der Bodenkennwerte wie Raumgewicht γ, Reibungswinkel φ und Wandreibungswinkel δ werden zunächst die Neigung der Mauerrückseite α und die Geländeneigung ober der Mauer β eingegeben. Mit diesen Werten kann der Erddruckbeiwert nach Coulomb errechnet werden. Anschließend werden die geometrischen Größen laut Skizze eingegeben. Es wird dann mit den Erddruckbeiwerten der Erddruck nach Coulomb auf die Mauer ermittelt, dann die Gewichte der einzelnen Teilflächen der Mauer selbst und der Bodenflächen, die die Mauer belasten. Die Momente werden um den vorderen Fußpunkt des Fundamentes gerechnet.

Bauzustand = Aushub vor der Schwergewichts-Mauer bis auf Fundamentsohle

		Bauzustand		Endzustand	
Summen:	Vertikalkräfte:	217,89	kN/lfm	217,89	kN/lfm
	Horizontalkräfte:	91,78	kN/lfm	0,00	kN/lfm
	Momente rechtsdrehend:	436,82	kNm	540,23	kNm
	Momente linksdrehend:	180,50	kNm	180,50	kNm
Gleitnachweis:					
	vorhandene Sicherheit	1,66		> 3,00	
	notwendige Sicherheit	1,35		1,50	

Abbildung 4.72: Berechnung des Gleitnachweises [32]

Es wird für den Bauzustand und den Endzustand die einzelnen Nachweise erbracht, wobei die ermittelte Sicherheit dann mit der erforderlichen Sicherheit verglichen wird.

Kippnachweis:			
Kernweite:		0,92	0,92
Durstoßpunkt Resultierende		1,18	1,65
Moment Resultierende:		44,36	-59,05
klaffende Fuge?		nein	nein
Randspannung:	vorne	113,88	32,44
in kNm	mitte	78,94	78,94
	hinten	44,01	125,45

Abbildung 4.73: Berechnung des Kippnachweises [32]

Beim anschließenden Kippnachweis wird die Sohlspannung ermittelt, wobei keine Zugspannungen in der Fuge aufnehmbar sind. Es muss daher mit der klaffenden Fuge gerechnet werden. Es wird die Resultierende und deren Durchstoßpunkt durch die Fundamentunterkante gerechnet und mit der Kernweite verglichen. Damit erkennt man ob Zugspannungen unter dem Fundament sind.

Als nächster Schritt ist der Nachweis der Grundbruchsicherheit zu erbringen. Es ist dabei auf Grund des Erddruckes die Lastschiefstellung der Resultierenden zu berücksichtigen. Diese ist im Bauzustand anders als im Endzustand.

Grundbruchnachweis:

Bodenkennwerte:	Raumgewicht oben =		21	kN/m3		
	unten		21	kN/m3		
	Reibungswinkel =		30	Grad		
	Kohäsion =		0	kN/m2		
			Bauzustand		Endzustand	
Lastschiefstellung:		delta =	22,84	Grad	0,00	Grad
Tragfähigkeitsbeiwerte:		Nc =	9,7		25,8	
		Nq =	6,4		15,9	
		Ng =	1,8		12,8	
Belastungsbreite:		b =	2,35	m	3,30	m
vertikale Bruchspannung:			277,1	kN/m2	1.355,0	kN/m2
vertikale Bruchlast:			652,0	kN/lfm	4.474,3	kN/lfm
vorhandene Vertikallast:			217,9	kN/lfm	217,9	kN/lfm
	vorhandene Sicherheit:		2,99		20,54	
	notwendige Sicherheit:		1,50		2,00	

Abbildung 4.74: Berechnung des Geländebruches [50]

Es muss noch zusätzlich ein Geländebruchnachweis erbracht werden. Damit sind dann alle erforderlichen Nachweise fßr eine Stßtzmauer erbracht. Auf diese Berechnung wird hier verzichtet, da dies bereits unter Punkt 3.2.3 ausführlich beschrieben wurde.

Die **Mauer mit Kragarm** ist eine Besonderheit bei den Stützmauern. Sie stellt eine eigenartige Herausforderung an alle Geotechniker. Dabei wird bei einer Stßtzmauer aus Stahlbeton im hinteren Bereich ein oder mehrere Kragarme integriert, die landläufig zu einer Verringerung des einwirkenden Erddruckes fßhren soll. Dies wird hier ausdrßcklich in Frage gestellt und der Leser soll selbst urteilen welchen Weg er gehen möchte.

Bei der Ermittlung gibt Simmer in seinen zwei Büchern unterschiedliche Erddruckformen an.

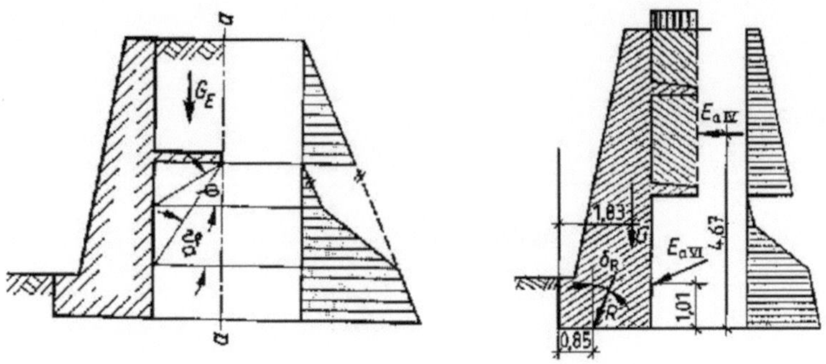

Abbildung 4.75: Vergleich der Erddruckform bei Stützmauern mit Kragarm [32]

Die Frage stellt sich bei welchem Kragarm kann der Erddruck ermäßigt werden? Warum nicht bei beiden? Oder soll überhaupt eine Ermäßigung stattfinden.

Im Schnitt a-a ist der volle Erddruck aktiv, ohne Ermäßigung. Durch den oder die Kragarme wird der Erddruck zwar örtlich verändert, aber in Summe des horizontalen Erddruckes muss an der Mauerrückseite den gleichen Zahlenwert haben wie im Schnitt a-a. Es kann ja nichts verschwinden. Die Folge aus dieser Ermäßigung wäre, man würde 10 Kragarme bauen und der horizontale Erddruck verschwindet! Dies ist wirklich unmöglich. Also es muss der horizontale Erddruck in voller Höhe ohne Ermäßigung eingesetzt werden.

Man darf sich durch solche, wenn auch gut gemeinte, Betrachtungen nicht den wesentlichen Blick auf die mechanischen Grundlagen (Σ H = 0) verblenden lassen.

Der Kragarm bei einer Stützmauer hat nur die Aufgabe durch das auf ihn wirkende Gewicht ein Gegenmoment zum Monentenverlauf in der Wand zu bringen und so die Stützmauer auch schlank genug zu halten. Ob dies wirtschaftlich vorteilhaft ist, muss im jeweiligen Fall nachgewiesen werden.

4.5 Steinschlichtung

Es werden prinzipiell zwei unterschiedliche Arten Steinschlichtungen unterschieden, die nicht nur sehr unterschiedliche Anwendungen finden, bei denen auch die Arbeitsvorbereitung, Planung und Ausführung sehr differieren.

4.5.1 Rohe Steinschlichtung

Dies ist der Verbau mit den größten Problemen in der Praxis. Für diese Einstufung gibt es zwei wesentliche Ursachen:

1. es wird keine Planung und Berechnung der Stützmauer durchgeführt

2. die Ausführung obliegt dem Erdbauer, wobei der Baggerfahrer meist keine Ahnung von einem Mauerwerk hat

Damit sind bereits Schwierigkeiten vorprogrammiert. Man erkennt meist diese Mauern, da sie nicht fachmännisch in einem Mauerverband hergestellt werden und somit die Aufgabe einer Mauer keineswegs erfüllen können.

Abbildung 4.76: Steinschlichtung mit durchgehenden Fugen in Völs bei Innsbruck

Beim ausgewählten Beispiel sieht man eine vertikale Steinschlichtung mit einer Höhe von 1,5 bis 2 m, die bereits mehrere Fehler hat:

- kein Fundament bzw. keine großen Steine für ein Fundament verlegt
- die Steine sind nicht im Verband verlegt, es gibt immer wieder vertikale Fugen, die die Mauer trennen und somit keinen gegenseitigen Halt gewährleisten
- in den Fugen wurden Pflanzen eingebaut deren Wurzeln die einzelnen Steine an den Kontaktstellen abheben können und somit den schon schlechten Verband lösen. Die einzelnen Steine können sich lösen und aus der Wand fallen.
- kleinere Steine haben sich bereits in den ersten beiden Jahren gelöst und sind herausgefallen, wobei dies in unmittelbarer Nähe von Kleinkindern geschah. Dies ist ein unhaltbarar Zustand.

Durch diese mangelhafte Herstellung lösen sich einzelne Steine mit der Zeit aus dem Verband und können durchaus aus der Mauer herausfallen. Unterstützend dabei wirkt immer, dass diese Mauern nicht frostsicher gebaut sind und daher eine Bewegung bereits vorgegeben ist.

Die Folge kann nur sein, dass diese Mauern nur zu gärtnerischen Zwecken verwendet werden und nicht zur Absicherung von Geländesprüngen bei denen eine zusätzliche Konstruktion wie z.B. Strasse, Weg oder sogar ein Haus gesichert werden muss.

Generell sollten diese Mauern, auch wenn sie nur untergeordnete Funktionen haben, berechnet werden und auch bei der Ausführung sollte eine Bauaufsicht auf eine fachmännische Herstellung achten, wobei hier besonders auf einen gegenseitigen Verband der einzelnen Steine zu achten ist. Wenn man vorher mit dem Baggerfahrer spricht und ihm die Forderungen erläutert ist in den meisten Fällen auch mit einer soliden Steinschlichtung zu rechnen.

Abbildung 4.77: Steinschlichtung im Verband - Darstellung

Das obige Beispiel zeigt eine im bewehrten Betonbett gegründete Steinschlichtung, die einen guten Verbund der Steine aufweist und somit auch eine lange Lebensdauer erwarten lässt. Es wurden bewusst unterschiedliche Steinoberflächen gewählt, damit man die einzelnen Steine von vorne und von hinten auch vergleichen kann. Somit bekommt man ein besseres Verständnis der räumlichen Lage der einzelnen Steine.

Generell werden auch rohe Steinschlichtmauern wie Schwergewichtsmauern berechnet und auch die erforderlichen Nachweise gegen Gleiten, Kippen und Grundbruch sind wie bei der Stützmauer zu erbringen.

Es soll jedoch nicht nur negativ berichtet werden, auch positive Beispiele für Steinschlichtmauern fallen auf.

4.5.2 Vermörtelte Steinschlichtung

Eine Steinschlichtung zur Absicherung von Geländesprüngen, die zusätzlich ein Bauwerk wie Strasse oder Haus sichern soll, ist zu Planen und auch geotechnisch zu berechnen.

Im Gegensatz zur rohen Steinschlichtung ist bei der vermörtelten Steinschlichtung eine Planung und anschliessende Berechnung eine unabdingbare Voraussetzung. Dabei sind die geotechnischen und statischen Grundlagen für das Projekt einzuarbeiten.

Der Vorteil dieser Sicherung eines Geländesprung ist, dass die Arbeiten kontinuierlich ohne Zeitdruck und Unterstützung von Schalungen ausgeführt werden kann. Die Einsetzung der einzelnen Steine bestimmt den Fortschritt der Mauer.

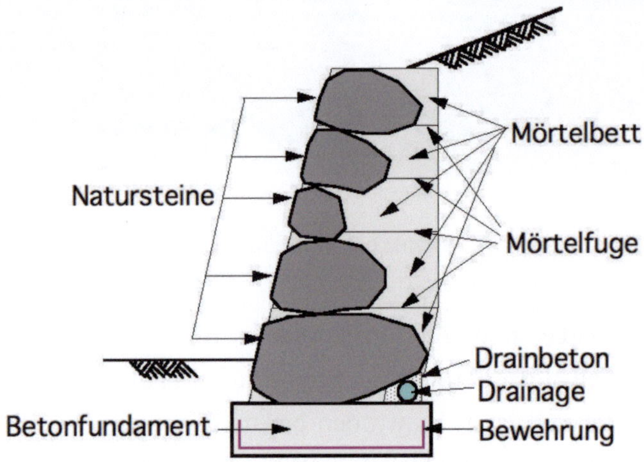

Abbildung 4.78: vermörtelte Steinschlichtung im Schnitt

Der vorstehende Schnitt zeigt die einzelnen Teile einer vermörtelten Steinschlichtmauer auf. Es ist mit einem Fundament zu beginnen, das in den meisten Fällen durch eine Bewehrung unterstützt wird.

Die Steine werden im Mörtelbett verlegt und können somit auch bewusst verlegt werden, so dass eine schöne Mauer entsteht. Die einzelnen Steine schwimmen im Mörtelbett und müssen demnach nicht entscheidende statische Funktionen übernehmen. Der Mörtel wird in relativ trockener Konsistenz hergestellt, sodass auch mit der Kelle Böschungen hergestellt werden können, und auch die Mörteloberfläche etwas von der Steinfläche zurückgesetzt hergestellt werden kann. Damit wird eine gute optische Wirkung der Steinschlichtmauer ermöglicht. Je mehr Steine in der Mauer verlegt sind, desto mehr kann man sich Mörtel einsparen. Da der Gesamte Querschnitt nur einer Druckbelastung unterliegt, sind die im Mörtel eingebetteten Steine auch statisch voll wirksam.

Die Mauer wirkt insgesamt, also Steine und Mörtelbett, als Schwergewichtsmauer. Daher ist es auch möglich kleinere Steine an der Oberfläche einzubauen, da das dahinter liegende Mörtelbett ja die Funktion der Schwergewichtsmauer zusätzlich übernimmt.

Ein weiteres Beispiel ist eine Steinschlichtung mit Mörtelverbund, die zur Absicherung einer Seilbahnstation dient.

Abbildung 4.79: Steinschlichtung am Kreuzjoch bei Garmisch-Partenkirchen

Hier ist die vermörtelte Steinschlichtung auf ein Betonfundament gesetzt. Die Steine sind in ein Mörtelbett versetzt und somit ist die Frostsicherheit auch gegeben. Aus optischen Gründen sollten auch hier die Steine in einem Verband gesetzt werden. Das Mörtelbett ist bei dieser Wand relativ tief gesetzt.

Abbildung 4.80: Steinschlichtung an der Wattentalstrasse in Tirol

Bei der Steinschlichtmauer an der Wattentalstrasse wurden relativ große Steine mit ebener Sichtfläche ausgewählt und das Mörtelbett nur 1-2 cm tiefer gesetzt. Der optische Effekt dabei ist im Vergleich zur vorher gezeigten Wand deutlich.

Abbildung 4.81: Steinschlichtung mit Anbindung an eine Felsböschung im Wattental

Eine besonders schöne Anbindung einer Steinschlichtmauer an eine Felswand zeigt das Bild vom Wattental, bei der die Steinschlichtmauer bis zu 2,0 m dick ist und an den natürlich anstehenden Fels angeglichen wurde. Dabei wurde auch die Felsoberfläche entsprechend nachbearbeitet.

4.6 Gabionen (Steinschlichtkörbe)

Unter Gabionen (von ital. gabbia, Korb) versteht man mit Steinen unterschiedlichster Art befüllte Stahl- und Draht Gitterkörbe. Die Anwendung der Gabionen ist mannigfaltig. Hier soll nur die Böschungssicherung bzw. Hangstützung aufgezeigt werden.

Die Trockenbauweise ermöglicht das schnelle und preisgünstige Errichten einer individuellen Mauer. Die Wasserdurchlässigkeit einer Gabione verhindert, dass sich durch Feuchtigkeit und Wasser Druck aufbaut. Somit ist deren Einsatz besonders bei feuchten Hängen zu empfehlen.

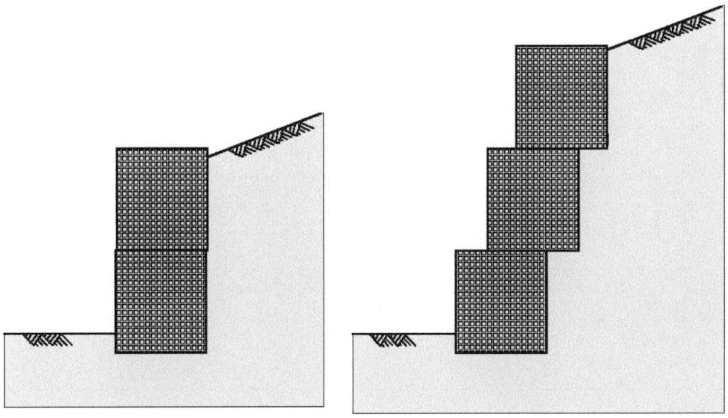

Abbildung 4.82: Gabionen zur Hangsicherung

Wenn es derzeit auch keine nommäßigen Anforderungen gibt, sollten Gabionen zur Hangstützung wie Schwergewichtsmauern behandelt werden. So sollte zumindest der Erddruck berechnet werden um so die Gleit- und Kippnachweise durchführen zu können. Auch der Grundbruchnachweis ist durchzuführen, denn die Aufstandsfläche ist mit der Korbbreite begrenzt und für eine Schwergewichtsmauer eher schmal.

Die Gabionen sind zwar nicht so starr wie eine Betonmauer, da sich die Körbe je nach Einzelgröße geringfügig im 1-2 cm Bereich bewegen können, es sollte jedoch je nach Untergrund entschieden werden ob eine eigene Gründung (z.B. bewehrte Fundamentplatte) notwendig ist.

4.7 Polsterwand

Die Polsterwand ist eine sehr einfach herzustellende Stützung eines Geländesprunges. Sie wird hauptsächlich temporär angewendet, wenn die Böschung von einer Ebene aus aufgebaut wird.

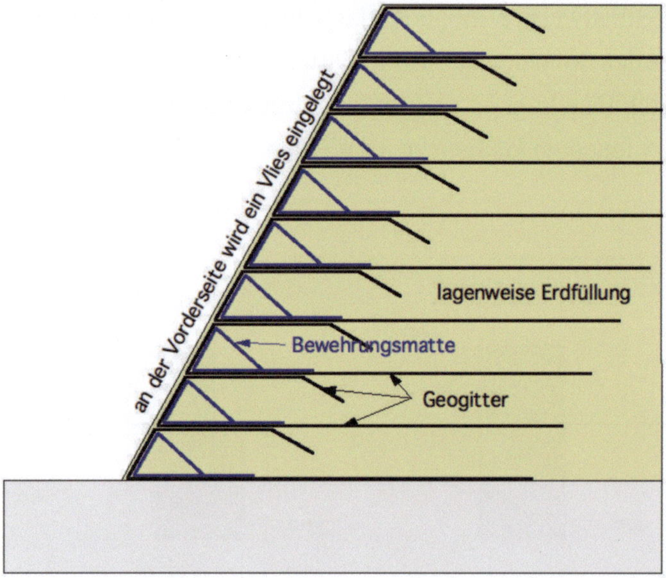

Abbildung 4.83: Aufbau einer Polsterwand

Dabei dient dasGeogitter als Zugelement. Die gebogene Bewehrungsmatte ist die Lehre die die Höhe und Neigung der einzelnen Schüttebenen angibt. Auf der Vorderseite der Konstruktion wird ein Vlies verlegt, damit keine Erdstoffteile herunterfallen. Zusätzlich wird mit dem Vlies meist eine Kokosmatte verlegt, in der bereits Samen für eine Begrünung eingelagert ist. Damit wird die Polsterwand nach kurzer Zeit mit Gras bewachsen und hat somit eine angenehme Oberfläche.

Die Berechnung erfolgt wie bei einer Schwergewichtsmauer. Die Zugbänder werden entsprechend der Gleitsicherheit der gesamten Konstruktion in ihrer Länge berechnet. Der Mattenkorb dient lediglich als Form und Abstandshalter und hat in der Berechnung keine Aufgabe. Wenn dieser später auch abrostet, so können an der Oberfläche der Böschung kleinere Auswölbungen entstehen, das Geogitter ist jedoch als Zugband für diesen Lastfall vorgesehen.

Das Erdmaterial wird lagenweise in Schichten von 40 - 60 cm eingebracht und sofort vor dem Schütten der nächsten Lage durch Walzen oder Rüttelplatten gut verdichtet. Eine solche Polsterwand kann durchaus Höhen bis zu 15 m erreichen.

Abbildung 4.84: Polsterwand bei Muldenbahn Rifflsee Pitztal

Die gezeigte Polsterwand ist ca. 12 m hoch und es wird damit ein Platz für die Talstation eines Schiliftes geschaffen. Wie im Bild erkennbar kann diese Wand durchaus im Grundriss Krümmungen erhalten und auch das seitliche Einbinden in das natürliche Gelände erfolgt problemlos.

Nachfolgend wird ein Beispiel berechnet, das für eine Absicherung einer Strasse mit Schwerverkehr verwendet wurde. Es ist eine 6,0 m hohe Böschung mit einem Winkel von 75 Grad.

Zuerst werden die Bodenkennwerte für das Schüttmaterial festgehalten, denn damit wird die Type des Geogitters errechnet und die Länge die das Gitter an der Aufstandsfläche liegen muss.

BODENKENNWERTE: für Schüttmaterial	Raumgewicht	19	kN/m3	Ruhedruckanteil:	
	Scherwinkel	30	Grad	in % =	33
	Kohäsion	0	kN/m2		
	alpha	15	Grad	Ko =	0,500
	beta	0	Grad	Kah =	0,233
	delta	0	Grad	Kh =	0,321
				C-Anteil =	0,00
LASTANGABEN:	Ersatzlast:	15	kN/m2		

Abbildung 4.85: Materialkennwerte für das Schüttmaterial bei einer Polsterwand

Es muss nun die Lagenhöhe der Einbauschichten angegeben werden. Diese wird von den Konstruktionen bestimmt, die an der Böschungsvorderseite eingesetzt werden.

ERDDRUCKBERECHNUNG:	Höhenstufen	Δh =	0,60	m

Ebene	Abstand	Tiefe	eh	eg	Erddruck
Nr.	m	m	kN/m2	kN/m2	kN/m
1	0,6	0,6	8,47	5,1	2,54
2	0,6	1,2	12,13	7,3	7,28
3	0,6	1,8	15,79	9,5	14,21
4	0,6	2,4	19,45	11,7	23,34
5	0,6	3,0	23,10	13,9	34,66
6	0,6	3,6	26,76	16,1	48,17
7	0,6	4,2	30,42	18,3	63,88
8	0,6	4,8	34,08	20,4	81,79
9	0,6	5,4	37,74	22,6	101,89
10	0,6	6,0	41,39	24,8	124,18

Abbildung 4.86: Erddruckberechnung in den einzelnen Lagen der Polsterwand

Die Erddruckordinate (= die Spannung die in der Berechnungsfuge wirkt) errechnet sich zu:

$$e_h = \gamma \times t \times K_h \tag{4.17}$$

Wobei γ das Raumgewicht der Schüttung ist, und t die jeweilige Tiefe von der Geländeoberfläche zur berechneten Schicht. Die Kraft, die nun auf ein Geogitter wirkt, ist die Erddruckordinate multipliziert mit der Höhe der Lagen der Geogitter:

$$e_g = e_h \times \Delta h \tag{4.18}$$

Es muss nun die zulässige Langzeitzugfestigkeit größer sein als die auf das Geogitter wirkende Erddruckordinate unter Berücksichtigung der entsprechenden Teilsicherheit.

$$f_z \times e_g \times \eta_L \tag{4.19}$$

f_z .... Langzeitzugfestigkeit des Geogitters
e_g .... auf das Geogitter wirkende Erddruckordinate
η_L .... Teilsicherheit der Lasten

Doch bevor man die Wahl des Geogitters vornimmt, wird das Geogitter noch etwas genauer angesehen. Es ist normalerweise ein Gitternetz, das beidseitig Zugkräfte aufnehmen kann. Je nach Herstellerfirma werden unterschiedliche Netzgrößen und auch Netzformen angeboten.

Arten des Geogitters:		TT 045	TT 060	TT 090	TT 120
Zugfestigkeit	[kN/m]	18,5	24,6	36,9	49,2
Flächenanteil	[%]	20	40	50	50
Reibungswinkel	GG-Boden [°]	20	20	20	20

Abbildung 4.87: Typen des verwendeten Geogitters mit Berechnungswerten

Zu beachten aus geotechnischer Sicht ist, dass zwischen dem Geogitter und dem geschütteten Boden nicht die selben Reibungseigenschaften bestehen wie beim Boden selbst. Es muss daher zunächst dieser Reibungswinkel zwischen Boden und dem verwendeten Geogitter bekannt sein.

So wurde mit Hilfe einer kleinen Messserie nachgewiesen, dass der Reibungswinkel zwischen den TT-Gittern und dem Boden bei ca. 20-23 Grad liegt. Es wird daher in den Berechnungen der kleinere Reibungswinkel von 20 Grad verwendet.

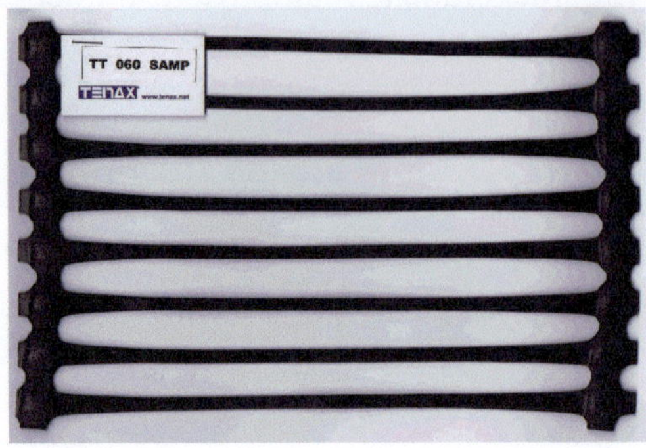

Abbildung 4.88: Beispiel eines Geogitters TT 060

Da es nun verschiedene Reibungswinkel in der Ebene der Geogitter gibt, muss dies auch in der Berechnung der Länge des Geogitters berücksichtigt werden. Dies muss über den Flächenanteil geschehen, der in Geogitter und Boden unterscheidet.

So kann die mögliche Schubspannung (Reibung) in der jeweiligen Sohlfuge mit den Flächenverhältnissen des jeweiligen Geogitters errechnet werden:

$$\tau = \gamma \times t \times (f_b \times tan\varphi_b + f_g \times tan\varphi_g) \tag{4.20}$$

τ .... Schubspannung (Reibung) in der Sohlfuge
γ .... Raumgewicht des Schüttmaterials
t .... Tiefe der zu berechnenden Sohlfuge
f_b .... Flächenanteil für den Boden
f_g .... Flächenanteil für das Geogitter
φ_b ... Reibungswinkel des Bodens (Schüttmaterials)
φ_g ... Reibungswinkel zwischen Boden und Geogitter

Teilsicherheit für Lasten	1,5	Teilsicherheit für Geogitter	1,3

Abbildung 4.89: Teilsicherheiten für die Bemessung

In der Fuge der Geogitter muss der gesamte Erddruck aufgenommen werden. Mit dieser ermittelten Schubspannung kann nun die erforderliche Länge der Geogitter unter Berücksichtigung der Teilsicherheit ermittelt werden.

$$L_g = \frac{E \times \eta_L \times \eta_G}{\tau} \tag{4.21}$$

L_g .... Länge des Geogitters in der Aufstandsfläche
E .... gesamter Erddruck bis in die Sohlfuge
η_L ... Teilsicherheit der Lasten
η_G ... Teilsicherheit des Geogitters

Berechnung mit Teilsicherheiten:

Ebene	Tiefe	Geogitter	Erddruck	Auflast	Reibung	Länge GG
Nr.	m	Type	kN/m	kN/m2	kN/m2	lfm
1	0,6	TT 045	3,81	11,4	6,10	0,81
2	1,2	TT 045	10,92	22,8	12,19	1,16
3	1,8	TT 045	21,31	34,2	18,29	1,52
4	2,4	TT 045	35,00	45,6	24,38	1,87
5	3,0	TT 045	51,98	57,0	30,48	2,22
6	3,6	TT 045	72,26	68,4	36,57	2,57
7	4,2	TT 045	95,82	79,8	42,67	2,92
8	4,8	TT 060	122,68	91,2	44,87	3,55
9	5,4	TT 060	152,83	102,6	50,48	3,94
10	6,0	TT 090	186,28	114,0	53,66	4,51

Abbildung 4.90: Bemessung der Type und Länge der Geogitter in jeder Ebene

Diese errechnete Länge muss das Geogitter in der jeweiligen Lage ausgelegt werden, wobei zusätzlich nun auch die Schichthöhe und die Verankerungslänge des Geogitters hinzukommt. Die Schichthöhe Δh ist angegeben und die Verankerungslänge kann aus der Zugfestigkeit des Geogitters ermittelt werden.

$$L_v = \frac{f_z \times \eta_G}{\tau} \tag{4.22}$$

Somit sind die Angaben des jeweils in einer Lage zu verlegenden Geogitters in Type und Länge ermittelt worden.

Es bleibt nur noch die Stützkonstruktion der Böschungsneigung übrig. Hier werden die unterschiedlichsten Systeme angeboten. Dabei ist in erster Linie auf die Lebensdauer dieser Konstruktion zu achten.

Es gibt Kunststoffkonstruktionen die entsprechend langlebig sind und somit auch für eine permanente Anwendung versetzt werden können.

Verankerungslängen der Geogitter (obere Lage)

Ebene	Tiefe	Geogitter	Auflast	Reibung	Verankerung
Nr.	m	Type	kN/m	kN/m2	lfm
1	0,6	TT 045	11,40	6,1	0,81
2	1,2	TT 045	22,80	12,2	1,16
3	1,8	TT 045	34,20	18,3	1,32
4	2,4	TT 045	45,60	24,4	0,99
5	3	TT 045	57,00	30,5	0,79
6	3,6	TT 045	68,40	36,6	0,66
7	4,2	TT 045	79,80	42,7	0,56
8	4,8	TT 060	91,20	44,9	0,71
9	5,4	TT 060	102,60	50,5	0,63
10	6	TT 090	114,00	53,7	0,89

Abbildung 4.91: Verankerungslängen der Geogitter in jeder Lage

Vorsicht ist bei den Konstruktionen aus Bewehrungsmatten angebracht, denn diese können abrosten und verlieren damit ihre Form. Es wird dann im Bereich der Böschung zu größeren Verformungen kommen, die durchaus bei einer Polsterwand bis zu 1-2 m von der Böschungskante nach hinten reichen können.

Eine diesbezügliche Lösung ist die Verzinkung oder auch eine Beschichtung mit Kunststoff der Bewehrungsmatten um so dem Problem der Korrosion entgegen zu treten. Auch an einen Kathodischen Korrosionsschutz mit Fremdstromanode oder auch mitOpferanode kann gedacht werden um so die Korrosion zu unterbinden. Dies wäre auch eine Möglichkeit nachträglich bereits eingebaute Bewehrungsmatten langfristig zu schützen.

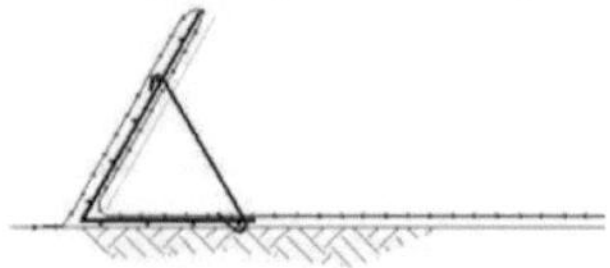

Abbildung 4.92: vorderes Element zur Fixierung der Böschungsgeometrie

Im vorstehenden Abbildung ist eine solche Böschungselement aus Bewehrungsmatte dargestellt. Diese ist auch in der praktischen Anwendung in der Abbildung 4.7 zu erkennen.

4.8 Geozellen

Eine weitere Möglichkeit der Böschungssicherung ist die Anwendung von Geozellen. Diese Methode eignet sich sowohl für temporäre als auch für permanante Böschungssicherungen.

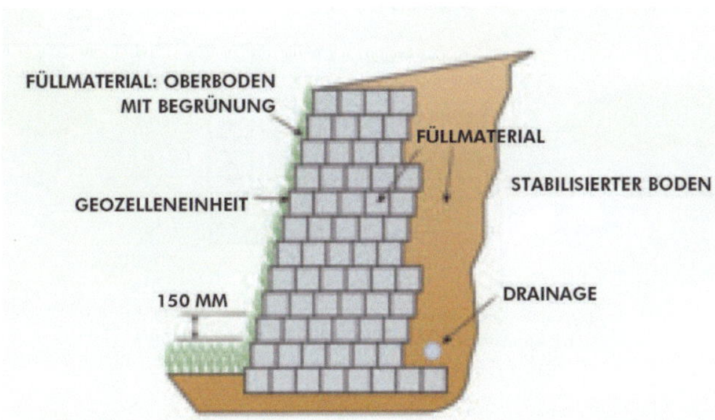

Abbildung 4.93: Schnitt durch eine Sicherung mit Geozllen

Die Zellen werden ausgelegt und mit Sand-Kiesgemisch befüllt. Anschließend wird die Schüttung normal verdichtet. Somit entsteht Gesamtkörper, der in der Berechnung wie eine Schwergewichtsmauer behandelt werden kann.

Als Berechnungsbeispiel wird hier ein Lawinenanpralldamm mit einer Höhe von 7,0 m berechnet, der zum Schutz einer Liftstation im Patznauntal errichtet wurde.

GEOMERTIE der Wand	Höhe	7	m		
	Neigung	65	Grad		
	Neigung OK	-20	Grad	Gelände an der Oberkante	
BODENKENNWERTE:	Raumgewicht	21	kN/m3	Ruhedruckanteil:	
für Schüttmaterial	Scherwinkel	35	Grad	in % =	50
	Kohäsion	0	kN/m2		
	alpha	25	Grad	Ko =	0,202
	beta	-20	Grad	Kah =	0,103
	delta	0	Grad	Kh =	0,152
				C-Anteil =	0,00
LASTANGABEN:	Ersatzlast:	0	kN/m2		

Abbildung 4.94: Eingabe der Geometrie, Bedenkenswerte und Belsatung

Wie in der Eingabe ersichtlich, sollte man nicht mit dem aktiven Erddruck, sondern einem Mittelwert zwischen aktivem Erddruck und Erdruhedruck den Erddruck auf die gesamte Stützwand rechnen, da durch die Verdichtungsarbeit ein erhöhter Erddruck entsteht.

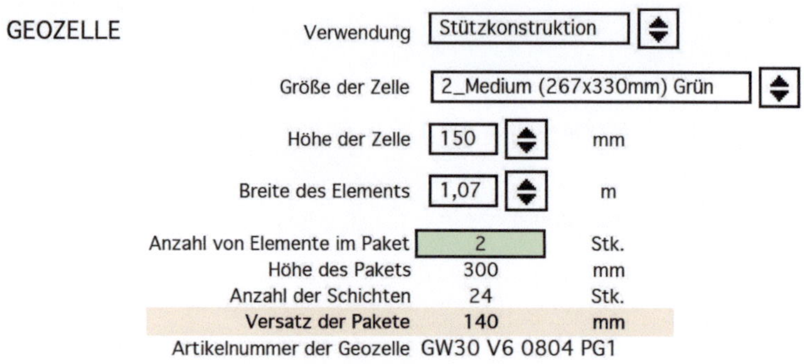

Abbildung 4.95: Eingabe der Type und Größe der zu verwendenden Geozellen

Normalerweise werden nun die Geozellen in Paketen von 2 oder 3 Lagen übereinander eingebaut bevor ein Versatz gemacht wird. Durch diesen Paketaufbau mit Versatz kann eine fast beliebig steile Böschungsneigeng erreicht werden.

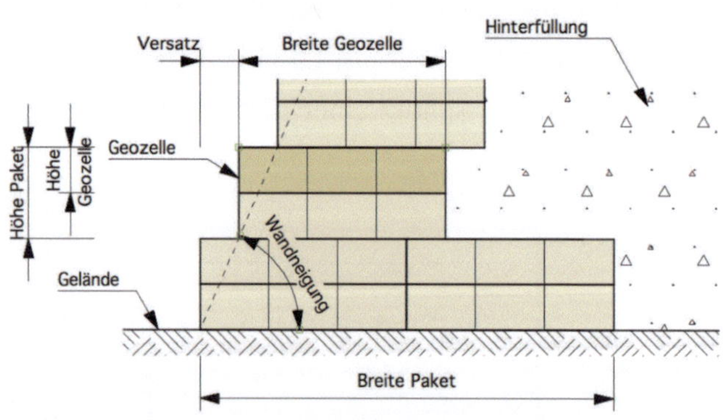

Abbildung 4.96: Prinzipskizze mit Definitionen der Geometrie bei Geozellen

Mit diesen Eingabewerten können nun die Berechnungen schrittweise für jede Lage der Geozellen durchgeführt werden. Dabei muss nun auch die Teilsicherheit für die Lasten zusätzlich berücksichtigt werden.

ERDDRUCKBERECHNUNG:

Höhenstufen	Δh =	0,30	m
Sicherheit auf Erddruck =		1,30	-

Ebene Nr.	Abstand m	Tiefe m	ehg kN/m2	ehp kN/m2	Erddruck kN/m	ED mit Sicher. kN/m
1	0,30	0,30	0,96	0,00	0,14	0,19
2	0,30	0,60	1,92	0,00	0,58	0,75
3	0,30	0,90	2,88	0,00	1,30	1,68
4	0,30	1,20	3,84	0,00	2,30	2,99
5	0,30	1,50	4,80	0,00	3,60	4,68
6	0,30	1,80	5,76	0,00	5,18	6,74
7	0,30	2,10	6,72	0,00	7,06	9,17
8	0,30	2,40	7,68	0,00	9,21	11,98
9	0,30	2,70	8,64	0,00	11,66	15,16
10	0,30	3,00	9,60	0,00	14,40	18,72
11	0,30	3,30	10,56	0,00	17,42	22,65
12	0,30	3,60	11,52	0,00	20,73	26,95
13	0,30	3,90	12,48	0,00	24,33	31,63
14	0,30	4,20	13,44	0,00	28,22	36,69
15	0,30	4,50	14,40	0,00	32,40	42,11
16	0,30	4,80	15,36	0,00	36,86	47,92
17	0,30	5,10	16,32	0,00	41,61	54,09
18	0,30	5,40	17,28	0,00	46,65	60,64
19	0,30	5,70	18,24	0,00	51,98	67,57
20	0,30	6,00	19,20	0,00	57,59	74,87
21	0,30	6,30	20,16	0,00	63,50	82,54
22	0,30	6,60	21,12	0,00	69,69	90,59
23	0,30	6,90	22,08	0,00	76,17	99,02
24	0,30	7,20	23,04	0,00	82,93	107,81

Abbildung 4.97: Berechnung des Erddruckes für jede Lage der Geozellen

Erforderliche Breite der Geozellen

Tiefe m	ED mit Sicher. kN/m	b1 m	b2 m	G kN/lfm	R kN/lfm	Breite Paket Stk. Geozellen
0,30	0,19	0,14	0,93	6,30	4,41	1
0,60	0,75	0,28	0,79	11,72	8,21	1
0,90	1,68	0,42	0,65	16,26	11,38	1
1,20	2,99	0,56	0,51	19,91	13,94	1
1,50	4,68	0,70	0,37	22,69	15,89	1
1,80	6,74	0,84	0,23	24,58	17,21	1
2,10	9,17	0,98	0,09	25,59	17,92	1
2,40	11,98	1,07	0,00	26,96	18,88	1
2,70	15,16	1,07	0,00	30,33	21,24	1
3,00	18,72	1,07	0,00	33,71	23,60	1
3,30	22,65	1,07	0,00	37,08	25,96	1
3,60	26,95	1,07	0,00	40,45	28,32	1
3,90	31,63	1,82	0,32	100,79	70,58	2
4,20	36,69	1,96	0,18	102,38	71,69	2
4,50	42,11	2,10	0,04	103,08	72,18	2
4,80	47,92	2,14	0,00	107,86	75,52	2
5,10	54,09	2,14	0,00	114,60	80,24	2
5,40	60,64	2,14	0,00	121,34	84,96	2
5,70	67,57	2,14	0,00	128,08	89,68	2
6,00	74,87	2,14	0,00	134,82	94,40	2
6,30	82,54	2,14	0,00	141,56	99,12	2
6,60	90,59	2,14	0,00	148,30	103,84	2
6,90	99,02	2,14	0,00	155,04	108,56	2
7,20	107,81	2,14	0,00	161,78	113,28	2

Abbildung 4.98: Berechnung erforderlichen Paket-Breite der Geozellen

Nachdem nun die Geozellen festgelegt sind, müssen die Geogitter berechnet werden, die die Rückverankerung der Geozellenpakete im Untergrund bewirken.

Wahl der Marke des Geogitters TENAX

Marke	Type	Zugfestigkeit	Flächenanteil	Reibungswinkel
TENAX	TT 045	18,5	20	20
TENAX	TT 060	24,6	40	20
TENAX	TT 090	36,9	50	20
TENAX	TT 120	49,2	50	20
TENAX	TT 160	65,6	50	20
0	0	0	0	0

Wahl des kleinsten Geogitters TT 045

Arten des Geogitters:		TT 045	TT 060	TT 090	TT 120
Zugfestigkeit	[kN/m]	18,5	24,6	36,9	49,2
Flächenanteil	[%]	20	40	50	50
Reibungswinkel	GG-Boden [°]	20	20	20	20

Abbildung 4.99: Wahl des zu verwendenden Geogitters

Mit dem gewählten Geogitter kann nun die jeweilig notwendige Verankerungslänge im Boden ermittelt werden. Zuerst wird die unter dem Schichtpaket notwendige Verankerungslänge berechnet.

Teilsicherheit für Lasten	1,30	Teilsicherheit für Geogitter	1,3

Berechnung mit Teilsicherheiten:
Verankerungslängen der Geogitter (untere Lage)

Ebene	Tiefe	Geogitter	Erddruck	Auflast	ΔReibung	Länge GG
Nr.	m	Type	kN/m	kN/m2	kN/m2	lfm
1	0,30	TT 045	0,19	6,3	1,8	0,14
2	0,60	TT 045	0,75	12,6	3,9	0,25
3	0,90	TT 045	1,68	18,9	6,3	0,35
4	1,20	TT 045	2,99	25,2	9,0	0,43
5	1,50	TT 045	4,68	31,5	12,0	0,51
6	1,80	TT 045	6,74	37,8	15,3	0,57
7	2,10	TT 045	9,17	44,1	19,0	0,63
8	2,40	TT 045	11,98	50,4	22,5	0,69
9	2,70	TT 045	15,16	56,7	25,3	0,78
10	3,00	TT 045	18,72	63,0	28,1	0,87
11	3,30	TT 045	22,65	69,3	30,9	0,95
12	3,60	TT 045	26,95	75,6	33,7	1,04
13	3,90	TT 045	31,63	81,9	16,6	2,48
14	4,20	TT 045	36,69	88,2	20,0	2,39
15	4,50	TT 045	42,11	94,5	23,7	2,31
16	4,80	TT 045	47,92	100,8	26,0	2,39
17	5,10	TT 045	54,09	107,1	27,7	2,54
18	5,40	TT 045	60,64	113,4	29,3	2,69
19	5,70	TT 045	67,57	119,7	30,9	2,84
20	6,00	TT 045	74,87	126,0	32,6	2,99

Abbildung 4.100: Berechnung erforderlichen unteren Verankerungslänge der Geogitter

Anschließend wird die über der Geozellenlage notwendige Verankerungslänge mit dem Geogitter ermittelt.

Verankerungslängen der Geogitter (obere Lage)

Ebene	Tiefe	Geogitter	Auflast	ΔReibung	Verankerung
Nr.	m	Type	kN/m	kN/m2	lfm
1	0,30	TT 045	6,30	1,8	0,14
2	0,60	TT 045	12,60	3,9	0,25
3	0,90	TT 045	18,90	6,3	0,35
4	1,20	TT 045	25,20	9,0	0,43
5	1,50	TT 045	31,50	12,0	0,51
6	1,80	TT 045	37,80	15,3	0,57
7	2,10	TT 045	44,10	19,0	0,63
8	2,40	TT 045	50,40	22,5	0,69
9	2,70	TT 045	56,70	25,3	0,78
10	3,00	TT 045	63,00	28,1	0,86
11	3,30	TT 045	69,30	30,9	0,78
12	3,60	TT 045	75,60	33,7	0,71
13	3,90	TT 045	81,90	16,6	1,45
14	4,20	TT 045	88,20	20,0	1,20
15	4,50	TT 045	94,50	23,7	1,01
16	4,80	TT 045	100,80	26,0	0,92
17	5,10	TT 045	107,10	27,7	0,87
18	5,40	TT 045	113,40	29,3	0,82
19	5,70	TT 045	119,70	30,9	0,78
20	6,00	TT 045	126,00	32,6	0,74

Abbildung 4.101: Berechnung erforderlichen oberen Verankerungslänge der Geogitter

Die Berechnungen zeigen zwar unterschiedliche Verankerungslängen, sie können aber für die praktische Anwendung zusammengefasst werden. Im vorliegenden Fall wire eine Einheitliche Länge jeweils an der maximal ermittelten Verankerungslänge verwendet.

Einbau der Geogitter als Blöcke:

Abschnitt	bis Ebene	Schichtanzahl	Type	untere Tiefe	Haftlänge des Geogitters oben	Haftlänge des Geogitters unten
1	20	20	TT 045	6,0	0,7	3,0

Abbildung 4.102: Zusammenfassung der verwendeten Geogitter zu den Geozellen

In der nachfolgenden Zeichnung wird die Lage der einzelnen Verankerungen aufgezeigt.

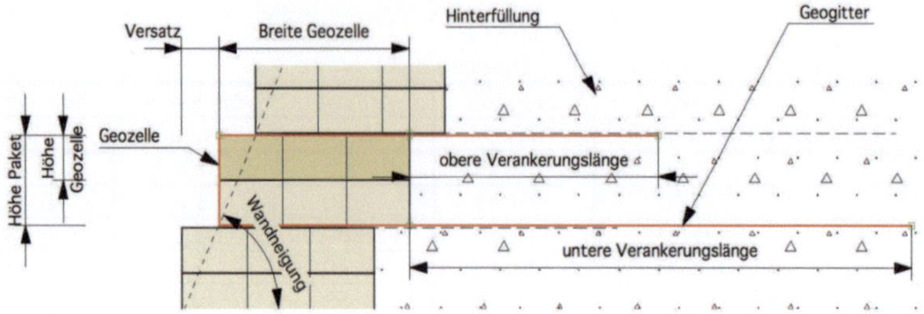

Abbildung 4.103: Definition der einzelnen Längen bei der Anwendung von Geozellen

Nun aber zur Ausführung. Es werden auf eine vorbereitete Ebene die Geozellen ausgelegt, wobei diese dann lachenderes mit einem Schottenmaterial gefüllt und verdichtet werden. Bei der Verdichtung ist darauf zu achten, dass um das Verdichtungsmass höher eingeschüttet wird (ca. 1 – 3 cm) um beim anschließenden Verdichtungsgang die Geozellen nicht vertikal zu stauchen.

Abbildung 4.104: Geozellen bei der Verlegung

Bei einem Wendeplatz für Fahrzeuge am Ende einer Sackgasse in einer Hanglage in Kitzbühel wurde eine solche Konstruktion mit Geozellen angewendet. Es wurden entsprechend den Vorgaben der Lieferfirma und den Berechnungen die einzelnen Geogitterlagen eingebaut.

Abbildung 4.105: Einbau von Geozellen in Kitzbühel

Abbildung 4.106: eingebaute Geozellen in Kitzbühel

Die Böschung kann anschließend bepflanzt werden um optisch die technischen Maßnahmen zu überdecken.

4.9 bewehrte Erde

Dieses in Frankreich entwickelte Verfahren setzt zwei Bauelemente zur Sicherung eines Hanges ein. Ein Fertigteil meist aus Stahlbeton, das an der Vorderseite in versetzter Lage angeordnet wird und dahinterliegend Zugbänder, die meist aus Stahl sind und in die Böschung im Zuge der Schüttung eingelegt werden.

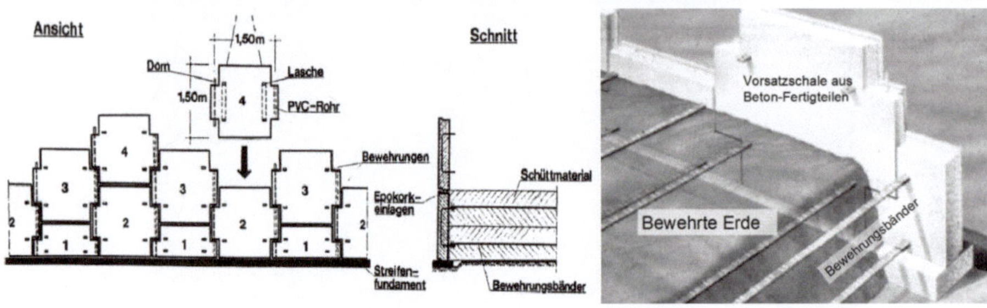

Abbildung 4.107: bewehrte Erde lt. Skript. Stützbauwerke und Verbau TUM

Die Reibung zwischen den Zugbändern und dem Füllmaterial wird durch eine Relativbewegung mobilisiert. Diese entsteht meist durch die Setzungen des Füllmaterials, wobei die Wand selbst wenig Deformationen erhält. Der Gesamtkörper inklusive der Zugbänder wird in der Berechnung wie eine Schwergewichtsmauer behandelt.

Abbildung 4.108: bewehrte Erde lt. Skript. Stützbauwerke und Verbau TUM

4.10 vorgesetzte Fertigteilwand

Bei kleineren Geländesprüngen ist oft nicht viel Platz die Konstruktion zu erstellen. Besonders bei kleineren Strassen im ländlichen Bereich und bei Strassen mit alten sich bewegenden Steinschlichtungen muss eine neue Mauer den Geländesprung sichern.

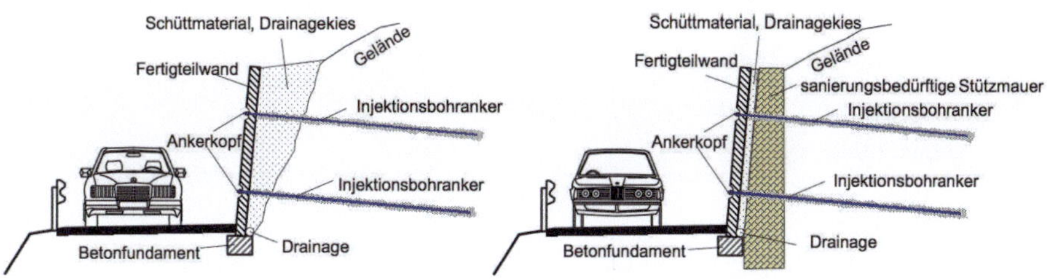

Abbildung 4.109: Anwendungsmöglichkeiten der Fertigteilwand

Dazu eignen sich Fertigteilwände, die vor den Geländesprung gestellt werden und zusätzlich mit Bodennägel im Untergrund zurückgehalten werden. Wie in der Abbildung erkennbar , wird folgender Arbeitsablauf gewählt:

- Baustelleneinrichtung und Verkehrsregelung
- Fundament herstellen
- Drainage verlegen
- Fertigteile versetzen
- Bodennägel bohren und ausinjizieren
- Hinterfüllung einbauen
- Baustelleneinrichtung räumen und Verkehr freigeben

Es ist also bei beengten Verhältnissen eine sehr einfache und schnelle Methode einen Geländesprung zu sichern.

Die Berechnung dieser Fertigteilwand nach folgendem Ablauf:

Zuerst wird der Erddruck auf die Stützwand gerechnet, wobei hier in 2,0 m breitem Schnitt gerechnet wird, wie die Breite der einzelnen Fertigteile vorgesehen sind.

BODENKENNWERTE:	Raumgewicht	20	kN/m3	Ruhedruckanteil:		
	Scherwinkel	35	Grad	in %	=	67
	Kohäsion	5	kN/m2			
	alpha	10	Grad	Ko	=	0,651
	beta	20	Grad	Kah	=	0,230
	delta	20	Grad	Kh	=	0,512
				C-Anteil	=	4,50
LASTANGABEN:	Ersatzlast:	0	kN/m2			
ERDDRUCKBERECHNUNG:						
	Sicherheit:	1,3		Abstand unterste Nagelreihe	0,6	m

Abbildung 4.110: Beispieldaten für die Fertigteilwand

Für die Berechnung des Erddruckes wird ein erhöhter Erddruck angenommen der zwischen dem aktiven und dem Erdruhedruck liegt. Die entsprechenden Erddruckbeiwerte sind angegeben..

Ebene	Abstand	Tiefe	Einflußfläche		Erddruck		Erddruck
Nr.	m	m	Breite	Höhe	kN/m2	kN	kN
1	0,9	0,9	2,0	1,7	4,7	15,5	20,21
2	1,5	2,4	2,0	1,4	20,1	54,2	70,43

Abbildung 4.111: Berechnungsschritte für die Fertigteilwand

Die Gesamthöhe des Geländesprunges wird in zwei Teile geteilt, da die Fertigteilwand mit zwei Bodennägel übereinander gesichert werden soll. Die angegebenen Ebenen beziehen sich auf die Tiefe der Bodennägel gerechnet von der Oberkante der Fertigteilwand. Zusätzlich wird angegeben wie tief die Fertigteilwand unter den unteren Bodennagel reicht. Die errechneten Erddruckwerte ohne und mit Teilsicherheit für die Fertigteilwand sind nun der Ausgang für die Bemessung der Konstuktion.

Zuerst werden die Bodennägel ausgewählt. Dazu gibt es mehrere Typen und Dimensionen der Bodennägel. Eine Übersicht der möglichen, derzeit am Markt befindlichen Bodennägel ist in Abbildung 4.128 gegeben. Die dabei zusätzlich zu berücksichtigende Abrostrate für die Anwendung für den permanenten Einsatz ist in den Abbildungen 4.129 und 4.130 aufgezeigt. Eine diesbezügliche Zulassung ist sowohl in Deutschland als auch in Österreich gegeben.

Wahl der Marke und Type Marke: MAI Stahlsorte: 550/650

Type	injizierter ø	Strecklast [kN]	Bruchlast [kN]	Gewicht [kg/m]
R25N	4,8	150	200	2,3
R32N	6,0	230	280	3,4
R32S	5,9	280	360	4,1
R38N	7,3	400	500	6,0
R51L	9,9	450	550	7,0
R51N	9,9	630	800	8,4
T76N	13,8	1200	1600	15,0
T76S	14,2	1500	1900	19,7

Abbildung 4.112: zur Wahl stehende Bodennagel-Typen

Bei der Abrostrate werden 2,0 mm verwendet, da die Fertigteilmauer im Bereich einer Strasse verwendet wird, bei der im Winterdienst Salz gestreut wird. Daher die maximale Abrostrate für die Bodennägel.

Teilsicherheit für Ankerstahl: 1,3

	zu wählende Type:	Abrostrate:	øa-calc	A [cm2]	zul.Zug [kN]
1	R32N	2,0 mm	2,58	2,55	127,9
2	R32S	2,0 mm	2,54	3,28	181,6
3	R38N	2,0 mm	3,23	5,34	274,1
4	R51L	2,0 mm	4,54	6,02	283,1

Abbildung 4.113: Rechenwerte der Bodennägel mit Berücksichtigung der Abrostrate

Mit den errechneten zulässigen Zugkräften können nun die Bodennägel für die Fertigteilwand ermittelt werden.

Wahl der Anker mit Ergebnis der Ankerlänge: max. Haftkraft = 30 kN/m

Ebene Nr.	Tiefe m	Erddruck kN	Ankerwahl Typ	Auflast kN/m2	Reibung kN/m	Kohäsion kN/m	Haftkraft kN/m	gewählte Länge m
1	0,9	20,21	R32N	39,8	10,7	0,9	11,6	3,0
2	2,4	70,43	R32N	69,8	18,7	0,9	19,6	4,0

Abbildung 4.114: Auswahl der Nageltype und Errechnung der Nagellänge

Grundlage für die Ermittlung der Nagelänge ist die Haftkraft je Meter, die der Nagel in den anstehenden Boden einleiten kann. Damit sind die Bodennägel ausgewählt und bemessen.

Es wird nun die eigentliche Fertigteilwand berechnet. Zunächst wird als Materialwahl eine Wand aus Stahlfaserbeton gewählt. Diese wurde wegen der einfacheren Produktion und auch wegen der geringeren Probleme mit der Korrosion bei Kontakt mit Streusalz ausgewählt.

Kräfte und Momente auf den Faserbeton:

Erddruck auf den Faserbeton:

Ebene	Abstand	Tiefe	Einflußfläche		Erddruck	
Nr.	m	m	Breite	Höhe	kN/m2	kN
1	0,9	0,9	2,0	1,7	4,7	15,5
2	1,5	2,4	2,0	1,4	20,1	54,2

Momente im Faserbeton:

Ebene	Tiefe	Einflußbreiten		Momente Feldstreifen		Momente Gurtstreifen	
Nr.	Anker	horizontal	vertikal	Feld	Stütze	Feld	Stütze
1	0,9	1,00	0,83	0,8	0,63	0,00	2,36
2	2,4	1,00	0,68	3,3	2,68	0,00	10,03

Abbildung 4.115: Auswahl der Nageltype und Errechnung der Nagellänge

Die Momente werden im vereinfachten Berechnungsverfahren entsprechend dem in der Norm vorgegebenen Formeln errechnet.

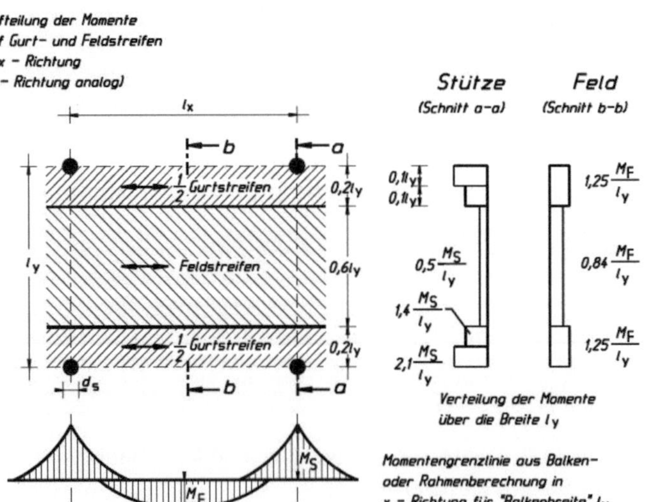

Abbildung 4.116: Näherungsverfahren zur Berechnung der Momente bei punktgestützten Platten gemäß EN 1992-1-1

Nun folgt die Bemessung der Fertigteilplatten. Bei dem Baustoff Stahlfaserbeton wird im Zustand 1 (ungerissen) die Bemessung vorgenommen. Daher wird mit einer ebenen Deformation des Querschnittes gerechnet und die Bemessung erfolgt ähnlich wie im Stahl- bzw. auch Holzbau.

Bemessung des Stahlfaserbetons:

max Moment: 10,03 kNm — max Ankerkraft: 70,43 kN

Wahl der Betongüte: C 30/37 — Wahl der StahlFaser: FE 65/35 — Wahl der Dosierung: 60

Druckfestigkeit	fck =	3,00	kN/cm2
Zugfestigkeit	fctk =	0,29	kN/cm2
Biegezugfestigk	fctk,fl =	0,58	kN/cm2
E-Modul	Ec =	3.200	kN/cm2

Durchmesser	d =	0,65	mm
Fläche	Af =	0,33	mm2
Länge	l =	35	mm
Volumen	v =	11,6	mm3
Gewicht	gf =	0,092	g
Zugfestigkeit	fy =	1000	N/mm2
Faserzugkraft	Fz =	332	N
Raumwinkel für Zustand 1:		47,3	Grad
Faseranzahl		6,6E+05	Stk/m3
Faserdichte		0,656	Stk/cm3
Faserzugkraft	f-fk1 =	0,070	kN/cm2

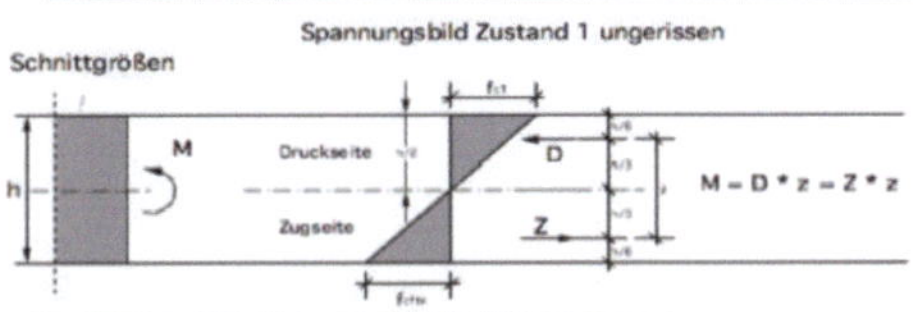

Berechnung dee Materialwerte für Stahlfaserbeton:

Zustand 1:

mit Teilsicherheit: Material 1,35

Zugfestigkeit	fctfk =	0,650	kN/cm2	0,481	kN/cm2
Druckfestigkeit	fcfk =	3,36	kN/cm2	2,49	kN/cm2

Errechnung des Widerstandmomentes für Zustand 1:

inklusive Teilsicherheit: Last 1

M =	10,03	kNm
erf. W =	2.084	cm3
erf h =	11,2	cm

Abbildung 4.117: Bemessung des Stahlfaserbetons

Es wird eine Dicke des Fertigteiles von 12,5 cm gewählt. Die Sicherheit des Querschnittes ist die Teilsicherheit der Materialien.

Gewählte Höhe des Querschnittes:

Höhe	h =	12,5	cm
vorhandene Sicherheit =		1,51	

Abbildung 4.118: Wahl der Dicke der Platte und vorhandene Sicherheit

Nach der Bemessung der Fertigteilwand verbleiben noch zwei Nachweise bezüglich der Wechselwirkung zwischen Bodennagel und Fertigteilwand.

Zuerst muss untersucht werden, ob die Nagelplatte bei voller Nagelkraft auch nicht durch den Faserbeton durchstanzt. Dazu wird entlang des Umfanges der Nagelplatte eine Schnittfläche gerechnet, die im rechten Winkel zur Nagelplatte bis zur Oberfläche der Fertigteilwand reicht. Entlang dieser Schnittfläche wird die mögliche Querkraft aus den zulässigen Materialkennwerten ermittelt und mit der Nagelkraft verglichen.

Durchstanzen der Nagelplatte:

Eingabe der Geometrie:

Höhe	h =	10	cm
Umfang Platte	U =	60	cm

Eingabe der Belsatung und der erforderlichen Sicherheit:

Querkraft	Q =	70,4	kN
Sicherheit SFB	eta =	1,35	
Sicherheit Last	eta =	1	

Errechnete Werte für zunehmende Stahlfaserdosierung:

Querschn.fläche	A =	600	cm2

Dosierung =	kg/m3	60
f-cftk =	kN/cm2	0,650
τc =	kN/cm2	0,687
f-cfk =	kN/cm2	3,36
Q* =	kN	412
Q-zul =	kN	305
Q-d =	kN	70

Querschnittaabmessungen:	sind ausreichend	
Sicherheit bei Zustand 1:	5,85	-

Legende:

Mohr'scher Bruchmechanismus

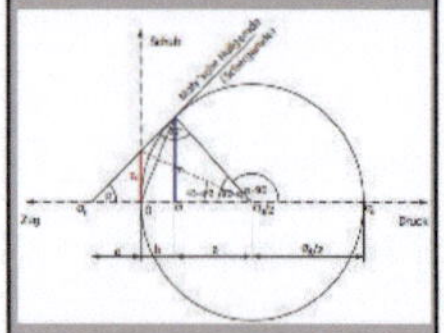

die Scherspannung τ wird nach Mohr ermittelt

$\tau = \tau_c * \tan \sigma$

Abbildung 4.119: Nachweis gegen Durchstanzen der Nagelplatte

Ausreissen der Nagelplatte:

Es wird hier der Querzug untersucht.

Eingabe der Geometrie:

Höhe	h =	10	cm
Radius klein	r =	7	cm
Radius gross	R =	17	cm
schräg Länge	l =	14,1	cm
Fläche	Az =	1066	cm2

Eingabe der Belsatung und der erforderlichen Sicherheit:

vorh. Zugkraft	Z =	99,6	kN
Sicherheit SFB	eta =	1,35	
Sicherheit Last	eta =	1,35	

Zugwerte für den Stahlfaserbeton:

Dosierung =	kg/m3	60
f-cftm =	kN/cm2	0,36

Kräftevergleich in der möglichen Bruchfläche:

erf. Z =	kN	134,5
mögl Z =	kN	284,3

Querschnittaabmessungen:	sind ausreichend	
Sicherheit bei Zustand 1:	3,85	-

Abbildung 4.120: Nachweis gegen Ausreißen der Nagelplatte

Ebenso wird ein Ausreissen der Nagelplatte unter 45 Grad gerechnet. Dieser mögliche Bruch hat sich in den Vorversuchen bei der Systemuntersuchung einer Fertigteilplatte aus Stahlfaserbeton als entscheidender Versagensgrund herausgestellt. Daher wird er auch in den Nachweisen eigens berechnet.

Die berechnete Wand wurde bei einer Landesstrasse im Lechtal Richtung Tannheimertal aufgestellt.

Abbildung 4.121: Systemplatten aus Stahlfaserbeton bei der Montage

Die Fertigteilwand wurde mit einer Schalung hergestellt, bei der Natursteine imittiert werden. Es hat somit ein Aussehen wie eine gemauerte Wand. Bei den freigelassenen Steinen wurden die Bodennägel gebohrt und ausinjiziert. Danach wurden noch offenen Stellen mit Fertigteilen geschlossen, sodass die Wand ein gleichmäßiges Aussehen hat.

Abbildung 4.122: Systemplatten aus Stahlfaserbeton zur Hangsicherung bis 3m Höhe

4.11 Holzankerwand

Ein Verbau der ohne Abgrabungen hinter der Wand auskommt ist die Holzankerwand. Diese Konstruktion kann direkt auf das Gelände aufgesetzt werden und wird durchAnker bzw. Bodennägel in den tieferen Untergrund gesichert.

Abbildung 4.123: Hang- und Strassensicherung mit Holzankerwand im Wattental

Im nachfolgenden Schnitt ist die Lage der einzelnen Bauteile klar erkenntlich.

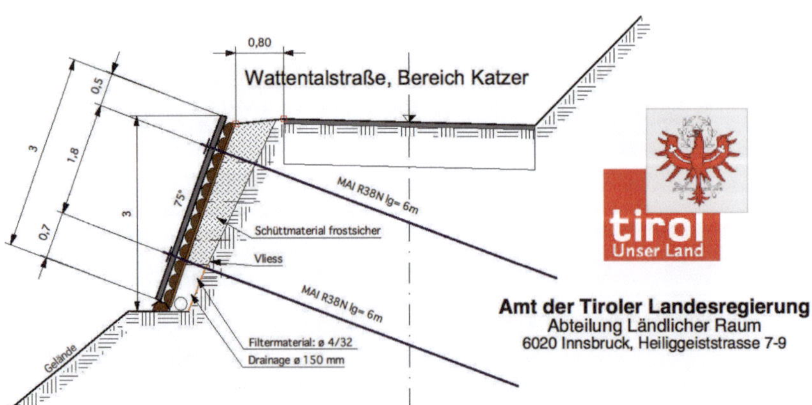

Abbildung 4.124: Schnitt durch eine Holzankerwand

Bei der Berechnung der Holzankerwand wird zuerst der Erddruck auf die Wand ermittelt.

Verbau für Hangsicherung

Baustelle:	Pfons Bereich Zufahrt St. Margarethen			Datum:	19.5.10
Schnitt:	HAW 75° permanent			Bearbeiter:	Wietek
BODENKENNWERTE:	Raumgewicht	21	kN/m3	Ruhedruckanteil:	
	Scherwinkel	30	Grad	in % =	50
	Kohäsion	0	kN/m2		
	Wandneigung	15	Grad	Ko =	0,500
	Geländeneigung	0	Grad	Kah =	0,201
	Wandreibung	20	Grad	Kh =	0,351
				C-Anteil =	0,00
LASTANGABEN:	Verkehrslast:	10	kN/m2		
GEOMETRIE:	Gesamthöhe	3	m		
	Abst.Schiene	2,5	m	Abst. Hutprofil	
ERDDRUCK:	Gesamtdruck:	38,4	kN/m		
	Flächendruck:	12,8	kN/m2		

Abbildung 4.125: Berechnung des Erddruckes für eine Holzankerwand

Mit dem Erddruck, der als gleichmäßige Belastung umgelegt wird, werden die Biegemomente für die Holzträger und auch die vertikalen Stahlschienen (Hutprofile) ermittelt. Nach der Materialwahl und der dazugehörigen zulässigen Spannung des jeweiligen Werkstoffes kann die Bemessung über das Widerstandsmoment durchgeführt werden.

Horizontal:				Vertikal:			
	Belastung =	12,8	kN/m2		Belastung =	32,0	kN/m
	Spannweite =	2,5	m		Anzahl der Anker =	2	Stück
	max.Mom. =	10,0	kNm		Spannweite =	1,5	m
	Material =	Holz S13			max.Mom. =	6,0	kNm
	zul Spann =	1,3	kN/cm2		Material =	Stahl ST52	
	erf. W =	769,3	cm3		zul Spann =	21,5	kN/cm2
	gewählt:	Rundholz			erf. W =	27,9	cm3
	ø =	25	cm		gewählt:	Hutprofil	
	Anzahl / m =	2	Stück		Typ =	B 10	
	vorh. W =	3.068,0	cm3		vorh. W =	62,3	cm3
	zulässig da vorhW > erfW				zulässig da vorhW > erfW		

Abbildung 4.126: Bemessung der Hölzer und der Tragschiene

Bei den Hölzern werden imprägnierte Stämme verwendet, deren Lebensdauer mindestens 30 Jahre (meist auch 50 Jahre) angegeben wird. Die Lebensdauer wird ausdrücklich von den Herstellerfirmen gewährleistet. Die Stahlträger in Hutform sind naturbelassen und können so auch rosten. Dabei wird wie bei den

Bodennägeln eine Abrostrate als Schutz eingerechnet. Da hier aber eine optische Kontrolle Schäden sofort erkennbar macht und ein Ersatz leicht anzubringen ist, verzichten viele Bauherrn auch auf eine zusätzliche Korrosionssicherheit bei diesen Trägern.

Anker:	Anzahl:	2	je Hutprofil	
	Kraft:	72,0	kN	Zug
	Typ:	MAI R32S		
		2	mm Korrosion	
	zul.Zug =	135,0	kN	
	Länge:	6,0	m im Boden	
	zulässig da zul.Zug > Ankerkraft			

Gründung:	Vertikallast:	8,4	kN/m	Druck
Gründung nicht nachzuweisen, da sie im Erdreich steckt				

Abbildung 4.127: Ankerbemessung bei einer Holzankerwand

Für eine Anwendung als Bodennagel kommen zwei Arten mit jeweils mehreren Typen zur Anwendung. Es werden hier alle Bodennägel der jeweiligen Firma angegeben, obwohl meist nur die Bodennägel mit kleinerem Durchmesser zum Einsatz kommen.

Bodennagel

Ischebeck	Stahlsorte [N/mm²]	d [mm]	A [cm²]	Fstreck [kN]	Fbruch [kN]	Gewicht [kg/m]
30/16	550/650	27,2	3,85	167	200	3,0
30/11	550/650	26,3	4,49	250	300	3,5
40/16	550/650	37,1	8,85	500	600	6,9
52/26	550/650	48,8	13,46	667	800	10,5
73/53	550/650	69,9	16,41	923	1108	12,8
103/78	550/650	100,4	31,67	1500	1800	24,7
105/53	550/650	98,5	55,38	2500	3000	43,2

MAI	Stahlsorte [N/mm²]	d [mm]	A [cm²]	Fstreck [kN]	Fbruch [kN]	Gewicht [kg/m]
R25N	550/650	24,0	3,0	150	200	2,3
R32N	550/650	29,8	4,3	230	280	3,4
R32S	550/650	29,4	5,0	280	360	4,1
R38N	550/650	36,3	7,5	400	500	6,0
R51L	550/650	49,4	9,0	450	550	7,0
R51N	550/650	49,3	10,5	630	800	8,4
T76N	550/650	69,0	17,0	1200	1.600	15,0
T76S	550/650	70,8	23,5	1500	1.900	19,7

Abbildung 4.128: Arten und Typen der Bodennägel

Diese Bodennägel können nun als temporär (bis zu 3 Jahre) oder als permanente (dauerhafte) Bodennägel eingesetzt werden.

Bodenparameter	Korrosionsbelastung im Boden		
	niedrig	mittel	hoch
Belüftung	mäßig bis sehr gut	schlecht bis mäßig gut	sehr schlecht bis schlecht
Bodenaufbau	überwiegend Sand, Kies, gebrächer Fels	hohe Anteile an Schluff, Feinsand	hohe Anteile an Ton Industrieabfälle, Tausalz
Wassergehalt	niedrig (drainagefähig)	im allgemeinen mittel (feucht)	im allgemeinen hoch, Wasserwechselzonen
Neutralsalzgehalte	gering	möglicherweise erhöht	möglicherweise hoch
pH-Werte	5 - 8	5 - 8	5 - 8
spezifischer Bodenwiderstand [Ωm]	> 70	10 - 70	< 10

Nutzungsdauer in Jahren	Abrostrate in mm		
	niedrig	mittel	hoch
2	0	0	0,2
7	0,2	0,2	0,5
30	0,4	0,6	2,0
50	0,5	1,0	-

Abbildung 4.129: zu berücksichtigende Abrostrate für Bodennägel (Oesterreich)

Die im Beispiel bemessene Wand muss nun mittels Anker (Bodennägel) in das Erdreich dahinter abgeleitet werden. Da die Konstruktion eine permanente Sicherung sein soll, müssen die Bodennägel mit einem Abrostzuschlag gerechnet werden. Dieser Abrostzuschlag ist entsprechend der Zulassung für Bodennägel je nach Belastung und Nutzungsdauer zu berücksichtigen.

Die Anwendung dieser gezeigten Abrostrate ermöglicht es nun die einfachen Bodennägel nicht nur für temporäre Zwecke, sondern auch als permanente Stützwerke zu verwenden. Besonders bei mehr oder weniger steilen Hängen ist der selbstbohrende Bodennagel einfach in den Untergrund einzubringen.

Es können gegebenenfalls auch Handbohrgeräte eingesetzt werden wenn ein Maschineneinsatz nicht möglich ist. Dies ist besonders in extrem steilen Gelände öfters der Fall und die Boristen bohren an einer Seilsicherung hängend mit Handbohrmaschinen die Boden- bzw. Felsnägel in den anstehenden Untergrund.

Loss of steel thichness (mm) due to corrosion for piles and sheet piles in soils, with or without groundwater (= Table 4-1 of EN 1993-5)

Required design working life	5 years	25 years	50 years	75 years	100 years
Undisturbed natural soils (sand, silt, clay, schist, ...)	0.00	0.30	0.60	0.90	1.20
Polluted natural soils and industrial grounds	0.15	0.75	1.50	2.25	3.00
Aggressive natural soils (swamp, marsh, peat, ...)	0.20	1.00	1.75	2.50	3.25
Non-compacted and non-aggressive fills (clay, schist, sand, silt, ...)	0.18	0.70	1.20	1.70	2.20
Non-compacted and aggressive fills (ashes, slag, ...)	0.50	2.00	3.25	4.50	5.75
NOTE 1 The values given are only for guidance. Local conditions should be considered and suitable values taking into account local conditions should be given in the national annex.					
NOTE 2 Corrosion rates in compacted fills are lower than those in non-compacted ones. In compacted fills the figures in the table shoud be divided by two.					
NOTE 3 The values given for 5 and 25 years are based on measurements, whereas the other values are extraplated.					

Abbildung 4.130: zu berücksichtigende Abrostrate für Baustahl (British Standarts)

Die Holzankerwand ist besonders geeignet in Bereichen, in denen die Zufahrt schwierig ist bzw. auch in abgelegenen Situationen. Es wurden auch alle Baumaterialien und Maschinen mit Hubschrauber antransportiert, sodass keine eigenen Zufahrtswege hergestellt werden mussten. Im Gelände ist nur die bewachsene Bodenschicht zu entfernen (Händische Arbeit) und anschließend kann die Wand aufgebaut werden. Sie ist also sehr individuell einsetzbar. Die Neigung der Wand kann zwischen 45 Grad und 80 Grad frei gewählt werden. Die Wand wird meist in Höhenabschnitten von 2,5 - 4 m hergestellt. Es können mehrere Wände mit geringen Absätzen untereinander angeordnet werden. Dies muss in der entsprechenden Teilberechnung des Wandabschnittes berücksichtigt werden.

4.12 Krainerwand

Die Krainerwand ist ein mit Holzstämmen oder Betonfertigteilen ausgelegtes Raumgittersystem, das mit Boden gefüllt wird und so wie eine Schwergewichtsmauer funktionierten soll. Dabei sind einige Details zu beachten um die Standfestigkeit zu gewährleisten. In den nachfolgenden Abbildungen werden lediglich die Systeme aufgezeigt, jede ausführende Firma versucht durch eigenen Systemnamen hier einen Unterschied zur jeweiligen Konkurrenz zu erarbeiten um so ihr System mit einem besseren Verkaufsargument auszustatten. Die Unterschiede fallen aber kaum ins Gewicht.

Abbildung 4.131: System der Krainerwand aus Holzstümmen

Die Holzkrainerwand wird hauptsüchlich zur Böschungssicherung im naturnahen Wasserbau und zur Böschungssicherung im ländlichen Bereich verwendet. Es wird zuerst ein Aushub hergestellt, in den die gesamteHolzgitterkonstruktion eingelegt wird. Die frei errichtete Holzkonstruktion wird mit anstehendem Bodenmaterial oder auch Felsschutt gefüllt und erhält somit eine Gesamtstabilität, damit sie als Stützwand wirkt.

Die Lebensdauer solcher Holzkrainerwände ist auf 30 - 60 Jahre begrenzt, je nach Bearbeitung des Holzes (Anstrich oder Druckimprägnierung). Holzkrainerwände werden meist ohne Fundament in die natürliche Böschung eingebaut und sind daher als weicher Verbau mit einer Beweglichkeit anzusehen.

Abbildung 4.132: System der Krainerwand aus Betonfertigteilen

Werden die einzelnen Raumgitterelemente aus Beton bzw. Stahlbeton gefertigt, so können wesentlich höhere Mauern errichtet werden, da statisch fast jede Wandhöhe realisierbar ist. Es wird sogar der Querschnitt der Krainerwand mit der Höhe verändert, sodass er der statischen Notwendigkeit angepasst werden kann.

Die Lebensdauer solcher Wände sind bei fachgerechter Herstellung und Verlegung fast unbegrenzt. Diese Raumgitterwände werden normalerweise auf eine Gründung mittels Betonplatte gestellt, wobei diese entsprechend den Erfordernissen der Örtlichkeit auch mit einer Tiefgründung versehen sein kann.

Wie bei der Holzkrainerwand bereits erwähnt muss bei der Betonkrainerwand mit dem Voraushub der gesamte Bereich der Krainerwand freigelegt werden. Meist ist zusätzlich eine temporäre Hangsicherung notwendig. Besonders wenn die Krainerwand eine talseitige Böschung von einem Verkehrsweg absichern soll und der Verkehrsweg während der Bauzeit aufrecht zu erhalten ist. Die notwendige Sicherung wird dann meist mit einer vernagelten Spritzbetonsicherung wie sie unter Punkt Spritzbetonwand beschrieben ist, durchgeführt.

Zuerst stellt man dann ein Betonfundament her, das entsprechend bewehrt ist. Bei steilen Hängen hat sich eine zusätzliche Tiefgründung mit GEWI-Pfählen oder auch duktilen Rammpfählen als hilfreich erwiesen, um somit einen möglichen tiefen Gleitkreis zu vermeiden.

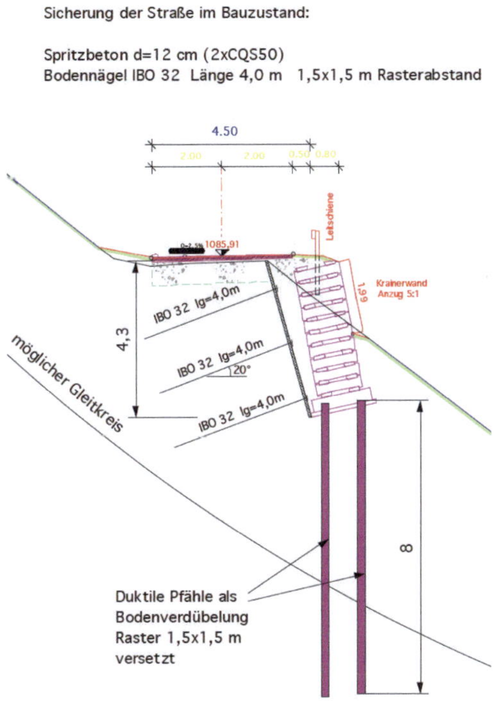

Abbildung 4.133: Schnitt durch eine Krainerwand am Weerberg Tirol

Bei der dargestellten Hangsituation wurden bereits vor dem Bau tiefere Gleitungen befürchtet, was dazu geführt hat, dass die Gründung der Krainerwand mit duktilen Rammpfählen unterstützt wurde. Somit konnte eine Verdübelung der möglichen Gleitfuge geschaffen werden und die Krainerwand sicher gegründet werden.

Im aufgezeigten Schnitt ist auch die Hauptproblematik der Anwendung der Krainerwand bei Hangstraßen erkennbar. Die Baugrube für die Wand reicht in die meist bestehende Strasse und so sind die Arbeiten unter sehr beengten Verhältnissen durchzuführen. Besonders schwierig wird es, wenn während dem Bau der Krainerwand der Verkehr auf der Strasse laufen muss, da für Siedlungsgebiete dies die einzige Verkehrsanbindung ist. Eine temporäre Baugrubensicherung die die Verkehrslasten aufnimmt muss dann auch ausgeführt werden.

Abbildung 4.134: Gründung der Krainerwand in Navis

Im obigen Bild der Baustelle einer Krainerwand sieht man diese beengten Verhältnisse. Das Bild zeigt auch den notwendigen temporären Verbau zur Sicherung der Strasse und die Gründungsfläche der Krainerwand, die zur Unterstützung mit GEWI-Pfählen als Tiefgründungselemente gesichert ist. Die Berechnung einer Krainerwand erfolgt genau gleich wie die einer Gewichtsmauer im Abschnitt 4.4, es wird somit hier auf eine Erläuterung der Berechnung verzichtet.

Abbildung 4.135: fertige Krainerwand beim Projekt Hochgenein Zillertal

4.13 Vernagelter Spritzbeton

Diese Art der Sicherung einer Böschung ist für temporäre (Bauzustände bis zu 3 Jahre) und auch permanente Massnahmen möglich.

4.13.1 prinzipielle Herstellung

Es wird dabei immer in kleinen Schritten vorgegangen und somit die Böschung von oben nach unten laufend mit Sicherung hergestellt.

Abbildung 4.136: Arbeitsschritte bei der Bodenvernagelung nach Fa. Ischebeck [11]

Die Arbeitsweise bei der Bodenvernagelung ist Abschnittsweise in einzelnen Feldern. Die Feldgrößen werden entsprechendden Bodeneigenschaften gewählt. So werden folgende Schritte gewählt:

– Aushub in Lagen von 1-2 m Höhe und 2-5 m Breite

– Zuschneiden und Befestigen der Bewehrung im gesamten offenen Feld (Mattenbewehrung)

– Aufbringen von Spritzbeton in der notwendigen Stärke von 10-20 cm

– Bohren und ausinjizieren der selbstbohrenden Bodennägel

Diese Schritte werden nebeneinander mit Lücken durchgeführt bis eine Ebene fertig bearbeitet ist. Danach wird die nächst tiefere Ebene in Angriff genommen. Dieser Vorgang wiederholt sich bis die volle Sicherungstiefe erreicht ist.

Abbildung 4.137: Arbeitsschritte bei der Vernagelung am Weerberg

Es bleibt anfangs immer ein Erdkeil zwischen den einzelnen Bearbeitungsflächen zur Sicherung stehen. Wenn die Flächen dann gesichert sind, werden die Erdkeile entfernt und diese noch offenen Flächen auch gesichert. Erst dann wird die nächste Aushubebene bearbeitet.

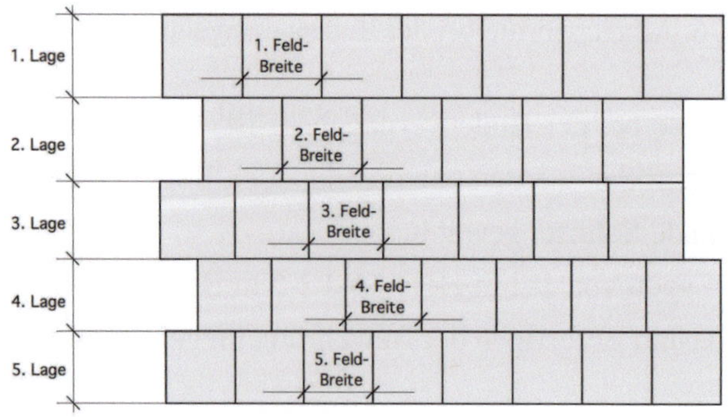

Abbildung 4.138: Einteilung der Felder für die Berechnung

4.13.2 Berechnung

Bei der Berechnung werden zuerst die Felder definiert. Die Größe des Feldes wird so gewählt, dass der auf das Feld wirkende Erddruck von einem Bodennagel in den Untergrund übertragen werden kann. Es wird zunächst die Lagenhöhe gewählt und dazu entsprechend der Tiefenlage die Breite des jeweiligen Feldes, wobei die Breiten in einer Lage immer gleich sind.

Nachfolgend wird an einem Beispiel einer ca. 8,6 m hohen Wand die mit 80 Neigung eine Spritzbetonsicherung erhält die einzelnen Rechenschritte im Detail durchgegangen, bis alle erforderlichen Nachweise erbracht sind.

Bodennagel - Nachweis gegen Herausziehen

Baustelle:	Nagelwand in Bad Hindelang	Datum:	11.2.11
Schnitt:	Baugrubensicherung 75 Grad permanent	Bearbeiter:	Wietek

BODENKENNWERTE:	Raumgewicht	21	kN/m3	Ruhedruckanteil:	
	Scherwinkel	35	Grad	in % =	50
	Kohäsion	5	kN/m2		
	alpha	10	Grad	Ko =	0,651
	beta	20	Grad	Kah =	0,230
	delta	20	Grad	Kh =	0,440
				C-Anteil =	4,50
LASTANGABEN:	Ersatzlast:	0	kN/m2		
ERDDRUCKBERECHNUNG:					
	Sicherheit:	1,3	Abstand unterste Nagelreihe	0,5	m

Abstand	Tiefe	Einflußfläche		Erddruck			mit Sicherheit Erddruck
m	m	Breite	Höhe	kN/m2	kN		kN
1,2	1,2	2,0	2,2	6,6	29,0		37,70
2,0	3,2	2,0	1,9	25,1	95,3		123,89
1,8	5,0	1,8	1,7	41,7	127,7		165,96
1,6	6,6	1,5	1,6	56,5	131,4		170,80
1,5	8,1	1,5	1,3	70,4	132,0		171,54

Abbildung 4.139: Beispieldaten für eine vernagelte Spritzbetonwand

Als erster Schritt werden die einzelnen Felder in den Lagen definiert und der darauf wirkende Erddruck gerechnet, wobei hier ein Mittelwert zwischen aktivem Erddruck und dem Ruhedruck gewählt wurde.

Es werden anschließend zwischen den üblichen Typen von Bodennägel wie Ischebeck, Mai, IBO und GEWI sowie der entsprechenden Stahlgüte der jeweiligen Bodennägel gewählt. Es werden die jeweils gewählten Querschnitte und deren Bohrdurchmesser sowie die Strecklast und die Bruchlast der einzelnen Bodennägel angegeben.

Zusätzlich wird hier definiert ob eine Abrostrate für den permanenten Zustand zu berücksichtigen ist oder nicht. Diese Abrostrate hängt von der Umweltbelastung und der Dauer des Einsatzes ab. Eine österr. Verordnung (siehe Abbildung: 4.129) schlägt hier vor die entsprechenden Werte aus einer Tabelle zu entnehmen. Auch in Großbritannien wird eine ähnliche Abrostrate vorgeschlagen, so dass hier eine europäische Lösung sicherlich in Bälde existieren wird.

Wahl der Marke und Type: Marke: Ischebeck Stahlsorte: 550/650

Type	injizierter ø	Strecklast [kN]	Bruchlast [kN]	Gewicht [kg/m]
30/16	5,4	167	200	3,0
30/11	5,3	250	300	3,5
40/16	7,4	500	600	6,9
52/26	9,8	667	800	10,5
73/53	14,0	923	1108	12,8
103/78	20,1	1500	1800	24,7
105/53	19,7	2500	3000	43,2

Teilsicherheit für Ankerstahl: 1,35

Vorgabe der Anker:

	zu wählende Type:	Abrostrate:	øa-calc	A [cm2]	zul.Zug [kN]
1	30/16	1,0 mm	2,52	3,03	116,6
2	30/11	1,0 mm	2,43	3,70	183,0
3	40/16	1,0 mm	3,51	7,72	387,7
4	52/26	1,0 mm	4,68	11,96	526,4

Abbildung 4.140: Angabe der zu Verwendung stehenden Bodennägel (Anker)

Im Anschluss an die Vorgaben der Bodennägel werden diese nun den einzelnen Feldern zugeordnet und entsprechend der auf sie wirkenden Kraft auch die Länge der einzelnen Bodennägel berechnet.

Wahl der Anker mit Ergebnis der Ankerlänge: max. Haftkraft = 35 kN/m

Tiefe	Erddruck	Ankerwahl	Auflast	Reibung	Kohäsion	Haftkraft	gewählte Länge
m	kN		kN/m2	kN/m	kN/m	kN/m	m
1,2	37,70	1	48,1	9,8	0,9	10,7	5,0
3,2	123,89	2	90,1	17,7	0,8	18,6	7,0
5,0	165,96	2	127,9	25,2	0,8	26,0	7,0
6,6	170,80	2	161,5	31,8	0,8	32,6	7,0
8,1	171,54	2	193,0	38,0	0,8	35,0	7,0

NAGELMASSEN:

Abstand	Tiefe	Einflußfläche		Bodennägel bzw. Anker			Summe Bodennägel bzw.Anker
m	m	Breite	Höhe	Fläche	Haftlänge	Gesamtlänge	
1,2	1,2	2,0	2,2	4,4	5,0	5,0	
2,0	3,2	2,0	1,9	3,8	7,0	7,0	19,2 m/lfm =======
1,8	5,0	1,8	1,7	3,1	7,0	7,0	
1,6	6,6	1,5	1,6	2,3	7,0	7,0	
1,5	8,1	1,5	1,3	1,9	7,0	7,0	

Abbildung 4.141: Zuordnung der Bodennägel und Berechnung der jeweiligen Nagellänge

Anschließend wird die Spritzbetonschale berechnet. Dabei wird von einer punktgestützten Platte ausgegangen, die gleichmäßig belastet wird. Für diesen

Lastfall gibt es in den Normen ein Näherungsverfahren um bei einem rechteckigen Stützenraster die Feld- und Stützmomente zu errechnen.

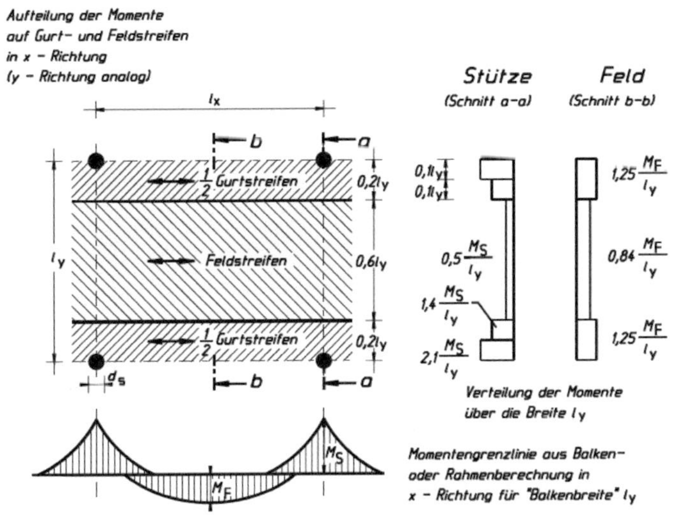

Abbildung 4.142: Näherungsverfahren zur Berechnung der Feld- und Gurtmomente bei punktgestützten Platten

SPRITZBETONBEMESSUNG

Erddruck auf den Spritzbeton:

Abstand	Tiefe	Einflußfläche		Erddruck	
m	m	Breite	Höhe	kN/m2	kN
1,2	1,2	2,0	2,2	6,6	29,0
2,0	3,2	2,0	1,9	25,1	95,3
1,8	5,0	1,8	1,7	41,7	127,7
1,6	6,6	1,5	1,6	56,5	131,4
1,5	8,1	1,5	1,3	70,4	132,0

Momente im Spritzbeton:

Tiefe	Einflußbreiten		Momente Feldstreifen		Momente Gurtstreifen	
Anker	horizontal	vertikal	Feld	Stütze	Feld	Stütze
1,2	1,00	1,10	1,3	1,06	1,71	2,28
3,2	1,00	0,95	4,2	3,34	5,37	7,17
5,0	0,90	0,85	5,6	4,51	7,24	9,65
6,6	0,75	0,78	5,7	4,53	7,27	9,70
8,1	0,75	0,63	6,6	5,28	8,48	11,31

Abbildung 4.143: Berechnung der Momente in der Spritzbetonwand

Mit diesem Näherungsverfahren werden sowohl die Momente für die verschiedenen Situationen berechnet.

Wahl der Spritzbetongüte:	SpC 25/30	Wahl der Stahlgüte:	BSt 550
		Fläche [cm2]	Gewicht [kg/m2]
Wahl der zur Verfügung stehenden Bewehrundgsmatten	Q 188	1,88	3,01
	Q 211	2,11	3,14
	Q 295	2,95	4,12

SPRITZBETONWERTE:

Tiefe	Spritzbeton	Bewehrung zur Erde hin			Bewehrung zur Baugrube hin		
Anker	Dicke	Stütze	Feld	MATTE	Feld	Stütze	MATTE
m	cm	fe (cm2/m)	fe (cm2/m)		fe (cm2/m)	fe (cm2/m)	
1,2	15	0,37	0,27	Q 188	0,21	0,17	Q 188
3,2	15	1,23	0,91	Q 188	0,71	0,57	Q 188
5,0	15	1,86	1,37	Q 188	1,08	0,85	Q 188
6,6	15	2,12	1,56	Q 211	1,23	0,97	Q 188
8,1	20	2,13	1,57	Q 211	1,23	0,98	Q 188

Abbildung 4.144: Bemessung der Spritzbetonwand und Wahl der Bewehrung

Mit der anschließenden Bemessung werden die Spritzbetonstärke und die zu verwendende Bewehrung berechnet. Somit ist die Spritzbetonwand mit den Bodennägeln berechnet. Es müssen jetzt die erforderlichen Geotechnischen Nachweise für diese Wand durchgeführt werden.

1. Gleitsicherheitsnachweis:			
Höhe des Geländesprunges:	h =	8,6	m
vorderer Wandwinkel:	alpha =	10	Grad
Breite des Erdkeiles:	b-unten =	7,0	m
Breite der Ersatzlast:	b-oben =	5,48	m
Geländewinkel:	beta =	20	Grad
Anstieg des Geländes:	h-g =	2,00	m
Gewicht des Erdkeiles:	G =	1242,4	kN/lfm
Last auf Erdkeil:	P =	0,0	kN/lfm
Gesamtlasten vertikal:	V =	1242,4	kN/lfm
Erddruck auf Erdkeil:	Eh =	471,3	kN/lfm
	Ev =	188,9	kN/lfm
Gleitsicherheit:	eta-g =	2,127	

Abbildung 4.145: Nachweis der Gleitsicherheit der vernagelten Spritzbetonwand

Beim Gleitnachweis sowie beim Kippnachweis und dem Nachweis der Grundbruchsicherheit wird die gesamte Wand mit den Nägeln wie eine Schwergewichtsmauer behandelt.

2. Kippnachweis um die Vorderkante der Wand

Hebelsarm für	Eah	e-Eah =	3,53	m
	Eav	e-Eav =	7,00	m
	Gesamtlast	e-V =	3,99	m
	Resultierende	e-R =	3,22	m
Exzentrizität	aus Berechnung	e-x =	0,28	m
	zugelassen	zul e-x =	1,17	m

Lasten schneiden Sohlfläche im Kern daher Kippsicherheit erfüllt

Abbildung 4.146: Nachweis der Kippsicherheit der vernagelten Spritzbetonwand

Beim Kippnachweis wird lediglich nachgewiesen, dass die resultierende Kraft innerhalb des Kernes der Aufstandsfläche (mittleres Drittel) die Sohlfläche schneidet und so keine Zugspannungen in der Sohlfuge auftreten können. Dies ist auch notwendig wenn man das Wandsystem als einen Körper betrachten will.

Berechnung für Endtragfähigkeit:

Beiwerte:	Lastneigung		Geländeneigung		Sohlneigung		Form	
	i-gam =	0,509	g-gam =	1,000	t-gam =	1,234	s-gam =	1,000
m =	i-q =	0,694	g-q =	1,000	t-q =	1,212	s-q =	1,000
0	i-c =	0,694	g-c =	1,000	t-c =	1,212	s-c =	1,000

Ausgangstragwerte :	N-q,o =	13,09	Endtragwere :	N-gam =	3,856
	N-gam,o =	6,14		N-q =	11,015
				N-c =	19,663

zulässige Grundbruchspannung in kN/m2

Tiefe	Breite
m	7,0
0,50	488,3

zulässige Grundbruchlast je Laufmeter in kN/m

Tiefe	Breite
m	7,0
0,50	3.418,6

vorhandene Grundbruchlast je Laufmeter in kN/m

Tiefe	Breite
m	7,0
0,50	1.431,3

Grundbruchnachweis ist erbracht!

Abbildung 4.147: Nachweis der Grundbruchsicherheit der vernagelten Spritzbetonwand

Beim Grundbruchnachweis werden entsprechend der Norm die Beiwerte entsprechend dem Reibungswinkel des Bodens und der Richtung der Lasteintragung und auch der geometrischen Randbedingungen gewählt.

Nun müssen noch die zahlreichen Nachweise über verschiedene Gleitfugen geführt werden. Zuerst wird eine Gleitfuge gewählt, die vom oberen Gelände zu einer Ankerlage am Ende des Ankers geht und von dort zum Ankerkopf der nächst tieferen Ankerreihe reicht, wo sie die Oberfläche erreicht.

Allgemeine Geometrie:

Verbauneigung	α =	10	Grad
Geländeneigung	β =	20	Grad
Nagelneigung	γ =	15	Grad
Verbautiefe	h =	8,6	m
Nagelreihen	n =	5	Ebenen

Tiefe Gleitfuge
für Gleitkörper
zum Nagelende
der oberen Ebene

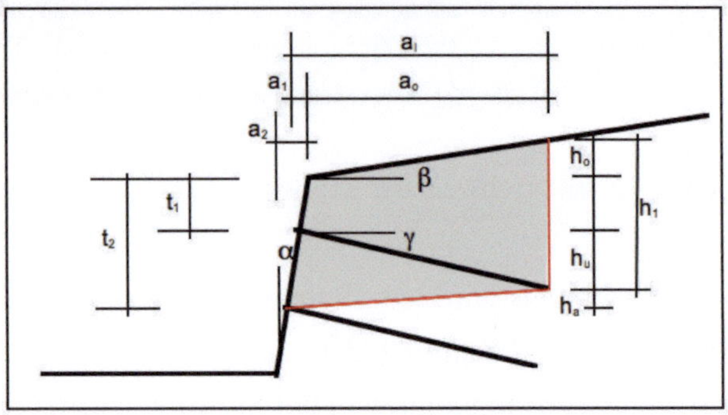

Abbildung 4.148: Nachweis tiefe Gleitung über einem Ankerhorizont - System

erste Nagelebene:

Nageltiefe	t1 =	1,2	m
Gleittiefe	t2 =	3,2	m
Nagellänge	l =	5,0	m

a1	a2	al	ao	ho	hu	h1
0,21	0,56	4,87	4,65	1,69	1,30	4,20

ha	Fläche 1	Fläche 2	Fläche 3	Fläche 4	Ges Fläche	Gewicht
0,70	16,70	-0,90	-1,82	3,94	17,92	376,35

Gleitneigung	Nutzlast	Gesamtlast	Erddruck	Treibkraft	Reibkraft	Sicherheit
7,60	0,00	376,35	42,5	91,87	265,14	2,89

zweite Nagelebene:

Nageltiefe	t1 =	3,2	m
Gleittiefe	t2 =	5,0	m
Nagellänge	l =	7,0	m

a1	a2	al	ao	ho	hu	h1
0,56	0,88	6,73	6,17	2,24	1,80	7,25

ha	Fläche 1	Fläche 2	Fläche 3	Fläche 4	Ges Fläche	Gewicht
0,00	35,25	-2,20	0,01	6,92	39,98	839,56

Gleitneigung	Nutzlast	Gesamtlast	Erddruck	Treibkraft	Reibkraft	Sicherheit
-0,03	0,00	839,56	126,7	126,20	587,82	4,66

Abbildung 4.149: Nachweis tiefe Gleitung über einem Ankerhorizont - 1. und 2. Ankerreihe

Die Berechnung wird nun für jede Ankerreihe durchgeführt.

dritte Nagelebene:	Nageltiefe	t1 =	5,0	m
	Gleittiefe	t2 =	6,6	m
	Nagellänge	l =	7,0	m

a1	a2	al	ao	ho	hu	h1
0,88	1,16	6,74	5,86	2,13	1,81	8,94
ha	**Fläche 1**	**Fläche 2**	**Fläche 3**	**Fläche 4**	**Ges Fläche**	**Gewicht**
-0,21	46,35	-3,84	0,72	6,25	49,48	1039,03
Gleitneigung	**Nutzlast**	**Gesamtlast**	**12**	**Treibkraft**	**Reibkraft**	**Sicherheit**
-1,68	0,00	1039,03	192,6	162,02	723,27	4,46

vierte Nagelebene:	Nageltiefe	t1 =	6,6	m
	Gleittiefe	t2 =	8,1	m
	Nagellänge	l =	7,0	m

a1	a2	al	ao	ho	hu	h1
1,16	1,43	6,79	5,63	2,05	1,82	10,47
ha	**Fläche 1**	**Fläche 2**	**Fläche 3**	**Fläche 4**	**Ges Fläche**	**Gewicht**
-0,32	57,17	-5,78	1,13	5,77	58,29	1223,99
Gleitneigung	**Nutzlast**	**Gesamtlast**	**Erddruck**	**Treibkraft**	**Reibkraft**	**Sicherheit**
-2,60	0,00	1223,99	264,2	208,44	847,78	4,07

Abbildung 4.150: Nachweis tiefe Gleitung über einem Ankerhorizont - 3. und 4. Ankerreihe

fünfte Nagelebene:	Nageltiefe	t1 =	8,1	m
	Gleittiefe	t2 =	8,6	m
	Nagellänge	l =	7,0	m

a1	a2	al	ao	ho	hu	h1
1,43	1,52	6,76	5,33	1,94	1,81	11,85
ha	**Fläche 1**	**Fläche 2**	**Fläche 3**	**Fläche 4**	**Ges Fläche**	**Gewicht**
-1,31	58,92	-6,52	4,49	5,18	62,07	1303,45
Gleitneigung	**Nutzlast**	**Gesamtlast**	**Erddruck**	**Treibkraft**	**Reibkraft**	**Sicherheit**
-10,84	0,00	1303,45	338,7	87,46	851,79	9,74

Abbildung 4.151: Nachweis tiefe Gleitung über einem Ankerhorizont - 5. Ankerreihe

Bei der fünften und somit letzten Ankerreihe führt die Gleitlinie dann zur Baugrubensohle. Dies führt dazu dass die Gleitebene wesentlich flacher ist und somit die Sicherheit wieder steigt.

Im nächsten Schritt wird die neue Gleitfuge von der Geländeoberfläche zu einem Ankerende dann zur übernächsten Ankerreihe an den Ankerkopf geführt, sodass ein Anker dazwischen in etwa in Mitte seiner Länge geschnitten wird.

Mit dieser Schnittart werden nun wieder alle Ankerreihen nachgewiesen, sodass der Nachweis der tiefen Gleitfuge nun auf alle Varianten erbracht ist.

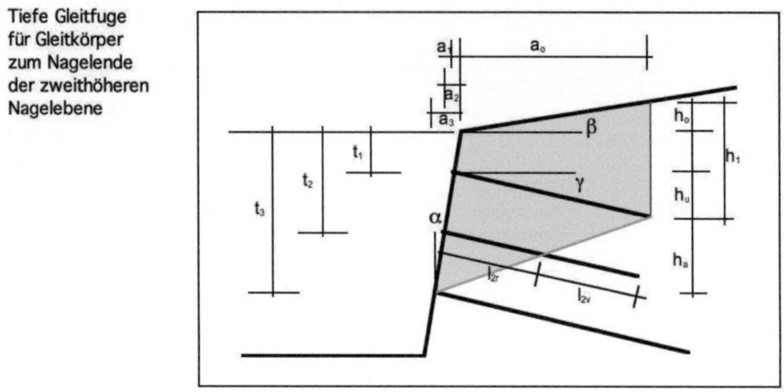

Abbildung 4.152: Nachweis tiefe Gleitung über zwei Ankerhorizonte - System

Wie im Systembild gezeigt verläuft die Gleitfuge vom Gelände zum Ende der ersten Ankerreihe und dann gerade über die zweite Ankerreihe hinweg zum Ankerkopf der dritten Ankerreihe an der sie ins Freie gelangt.

zweite Nagelebene:				
	Nageltiefe	t1 =	1,2	m
	Nageltiefe	t2 =	3,2	m
	Gleittiefe	t3 =	5,0	m
	Nagellänge	l1 =	5,0	m
	Nagellänge	l2 =	7,0	m
	Nagenhaftunc	N =	18,6	kN/m

a1	a2	a3	ao	ho	hu	h1
0,21	0,56	0,88	4,65	1,69	1,30	4,20
ha	l2r	l2v	mögl Nagelkr	Gleitneigung	NagelN	NagelR
2,50	2,39	4,58	85,14	24,27	53,89	65,91
Fläche 1	Fläche 2	Fläche 3	Fläche 4	Ges Fläche	Gewicht	Nutzlast
27,68	-2,20	-6,91	3,94	22,51	472,66	0,00
Gesamtlast	Erddruck	Treibkraft	Reibkraft	NagelR		Sicherheit
472,66	42,5	233,01	313,93	65,91		1,63

Abbildung 4.153: Nachweis tiefe Gleitung über zwei Ankerhorizonte - 2. Ankerreihe

Für die Berechnung der Sicherheit werden die Kräfte in Richtung der Gleitfuge gerechnet und die haltenden Kräfte (aus Reibung und Anker) mit den treibenden Kräften (vom Erddruck) verglichen.

Im nächsten Schritt wird die Gleitebene um jeweils eine Ankerreihe tiefer gelegt und so der selbe Nachweis geführt.

dritte Nagelebene:

Nageltiefe	t1 =	3,2	m
Nageltiefe	t2 =	5,0	m
Gleittiefe	t3 =	6,6	m
Nagellänge	l1 =	7,0	m
Nagellänge	l2 =	7,0	m
Nagenhaftung	N =	26,0	kN/m

a1	a2	a3	ao	ho	hu	h1
0,56	0,88	1,16	6,17	2,24	1,80	7,25
ha	**l2r**	**l2v**	**mögl Nagelkr**	**Gleitneigung**	**NagelN**	**NagelR**
1,60	3,28	3,70	96,23	12,28	44,11	85,53
Fläche 1	**Fläche 2**	**Fläche 3**	**Fläche 4**	**Ges Fläche**	**Gewicht**	**Nutzlast**
48,39	-3,84	-5,85	6,92	45,62	958,00	0,00
Gesamtlast	**Erddruck**	**Treibkraft**	**Reibkraft**	**NagelR**		**Sicherheit**
958,00	126,7	327,55	674,31	85,53		2,32

vierte Nagelebene:

Nageltiefe	t1 =	5,0	m
Nageltiefe	t2 =	6,6	m
Gleittiefe	t3 =	8,1	m
Nagellänge	l1 =	7,0	m
Nagellänge	l2 =	7,0	m
Nagenhaftung	N =	32,6	kN/m

a1	a2	a3	ao	ho	hu	h1
0,88	1,16	1,43	5,86	2,13	1,81	8,94
ha	**l2r**	**l2v**	**mögl Nagelkr**	**Gleitneigung**	**NagelN**	**NagelR**
1,29	3,38	3,66	119,35	10,07	50,57	108,11
Fläche 1	**Fläche 2**	**Fläche 3**	**Fläche 4**	**Ges Fläche**	**Gewicht**	**Nutzlast**
59,02	-5,78	-4,71	6,25	54,77	1150,20	0,00
Gesamtlast	**Erddruck**	**Treibkraft**	**Reibkraft**	**NagelR**		**Sicherheit**
1150,20	192,6	390,71	816,55	108,11		2,37

Abbildung 4.154: Nachweis tiefe Gleitfuge über zwei Ankerhorizonte - 3. und 4. Ankerreihe

Letztendlich wird die Gleitfuge unter der fünften Ankerreihe bis zur Baugrubensohle geführt und wiederum der Kräftevergleich durchgeführt und so die entsprechende Sicherheit ermittelt. Es zeigt sich wieder, dass die Sicherheit in der untersten Ankerebene mit Gleitfuge zur Baugrubensohle einen höheren Sicherheitswert erreicht als in der darüber liegenden Gleituntersuchung.

Nachdem nun der klassische Nachweis der tiefen Gleitfuge, der an die Rückseite der Anker reicht erbracht ist, muss noch eine Gleitfuge berechnet werden, die gerade von der Baugrubensohle zur Böschungslinie verläuft und dabei alle

Ankerhorizonte schneidet. Es werden dabei alle Anker entsprechend der noch hinter der Gleitlinie verbleibenden Einbindestrecke mit ihrer Mantelreibung berücksichtigt.

fünfte Nagelebene:	Nageltiefe	t1 =	6,6	m
	Nageltiefe	t2 =	8,1	m
	Gleittiefe	t3 =	8,6	m
	Nagellänge	l1 =	7,0	m
	Nagellänge	l2 =	7,0	m
	Nagenhaftung	N =	35,0	kN/m

a1	a2	a3	ao	ho	hu	h1
1,16	1,43	1,52	5,63	2,05	1,82	10,47
ha	l2r	l2v	mögl Nagelkr	Gleitneigung	NagelN	NagelR
0,18	1,76	5,24	183,50	1,44	51,93	176,00
Fläche 1	Fläche 2	Fläche 3	Fläche 4	Ges Fläche	Gewicht	Nutzlast
61,46	-6,52	-0,64	5,77	60,06	1261,35	0,00
Gesamtlast	Erddruck	Treibkraft	Reibkraft	NagelR		Sicherheit
1261,35	264,2	295,82	887,57	176,00		3,60

Abbildung 4.155: Nachweis tiefe Gleitung über zwei Ankerhorizonte - 5. Ankerreihe

Es folgt der nächste Gleitnachweis über eine gerade Gleitebene die alle Nagelebenen schneidet.

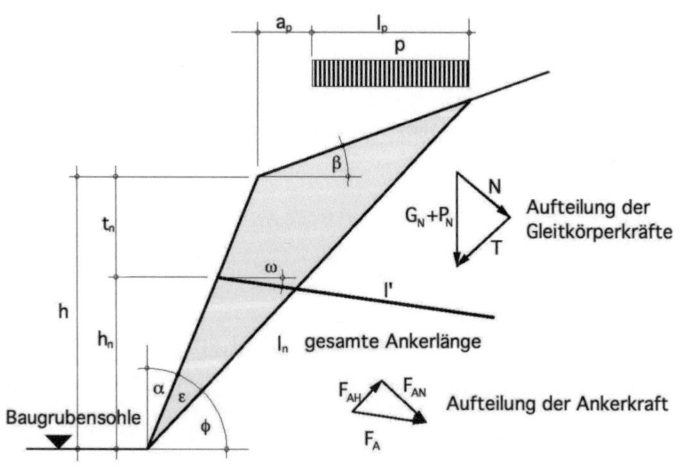

Abbildung 4.156: Nachweis der Gleitung mit einer geraden Gleitlinie - System

In der Systemzeichnung für die gerade Gleitung unter einem Winkel Φ ist nur ein Anker eingezeichnet. Dies soll nur symbolisch sein, in der Berechnung der

Gleitung werden selbstverständlich alle Ankerebenen voll berücksichtigt. Zunächst werden die generellen Eingabedaten für diese Gleitung gezeigt, wobei hier auch die Neigung der Anker als Winkel ω angegeben wird. Ebenfalls wird der Winkel der Gleitfuge gegenüber der Horizontalen mit Φ angegeben.

Berechnung wirksame Nagellänge l'

Nagel Nr.	l_n	e_n	Δt_n	t_n	h_n	l_a	l'
	[m]	[m]	[m]	[m]	[m]	[m]	[m]
1	5,0	2,0	1,2	1,2	7,4	5,54	0,00
2	7,0	2,0	2,0	3,2	5,4	4,04	2,93
3	7,0	1,8	1,8	5,0	3,6	2,70	4,28
4	7,0	1,5	1,6	6,6	2	1,50	5,54
5	7,0	1,5	1,5	8,1	0,5	0,37	6,63

Abbildung 4.157: Ermittlung der wirksamen Nagellänge in jedem Nagelhorizont

Zuerst werden die in den einzelnen Lagen vorhandenen Nagellängen ermittelt, die hinter die Gleitebene reichen. Dazu wird in jeder Lage die geometrische Länge zwischen Wandvorderseite und Gleitebene l_a errechnet und dann damit der Überstand des Ankers l' über die Gleitebene hinaus.

Berechnung der Nagelkraft je m Baugrube

Erhöhung des Scherwinkels infolge Verspannung: 5

Nagel Nr.	Auflast Boden	Mantelfläche Anker	Reibung Boden	Kohäsion Boden	Haftkraft Anker	Haftkraft/ m-Baugrube
	[kN/m2]	[m2/lfm]	[kN/lfm]	[kN/lfm]	[kN]	[kN/m]
1	25,2	0,22	4,70	1,11	0,0	0,0
2	67,2	0,21	12,11	1,07	38,6	19,3
3	105,0	0,21	18,93	1,07	85,7	47,6
4	138,6	0,21	24,98	1,07	144,3	96,2
5	170,1	0,21	30,66	1,07	210,3	140,2

Summe Ankerkraft	303,25

Abbildung 4.158: Nagelkraft bezogen auf 1 m Baugrube

Mit der über die Gleitfuge reichenden Länge l' des Bodennagels kann nun der Reibungs- und Kohäsionsantell der Bodennägel ermittelt werden. Die grundlegenden Werte werden aus den Angaben in den Abbildungen 4.139 und 4.140 verwendet. Damit kann die Haftkraft der Bodennägel aus Reibung und Kohäsion in Richtung der Nagelachse errechnet werden. über alle Nagelreihen zusammengezählt ergibt sich nun die Summe der Nagelkräfte über die gesamte Gleitebene gesehen.

Als nächster Schritt werden einige Hilfsgrößen berechnet, die sich selbst erklären. Danach werden entlang der Gleitfuge die haltenden und treibenden Kräfte errechnet.

Hilfsgrößen

a =	1,52	[m]	oberer Wandabstand
b1 =	7,08	[m]	erste hor. Gleitkörperbreite
b2 =	4,05	[m]	zweite hor. Gleitkörperbreite
h1 =	4,05	[m]	Höhe über Wand
A_1 =	30,46	[m²]	untere Teilfläche
A_2 =	14,36	[m²]	obere Teilfläche
A =	44,82	[m²]	Fläche des Gleitkörpers
l =	8,73	[m]	schräge Länge der Schale
l_g =	17,89	[m]	Länge der Gleitfläche

Abbildung 4.159: Belastungsangaben und Ermittlung von Hilfsgrößen

Treibende Kräfte

G_T =	665,5	[kN/m]	Gewicht Gleitkeil in Gleitrichtung
P_T =	0,0	[kN/m]	Auflast in Gleitrichtung
T =	665,5	[kN/m]	Summe der treibenden Kräfte

Haltende Kräfte

Hilfsgrößen

G_N =	665,5	[kN/m]	Gewicht Gleitkeil auf Gleitfläche
P_N =	0,0	[kN/m]	Auflast auf Gleitfläche
F_A =	303,3	[kN/m]	wirksame Bodennagelkraft in Nagelrichtung
F_{AH} =	194,9	[kN/m]	Ankerkraft in Fuge (ist haltend)
F_{AN} =	232,3	[kN/m]	Ankerkraft auf Fuge (erzeugt Reibung)
R =	628,6	[kN/m]	Reibungsanteil
C =	89,5	[kN/m]	Kohäsionsanteil
Anker =	194,9	[kN/m]	Ankeranteil
H =	913,0	[kN/m]	Summe der haltenden Kräfte

Abbildung 4.160: Berechnung der treibenden und haltenden Kräfte

SICHERHEIT - BERECHNUNGSERGEBNIS

η_{vorh} =	1,37
η_{erf} =	1,30

STANDSICHERHEIT IST

x	gegeben
	nicht gegeben

Abbildung 4.161: Berechnung der Sicherheit in der ebenen Gleitfuge

Abschließend wird die Sicherheit der Gleitebene ermittelt und der erforderlichen Sicherheit gegenüber gestellt.

Ein öfters auftretendes Problem bei vernagelten Spritzbetonwänden sind die in unmittelbarer Nachbarschaft liegenden Einbauten im Straßenbereich.

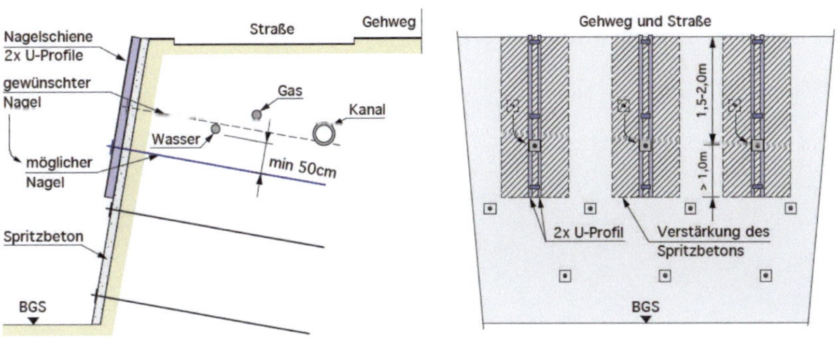

Abbildung 4.162: Verschiebung der Nagelebene wegen unterirdischer Einbauten

Die Bodennägel können nicht entsprechend der Berechnung eingebaut werden, da sie dann die unterschiedlichsten Leitungen stören. Die Nägel müssen einen Mindestabstand von 50 cm von allen Leitungen (bei Gasleitungen 1,0 m) haben. Es nützt nichts, die Nägel müssen tiefer eingebaut werden. Um den Erddruck oberhalb aufnehmen zu können werden dazu Nagelschienen verwendet. Diese können aus vorbereiteten Stahlprofilen bestehen wie es in der Abbildung dargestellt ist, oder es werden im Spritzbeton Verstärkungen integriert, die Lisenen genannt werden.

Im Bereich der Nagelschiene muss der Spritzbeton zusätzliche Bewehrung auf der Erdseite bekommen um die Momente auch aufnehmen zu können. Die Nagelschiene muss mindestens 1,0 m tiefer als die Bodennägel reichen, um so den auf die Schiene aufgenommenen Erddruck wieder an den Untergrund abgeben zu können. Die statische Wirkung entspricht dabei einem Wiegebalken.

4.13.3 Ausführung mit Baustahlmatten bewehrtem Spritzbeton

Es wird nun an Hand von einigen praktischen Beispielen die Anwendung der vernagelten Spritzbetonwand aufgezeigt.

Abbildung 4.163: mit Matten bewehrter Spritzbeton vernagelt in Brixen im Thale

Im beengten Bereich zwischen Bahn und einem Gewässer musste eine Umfahrungsstrasse gebaut werden. Die Baugrube für die Strasse die später in einer Gallerie geführt wurde musste mit einer mit Baustahlmatten bewehrten Spritzbetonsicherung mit Bodennägel temporär gesichert werden.

Man erkennt schön die Feldaufteilung für die einzelnen Arbeitsschritte. Ebenso sind die Bewehrungsmatten beim Übergriff erkennbar. Dies ist eine zwingende Vorgabe bei Mattenbewehrung, dass der Übergriff der einzelnen Bewehrungsmatten zwischen den Arbeitsfeldern eingehalten wird.

Die Streifen unter den Nagelköpfen kommen vom Injektionsvorgang beim Auspressen der Bodennägel. Es läuft immer etwas Ankermörtel über, der diese Farbstereifen entstehen lässt. Im Falle der temporären Sicherung nimmt man diesen optischen Mangel hin. Bei einer permanenten Sicherung müssen die Nagelköpfe ja auch mit eingespritzt werden, dies nimmt man normalerweise zum Anlass die gesamte Spritzbetonwand nochmals mit 2-3 cm Spritzbeton einzuspritzen. Damit entsteht auch eine gleichmäßige Oberfläche, die einen guten optischen Eindruck macht.

Abbildung 4.164: drainagierter mit Matten bewehrter Spritzbeton vernagelt in Kappl Paznauntal

Bei dem nächsten Beispiel einer ca. 20 m hohen Baugrubensicherung in Kappl für das neue Gemeindezentrum wurden beim vernagelten Spritzbeton erstmals Drainageanker verwendet, die das ankommende Hangwasser bereits tief im Hang erfassten und drucklos an die Oberfläche führten. Den dafür ausgesuchten Bodennägeln wird mit einem speziell von der Fa. Ischebeck entwickeltemDrainagemörtel diese Fähigkeit gegeben. Der Dabei verwendete Drainagemörtel erwies sich als recht durchlässig und hat das Hangwasser sehr gut drainagiert. Selbst im Winter funktionierte diese Drainage, denn das Wasser erreichte die Baugrube bevor es zu Eis erstarrte.

4.13.4 Ausführung mit Faserbeton

Eine Neuerung im Spritzbetonverbau ist der Einsatz von Faserbeton. Damit muss keine Mattenbewehrung mehr verlegt werden und man erspart sich somit einen Arbeitsgang und die offene Baugrube wird wesentlich schneller kraftmäßig geschlossen.

4.13.4.1 Stahlfaserbeton

Abbildung 4.165: mit Stahlfasern bewehrter Spritzbeton vernagelt in Patsch bei Innsbruck

Wie im Bild bei einer ca. 12m hohen und 80 Grad steilen Baugrubensicherung erkennbar wurden relativ kleine Arbeitsabschnitte gewählt, da der Boden aus Sand bestand, der nur kleine Öffnungen zuließ. Diese Arbeitsfelder waren im Extremfall nur noch 60 cm hoch und 2 m breit. Beim Übergang der Spritzflächen wurde darauf geachtet, dass ca. 20 cm der Spritzbeton Übergriff, wobei dieser Übergriff schräg in die Wand integriert wurde, sodass eine ebene Wandoberfläche entstand. Der Nagelraster war davon nicht betroffen und man konnte somit recht zügig diese Sicherung herstellen.

Der Vorteil der Zeit- und Arbeitsersparnis wird diese Art der Böschungssicherung immer öfter zum Einsatz bringen. Befürchtungen bezüglich der Unsicherheit bei Arbeitsfugen und auch der Tragfähigkeit des Stahlfaserbetons bezüglich der auftetenden und abzuleitenden Momente aus dem Lastfall Erddruck konnten sich nicht bestätigen. Die Berechnungen der Dosierung und der Stärke des Stahlfaserbetons kann mit dem Buch Stahlfaserbeton [51] vorgenommen werden.

Beim nächsten Beispiel einer Spritzbetonwand mit Stahlfaserbeton wurden für die Korrosionssicherung der Ankerköpfe die fertigen Flächen mit einem normalen Spritzbeton überdeckt.

Abbildung 4.166: Baugrube Talstation Schrägaufzug Ehrenbreitenstein in Koblenz

4.13.4.2 Kunststofffaserbeton

Nachdem der Stahlfaserbeton mehrfach positiv beim Spritzbetonverbau eingesetzt wurde, stellte sich die Frage, ob auch Spritzbeton mit Kunststofffaser bei dieser Verbauert möglich wäre. Nach einigen Versuchen konnte ein geeignetes Verfahren gefunden werden, das sich vom normalen Spritzbeton unterscheidet. Die wesentlichsten Änderungen waren: – eine besondere Spritzdüse (damit konnte bis 1m Abstand gespritzt werden) – Vorbefeuchtung des Spritzgutes mind. 4-7 m vor der Düse

Mit diesen Neuerungen konnte vermieden werden, dass die Kunststofffaser vom Luftstrom ab der Düse in alle Richtungen sich verteilte sondern im Spritzstrom des anderen Materials verblieb und somit der Faseranteil im großen und ganzen auch an der Wand eingehalten wurde.

Abbildung 4.167: Spritzversuch mit Kunststofffaser

Es wurden dazu umfangreiche Versuche durchgeführt, die letztendlich zu Lösungen führten, die in der Praxis auch umgesetzt werden können.

Ein weiter befürchtetes Problem waren die Spritzfugen. Auch wenn diese in einer Übergangsbreite von mehr als 20 cm hergestellt wurden, war es anfangs schwer verständlich, dass diese Fugen die Zug- und Biegebelastung auch übernehmen können. Es wurden mehrere Übergangsfugen hergestellt und anschließend mittels Kernproben untersucht.

Abbildung 4.168: Fugenausbildung bei Kernproben

Wie in den Bildern klar erkenntlich, verbindet sich der Spritzbeton an den Fugen sehr gut. Auch Scherversuche zeigten keinen wesentlichen Abfall der Scherkräfte im Fugenbereich, sodass damit für die Berechnung dieser Punkt nicht extra nachgewiesen werden muss.

Abbildung 4.169: Sicherung des Skidepots in Fiss

Sicherungen konnten in Fiss beim Bau des Skidepots als vertikale Baugrubensicherung bis 9m Tiefe erfolgreich ausgeführt werden. Der Nagelraster wurde mit 1,60 m gewählt und mit dieser Feldgröße konnten auch die Stütz- und Feldmomente, die aus dem Erddruck entstehen, rissefrei übernommen werden.

Abbildung 4.170: Sicherung beim Hotel Elisabeth in Ischgl

Eine besondere Herausfordernng war bei dem Hotel Elisabeth in Ischgl die Erweiterung bis zur Grundgrenze. Es entstand dabei eine bis zu 16,5 m tiefe Baugrube bei der noch zusätzlich eine 4-stöckige Nachbarverbauung zu berücksichtigen war. Es wurde eine Nagelwand mit Faserspritzbeton (Kunststofffaser Enduro HPP45) angewendet, wobei jede dritte Nagelreihe vorgespannt wurde.

Damit konnte die maximale Deformation im Wandbereich unter 2 cm gehalten werden.

Zur selben Zeit wurde in Oberlech eine unterirdische Verbindung zu einem bestehenden Hotel gebaut. Dieser Tunnel begann beim Baugrubenverbau des Neubaues und wurde horizontal vorgetrieben bis er in einem schrägen Aufstieg im Keller des bestehenden Hotels ankam.

Abbildung 4.171: unterirdischer Zugangstunnel in Oberlech

Die Sicherung des Tunnels wurde nur mit Faserspritzbeton (Kunststofffaser Enduro HPP45) vorgenommen. Bei dem beengten Raumverhältnissen musste mit einem Spritzabstand von 1 m von der Düse zur Wand ausgekommen werden. Dies konnte nur mit einer besonderen Düsenform erreicht werden, die speziell für die Anwendung mit der Kunststofffaser entwickelt wurde.

Es wurde der gesamte Tunnel innerhalb von 3 Wochen hergestellt, wobei am darüberliegende Hotel keine Risse durch irgendwelche Deformationen entstanden sind. Dies zeigt, dass mit dieser Methode ein schonendes und auch verformungsarmes Verfahren für die unterirdische Angliederung zwischen Bauwerken besteht.

Abbildung 4.172: Spritzarbeiten beim Tunnel in Oberlech

4.14 Vergleich verschiedener Sicherungen

Es sind doch einige Arten, die zur Sicherung von Geländsprüngen zur Verfügung stehen. Die Wahl des Systems hängt von vielen Kriterien ab, die bei der jeweiligen Situation stark differieren können. Nachfolgend wird der Versuch unternommen bei einer Straßenerweiterung im geneigten Gelände die unterschiedlichen Sicherungssysteme zu vergleichen. Hier wird nicht mehr auf die Details der geotechnischen Berechnung eingegangen, sondern es wird die Bauabwicklung und die damit entstehenden Kosten betrachtet.

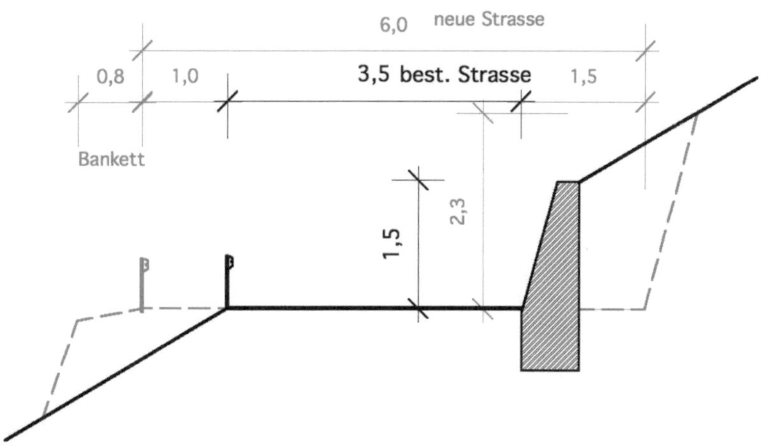

Abbildung 4.173: Schnitt bestehende Strasse mit gewünschter Erweiterung

Es wird bei einer derzeit einspurigen Strasse in gebirgigem Gebiet eine Erweiterung auf eine zweispurige Strasse mit 6,0 m Breite sowohl bergseitig als auch talseitig die Erweiterung vorgesehen. Dabei soll bergseitig ca. 1,5 m hineingerückt werden und ab dort der Geländesprung gesichert werden. Talseitig wird die Strasse um 1,0 m verbreitert und zusätzlich soll ein Bankett von 0,8 m vorgesehen werden.

Da die Strasse die einzige Zufahrt zu einem bewohnten Gebiet ist, muss der Verkehr während der gesamten Bauzeit aufrecht erhalten werden, wobei nur kurzzeitig (max 2 Stunden) der Verkehr angehalten werden darf. Diese Vorgabe bedingt, dass die Verbreiterung nur jeweils einseitig ausgeführt werden kann.

Es wird bergseitig angefangen, da mit dem Aushub sofort eine Verbreiterung der Strasse möglich ist und damit auch der Bauverkehr und der öffentliche Verkehr gleichzeitig zu beherrschen sind. Es werden bergseitig zwei Varianten angedacht, die zur Stützung des Hanges verwendet werden können.

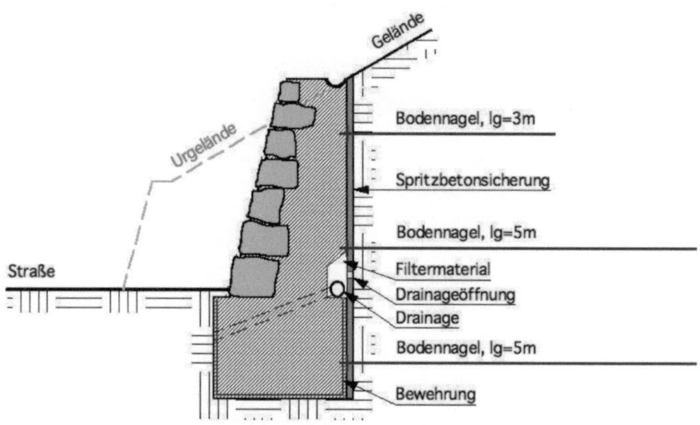

Abbildung 4.174: bergseitig eine vermörtelte Steinschlichtung

Um die vermörtelte Steinschlichtung herstellen zu können muss eine Baugrube hergestellt werden, die zusätzlich gesichert werden muss. Die Tiefe der Fundierung und somit Baugrube richtet sich nach der zu erwartenden Frosttiefe. Zur temporären Baugrubensicherung wird eine vernagelte Spritzbetonsicherung verwendet, die zuerst hergestellt wird. Anschließend kann mit der Fundamentherstellung und der Drainage der Hangseite begonnen werden.

Bei der anschließend herzustellenden Stützmauer werden die einzelnen Natursteine so verlegt, dass sie vorne in Mauerflucht liegen und an den anderen Seiten in einem Mörtelbett (trockener Beton) vollflächig eingebettet sind. Damit wird der geforderte Querschnitt der Schwergewichtsmauer erreicht. Dabei wird die Vermörtelung direkt an die Spritzbetonwand angebaut um keinen Hinterfüllungsraum entstehen zu lassen.

Im vorliegenden Beispiel wurde die temporäre Sicherung vertikal gewählt, um die Kubatur der Vermörtelung möglichst gering zu halten. Es kann bergseitig jedoch durchaus mit flacheren Neigungen gearbeitet werden, so kann man auch eine zusätzliche Hinterfüllung verwenden um die Kosten gering zu halten.

Als Variante zu der vermörtelten Steinschlichtung wird eine Fertigteilwand vorgesehen, die recht schnell nach dem Geländeaushub versetzt werden kann und somit auch zeitlich im Bauablauf Vorteile bringt.

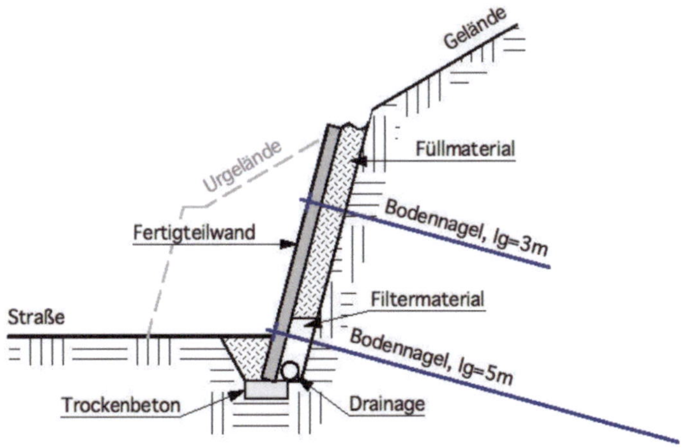

Abbildung 4.175: bergseitig eine vorgesetzte verankerte Fertigteilwand

Der Arbeitsabschnitt für die Herstellung der Fertigteilwand wird in der Länge der Tagesleistungen gewählt. Es wird nur der Teil ausgehoben, der am gleichen Tag fertiggestellt werden kann. Somit erspart man sich eine temporäre Baugrubensicherung. Es wird zunächst ein Fundament mit Trockenbeton hergestellt, auf das bereits unmittelbar nach dem Abziehen das Fertigteil aufgestellt und ausgerichtet werden kann. Anschließend werden die Bodennägel (meist 2 Stück je Element) gebohrt und vermörtelt. Die Ankerköpfe der Bodennägel werden sofort montiert. Am nächsten Tag kann bereits der verbliebene Zwischenraum wieder hinterfüllt werden und so ist die Fertigteilwand in diesem Bereich wirksam. Es können nun die Angleichungsarbeiten betreffend der Strasse und dem Gelände ausgeführt werden.

Die Oberfläche der Fertigteilwand kann den Wünschen des Bauherrn angepasst werden, es sind hier sämtliche Strukturen möglich, die erwünscht sind.

Bei der talseitigen Stützung der Erweiterung werden drei verschiedene Varianten aufgezeigt, die heute durchaus üblich sind.

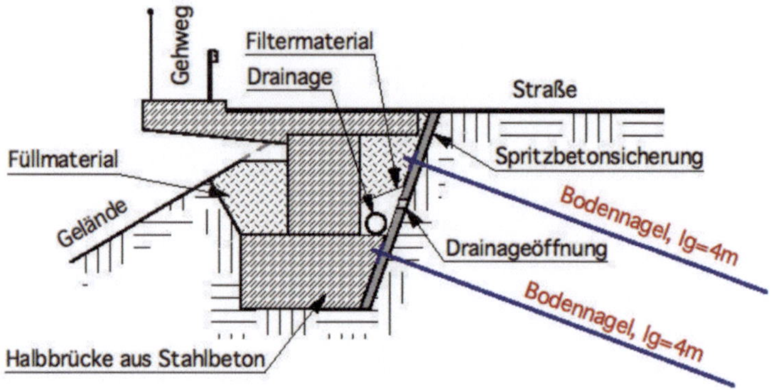

Abbildung 4.176: talseitig eine Halbbrücke aus Stahlbeton

Bei der traditionellen Halbbrücke die talseitig hergestellt wird, muß zunächst die Baugrube hergestellt werden. Wegen der Befahrbarkeit der darüberliegenden Strasse muss ein temporärer Baugrubenverbau die Baugrube stützen. Dieser wird als vernagelte Spritzbetonwand hergestellt. Anschließend kann das Fundament betoniert und die Drainage von Hangwässern vorgenommen werden. Daraufhin wird die aufgehende Betonwand hergestellt und die Hinterfüllung eingebaut. Erst dann kann die Deckelkonstruktion geschalt und betoniert werden. Ist die Schalung entfernt kann das Gelände vor der Halbbrücke an die Konstruktion angeglichen werden.

Falls es geotechnisch notwendig ist, besteht die Möglichkeit an die Bodennägel der Baugrubensicherung die aufgehende Wand der Hangbrücke anzuhängen, wobei bei einer solchen Verwendung der Abrostzuschlag bei den Bodennägeln zu berücksichtigen ist.

Als zweite Variante wird eine Krainerwand aufgezeigt, die als Fertigteilwand relativ schnell gebaut werden kann und somit auch zeitliche Vorteile bringt.

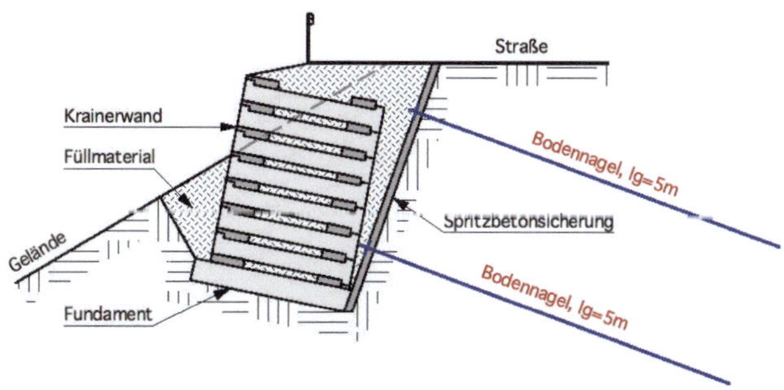

Abbildung 4.177: talseitig eine Krainerwand aus Stahlbetonfertigteilen

Für die Herstellung einer talseitigen Krainerwand ist im Zuge des Aushubes eine temporäre Baugrubensicherung bestehend aus einer vernagelten Spritzbetonwand wegen der Verkehrslasten unbedingt erforderlich. Anschließend kann das Betonfundament mitsamt der notwendigen Hangdrainage hergestellt werden. Die Fertigteile der Krainerwand werden anschließend versetzt und im gleichen Zug auch die Ein- bzw. Hinterfüllung der Krainerwand hergestellt und verdichtet. Anschließend wird das Gelände an der Vorderseite der Krainerwand noch angeglichen und eine mögliche Bepflanzung der offenen Zwischenräume der Krainerwand vorgenommen.

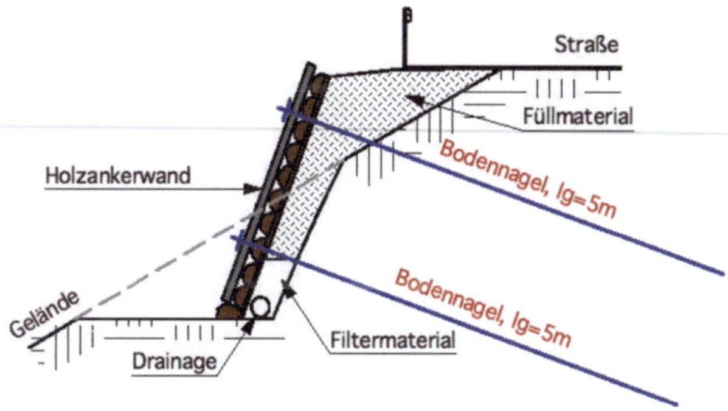

Abbildung 4.178: talseitig eine Holzankerwand

Von der bereits bergseitig erweiterten Strasse wird ein kleiner Graben am Fuß der Holzankerwand hergestellt, wo die Drainage eingebaut wird und anschließend die Steher der Holzankerwand aufgestellt werden. Nachdem anschließend die Bodennägel versetzt wurden, werden die Holzbalken in die vorgesehenen Stellen eingebaut und fixiert. Anschließend kann die Holzankerwand am nächsten Tag hinterfüllt werden. Mit der Hinterfüllung wird die Straßenverbreiterung und das neue Bankett geschaffen.

Nachdem nun für die einzelnen Varianten der Bauablauf beschrieben wurde, ist nun der Vergleich bezüglich der Kosten der Varianten vorzunehmen. Bei diesem Vergleich werden jeweils nur die Kosten für 1,0 m Verbau gerechnet und nicht die Strassenanbindung und -verbreiterung, die ja für alle Varianten gleich sind. Somit sind nur die aus den Varianten entspringenden unterschiedlichen Kosten berechnet. Es ist der Kostenvergleich für die Varianten gegeben, ohne von den noch zusätzlichen Strassenbaukosten beeinflusst zu sein. Die Einheitspreise sind Mittelpreise aus dem Jahr 2010 von mehreren Baustellen, die ausgeführt worden sind. Die einzelnen Preise von den diversen Baustellen variieren um ca. 20 Prozent, was im Bereich der üblichen Streuung ist.

Die Kosten werden in gleicher Reihenfolge kalkuliert wie bei der Baubeschreibung vorgegangen wurde.

Kostenkalkulation für 1,0 lfm B-1 vermörtelte Steinschlichtmauer bergseitig

Pos	Beschreibung	Menge	Einheit	E-Preis [€/E]	Kosten [€]
1	Aushub für gesamte Baugrube	9,4	m³	24,00	225,60
2	Spritzbetonsicherung mit Bewehrung	4,5	m²	68,00	306,00
3	Bodennägel für Sicherung	6,5	m	45,00	292,50
4	Sauberkeitsschicht	1,9	m²	12,00	22,80
5	Fundamentbeton	2,7	m³	80,00	216,00
6	Bewehrung	100	kg	1,50	150,00
7	Steine für Mauer	2,8	to	40,00	112,00
8	Mörtel für Mauer	2,7	m³	80,00	216,00
9	Drainagekies	0,15	m³	30,00	4,50
10	Drainagerohr	1	m	55,00	55,00
				Summe B-1	1.600,40

Abbildung 4.179: Vergleichskosten der Variante Steinschlichtmauer bergseitig

Bei der Steinschlichtmauer muss der Aushubbereich gesichert werden, denn die Arbeiten der Steinsetzung mit anschließender Vermörtelung gehen relativ langsam voran, sodass für die Arbeitspartie eine temporär gesicherte Hangstützung vorhanden sein muss.

Kostenkalkulation für 1,0 lfm		**B-2**	**verankerte Fertigteilwand**		
Pos	Beschreibung	Menge	Einheit	E-Preis [€/E]	Kosten [€]
1	Aushub für gesamte Baugrube	4,4	m³	24,00	105,60
2	Fundamentbeton	0,1	m³	12,00	1,20
3	Bodennägel für Sicherung	4	m	45,00	180,00
4	Fertigteil	3	m²	155,00	465,00
5	Drainagekies	0,2	m³	30,00	6,00
6	Drainagerohr	1	m	55,00	55,00
				Summe B-2	812,80

Abbildung 4.180: Vergleichskosten der Variante Fertigteilwand bergseitig

Bei den Kosten der bergseitigen Hangstützung liegt die Fertigteilwand klar im Vorteil. Die hauptsächliche Einsparung ist der kleinere Aushub und die Baugrubensicherung, die bei der Fertigteilwand nicht notwendig ist. Dies zeigt, dass bei der bergseitigen Hangstützung ein sehr großes Einsparungspotential vorhanden ist. Geht man geschickt vor, so können die Kosten auf fast die Hälfte gesenkt werden. Daher ist es sehr wichtig bereits in der Vorplanung eine Variantenstudie nicht nur über die Randbedingungen und Bauabläufe, sondern auch über die Kosten durchzuführen.

vermörtelte Steinschlichtmauer	€/lfm	1.600,40
verankerte Fertigteilwand	€/lfm	812,80

Abbildung 4.181: Vergleichskosten der bergseitigen Varianten

Im nächsten Schritt werden die drei talseitigen Varianten verglichen.

Die Halbbrücke ist wohl die Variante, die beim Bauablauf die größten Schwierigkeiten bringt. Besonders der Platzbedarf bei der Herstellung der oberen Stahlbetonplatte ist die Beeinträchtigung des Verkehrs fast nicht zu vermeiden. Daher ist diese Variante in der Praxis doch etwas in den Hintergrund gedrängt worden, es ist aber im Vergleich zu anderen Möglichkeiten ein Maßstab.

Kostenkalkulation für 1,0 lfm T-1 Halbbrücke

Pos	Beschreibung	Menge	Einheit	E-Preis [€/E]	Kosten [€]
1	Aushub für gesamte Baugrube	3,3	m³	24,00	79,20
2	Spritzbetonsicherung mit Bewehrung	2,2	m²	68,00	149,60
3	Bodennägel für Sicherung	4	m	45,00	180,00
4	Sauberkeitsschicht	1,25	m²	12,00	15,00
5	Fundamentbeton	1	m³	80,00	80,00
6	Bewehrung	30	kg	1,50	45,00
7	aufgehender Beton (Halbbrücke)	1,6	m³	120,00	192,00
8	Schalung für Halbbrücke	5,8	m²	30,00	174,00
9	Bewehrung für Halbbrücke	135	kg	1,50	202,50
10	Hinterfüllung	1,1	m³	25,00	27,50
11	Drainagekies	0,15	m³	30,00	4,50
12	Drainagerohr	1	m	55,00	55,00
				Summe T-1	1.204,30

Abbildung 4.182: Vergleichskosten der Variante Halbbrücke talseitig

Als Vergleich zur relativ aufwendigen Halbbrücke wird eine Krainerwand aus Betonfertigteilen kostenmäßig gerechnet.

Kostenkalkulation für 1,0 lfm T-2 Krainerwand

Pos	Beschreibung	Menge	Einheit	E-Preis [€/E]	Kosten [€]
1	Aushub für gesamte Baugrube	6,1	m³	24,00	146,40
2	Spritzbetonsicherung mit Bewehrung	3,3	m²	68,00	224,40
3	Bodennägel für Sicherung	5	m	45,00	225,00
4	Sauberkeitsschicht	2	m²	12,00	24,00
5	Fundamentbeton	0,6	m³	80,00	48,00
6	Bewehrung	30	kg	1,50	45,00
7	Krainerwand	2,4	m²	185,00	444,00
8	Hinterfüllung für Krainerwand	6,1	m³	25,00	152,50
9	Drainagekies	0,15	m³	30,00	4,50
10	Drainagerohr	1	m	55,00	55,00
				Summe T-2	1.368,80

Abbildung 4.183: Vergleichskosten der Variante Krainerwand talseitig

Es wird mit der Krainerwand etwa gleich teure Variante aufgezeigt, die aber immer noch Einsparungspotential ermöglicht.

Kostenkalkulation für 1,0 lfm		T-3	Holzankerwand		
Pos	Beschreibung	Menge	Einheit	E-Preis [€/E]	Kosten [€]
1	Aushub für gesamte Baugrube	1,7	m³	24,00	40,80
2	Bodennägel für Sicherung	5	m	45,00	225,00
3	Holzankerwand	2,8	m²	160,00	448,00
4	Hinterfüllung für Holzankerwand	1,4	m³	25,00	35,00
5	Drainagekies	0,2	m³	30,00	6,00
6	Drainagerohr	1	m	55,00	55,00
				Summe T-3	809,80

Abbildung 4.184: Vergleichskosten der VarianteHolzankerwand talseitig

Mit der Holzankerwand ist eine, im Gegensatz zu den beiden vorher aufgezeigten, sehr kostengünstige Variante gefunden worden, die jedenfalls in einem Vergleich berücksichtigt werden sollte.

Halbbrücke	€/lfm	1.204,30
Krainerwand	€/lfm	1.368,80
Holzankerwand	€/lfm	809,80

Abbildung 4.185: Vergleichskosten der talseitigen Varianten

Die Zusammenstellung der Kostenvarianten bei der talseitigen Verbreiterung der Strasse zeigt einen großen Unterschied zwischen den einzelnen aufgezeigten Möglichkeiten. Auch hier ist, wie bei der bergseitigen Stützung, der Unterschied zwischen der günstigsten und teuersten Variante mit einer Einsparung um etwa 30 % gegeben. Dies zeigt, dass eine Variantenuntersuchung bei der Geländestützung nur von Vorteil sein kann. Das Einsparungspotential ist derzeit sehr groß und sollte unbedingt genutzt werden.

5 Sicherung von räumlichen Geländesprüngen

Alle bisher aufgezeigten Berechnungen für Böschungen gehen von sehr langen Böschungen aus. Es entsteht nun die Frage, was passiert eigentlich bei begrenzten Böschungen? Treten hier die allgemein bekannten Verspannungseffekte auf? Wie kann man diese abschätzen? Ist es sinnvoll diesen Effekten überhaupt nachzugehen und eigene räumliche Berechnungen durchzuführen?

All diese Fragen werden nun im Folgenden versucht zu beantworten und die für die Praxis gewonnenen Ergebnisse beschrieben.

Vorausgeschickt wird - dass es bei den folgenden Betrachtungen nur um die Geländebruchsituation geht und alle übrigen Nachweise für den ebenen Fall nicht betrachtet gezogen werden. Diese haben aus der Sicht des Verfassers nur geringen Einfluss auf eine räumliche Auswirkung.

5.1 einfache theoretische Betrachtung

Zuerst wird von einer stabilen langgezogenen Böschung ausgegangen, in die eine vertikale Sicherung für eine Baugrube hergestellt werden soll.

Es wird also aus der Böschung ein seitlich begrenzter Teil entfernt und dabei betrachtet, welchen räumlichen Einfluss dies auf die Geländebruchstabilität der neuen Grube hat.

© Der/die Autor(en), exklusiv lizenziert an
Springer Fachmedien Wiesbaden GmbH, ein Teil von Springer Nature 2024
B. Wietek, *Böschungen und Baugruben*, https://doi.org/10.1007/978-3-658-44911-7_5

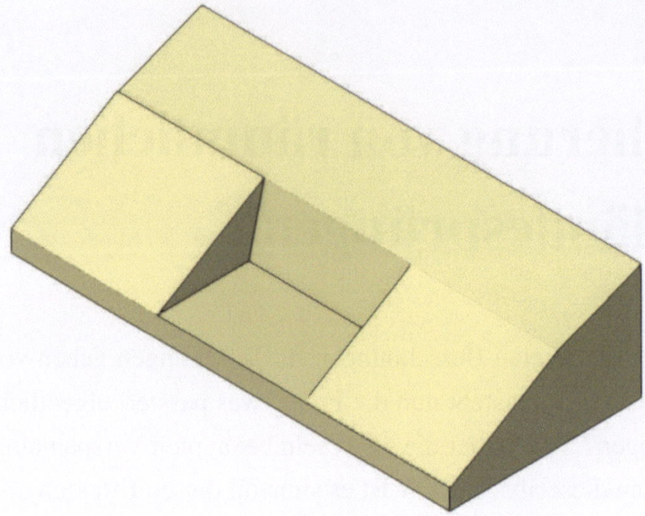

Abbildung 5.1: Gelände mit begrenztem Einschnitt

Im Schnitt gesehen besteht nun die Gefahr des Geländebruches. Dies wird mit dem Gleitkreisverfahren nachgewiesen. Dabei wird der Gleitkreis mit der geringsten Sicherheit gesucht. Es müssen demnach mehrere Kreise untersucht werden bis der kritische Fall erkannt wird.

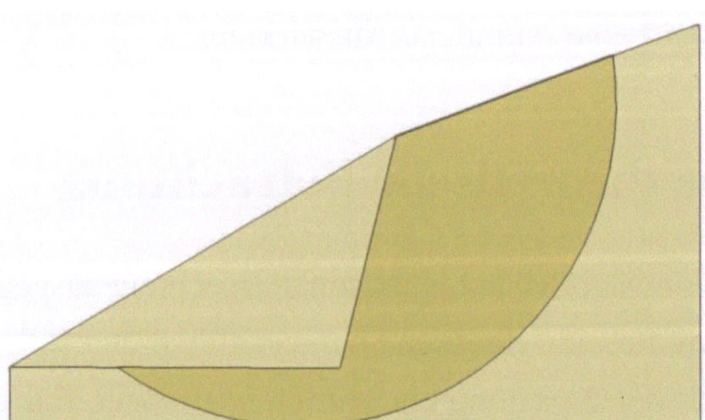

Abbildung 5.2: Gleitkreis für Geländebruch

Betrachtet man nun den Gleitkörper räumlich, so erkennt man, dass die Seitenflächen mit dem anstehenden Untergrund Kontakt haben. An allen Kontaktflächen mit dem Untergrund, also an der Kreisfläche und den beiden Seitenflächen kann eine Scherkraft infolge Reibung und Kohäsion übertragen werden.

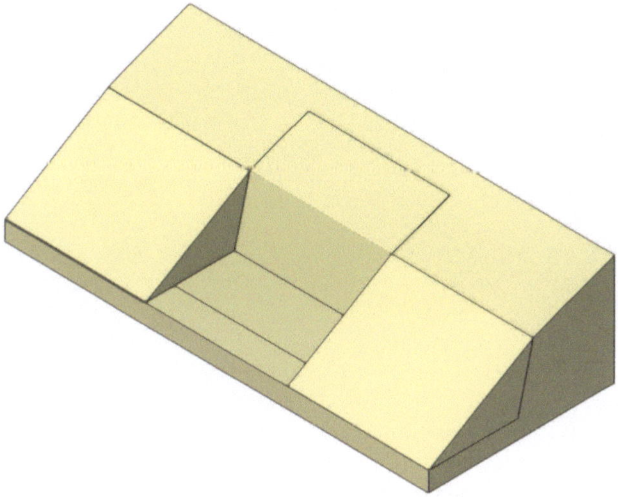

Abbildung 5.3: räumliche Ansicht des Gleitkreiskörpers

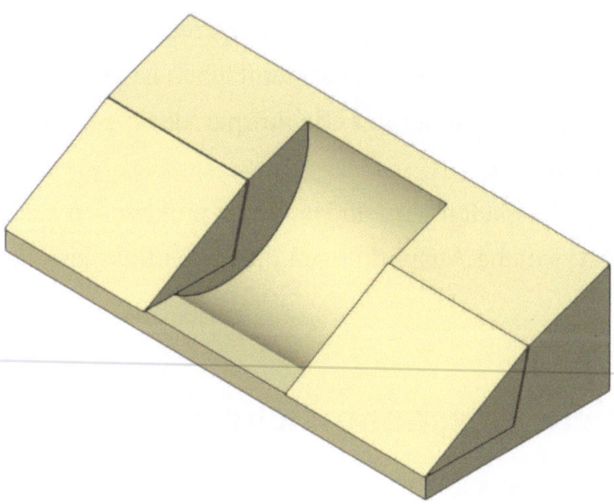

Abbildung 5.4: Gelände ohne Gleitkreiskörper

Sieht man sich nun den Gleitkörper selbst an, so ist neben der üblichen Kräfteberechnung eines Gleitkreises auch noch der Einfluss der beiden Seitenflächen zu berücksichtigen.

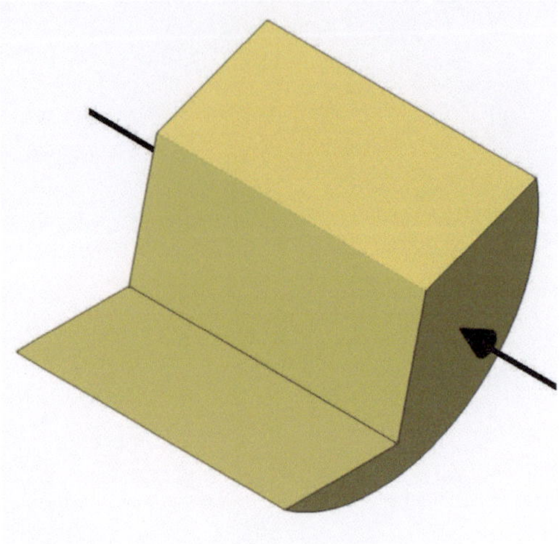

Abbildung 5.5: Gleitkreiskörper mit seitlicher Belastung

Seitlich wirkt auf den Gleitkörper von beiden Seiten der Erdruhedruck. Dieser erzeugt eine Reibungskraft, die den haltenden Momenten mit dem entsprechenden Hebelsarm des jeweiligen Gleitkreises eingerechnet werden muss.

Die Wirkung der Reibungskraft der Seitenflächen ist jedoch von der Breite des Gleitkörpers abhängig. Je breiter der Gleitkörper, desto geringer der Einfluss der seitlichen Reibungskräfte.

In den nächsten Beispielen wird an Hand von praktischen ausgeführten Sicherungen aufgezeigt, welche Auswirkungen dieser Einfluss jeweils hat.

5.2 räumliche Böschungssicherung

Es werden hier zwei Böschungssicherungen von Geländesprüngen gezeigt, die eine einfache Geometrie aufweisen. das oberhalb liegende Gelände ist horizontal und durch Bauwerke bzw. Verkehr belastet.

5.2.1 Strassensicherung für Parkplatz

Unterhalb einer stark befahrenen Bundesstrasse wurde für einen Parkplatz eine Geländeabtragung samt zugehöriger Sicherung vorgenommen. Die Höhe des Geländesprunges der gesichert werden musste ist 7,5m.

Es wurde dabei im Zuge der Berechnung der Geländesicherung ermittelt, ab welcher Sicherungsbreite eine räumliche Verspannung bzw. Kraftumlagerung statt findet.

Abbildung 5.6: Geländesicherung in Kirchbichl-Tirol

Es wurden bei der folgenden Untersuchung zur Abschätzung des Breiteneinflusses fünf massgebliche Gleitkreise untersucht.

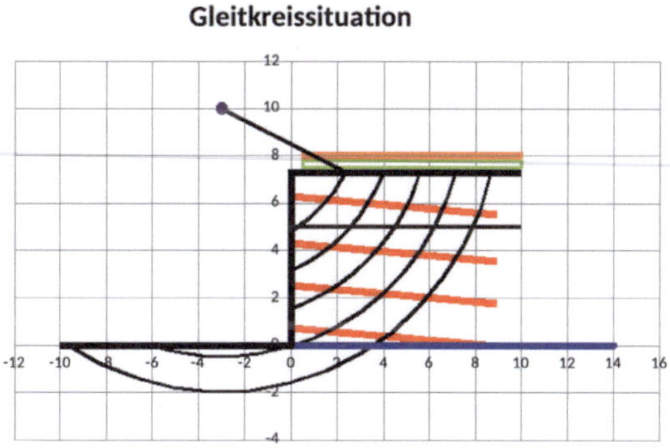

Abbildung 5.7: Gleitkreise für den Geländesprung in Kirchbichl

Die Breite der Baugrube wurde in einem großzügigen Bereich zwischen 45 und 2 m gewählt. Der seitliche Einfluss ist an der Ausnutzung bei den Gleitkreisen klar erkennbar.

Bauvorhaben:	Kirchbichl		Sicherungshöhe:		7,5
	Radius Gleitkreis				
Einflussbreite	6,0	7,5	9,0	10,5	12,0
ebener Fall	100,0	91,5	78,5	71,2	80,9
45	98,8	90,5	77,7	7ß,2	78,4
30	98,2	90,0	77,4	69,9	77,6
22,5	97,7	89,4	77,0	69,6	76,7
15	96,5	88,4	76,3	69,1	75,0
7,5	93,3	85,5	74,2	67,5	70,5
6	91,8	84,2	73,2	66,7	84,4
4	88,2	80,9	70,8	64,9	63,7
2	79,0	72,5	64,4	59,9	52,8

Abbildung 5.8: Einfluss der Breite auf den Ausnutzungsgrad in Kirchbichl

Sieht man sich die Abnahme des Ausnutzungsgrades an, so ist bei einer Baugrubenbreite von unter 15m der Effekt so groß, dass es sich durchaus rentieren sollte diesen Einfluss nachzugehen und die Verankerung darauf neu abzustimmen.

Somit ist man hier bereits an einen wirtschaftlichen Punkt gelangt, der durchaus eine Berücksichtigung finden sollte, zumal ab dieser Breite im vorliegenden Fall eine günstigere Lösung erarbeitet werden kann.

5.2.2 Baugrubensicherung für ein Schidepot

Im Wintersportort Fiss wurde ein neues Schidepot unterirdisch gebaut. Dazu war eine relativ große und tiefe Baugrube notwendig, die zwischen den bestehenden Bauwerken angeordnet wurde. Die Höhe des Geländesprunges der gesichert werden musste ist 8,7 m.

Im Zuge der Berechnung der Geländesicherung wurde ermittelt, ab welcher Sicherungsbreite eine räumliche Verspannung bzw. Kraftumlagerung einen wachsenden Einfluss hat.

Abbildung 5.9: Geländesicherung in Fiss-Tirol bei einem Schidepot

Zur Abschätzung des Breiteneinflusses wurden bei fünf Gleitkreissituationen die Berechnungen durchgeführt.

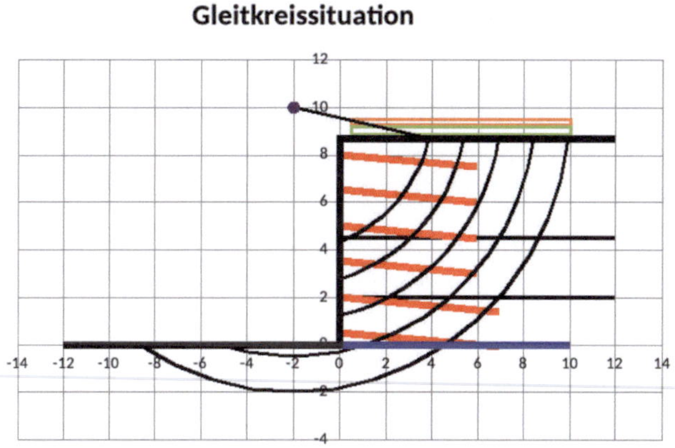

Abbildung 5.10: Gleitkreise für den Geländesprung in Fiss

Die Breite der Baugrube wurde in einem großzügigen Bereich zwischen 50 und 4 m gewählt. Der seitliche Einfluss ist an der Ausnutzung bei den Gleitkreisen klar erkennbar.

Bauvorhaben:	Fiss		Sicherungshöhe:		8,7
	Radius Gleitkreis				
Einflussbreite	6,0	7,5	9,0	10,5	12,0
ebener Fall	99,3	92,8	88,8	81,1	88,9
50	97,2	91,1	87,3	79,8	85,0
30	95,8	90,0	86,4	79,1	82,8
20	94,3	88,6	85,3	78,3	80,3
15	92,7	87,3	84,2	77,6	77,9
10	89,8	84,8	82,1	76,1	73,6
8	87,7	83,0	80,6	75,0	70,6
6	84,4	80,1	78,2	73,2	66,2
4	78,6	75,0	73,9	69,9	58,8

Abbildung 5.11: Einfluss der Breite auf den Ausnutzungsgrad in Fiss

Sieht man sich die Abnahme des Ausnutzungsgrades an, so ist bei einer Baugrubenbreite von unter 15m der Effekt so groß, dass es sich durchaus rentieren sollte diesen Einfluss nachzugehen und die Verankerung darauf neu abzustimmen.

Somit ist man hier bereits an einen wirtschaftlichen Punkt gelangt, der durchaus eine Berücksichtigung finden sollte, zumal ab dieser Breite im vorliegenden Fall eine günstigere Lösung erarbeitet werden kann.

5.2.3 hohe Hangsicherung für ein Hotel

In Meersburg am Bodensee wurde ein neues Hotel im Hangbereich unterhalb der Schlosses gebaut. Dazu war eine relativ große und tiefe Baugrube notwendig, die zwischen den bestehenden Verbauungen angeordnet wurde. Die Höhe des Geländesprunges der gesichert werden musste ist 15 m wobei der gesamte Hang eine Höhe von 35 m besitzt.

Im Zuge der Berechnung der Geländesicherung wurde ermittelt, ab welcher Sicherungsbreite eine räumliche Verspannung bzw. Kraftumlagerung einen wachsenden Einfluss hat.

Abbildung 5.12: Meersburg Baugrube bei Aushubbeginn

Besonders herausfordernd dabei war, dass ein Nachbar keine unterirdischen Einbauten wie Anker zuließ und deßhalb zu diesem Nachbarn eine Abstützung der Baugrube ausgeführt werden musste.

Abbildung 5.13: Meersburg fertige Baugrube

Es wurden bei der folgenden Untersuchung zur Abschätzung des Breiteneinflusses fünf massgebliche Gleitkreise untersucht.

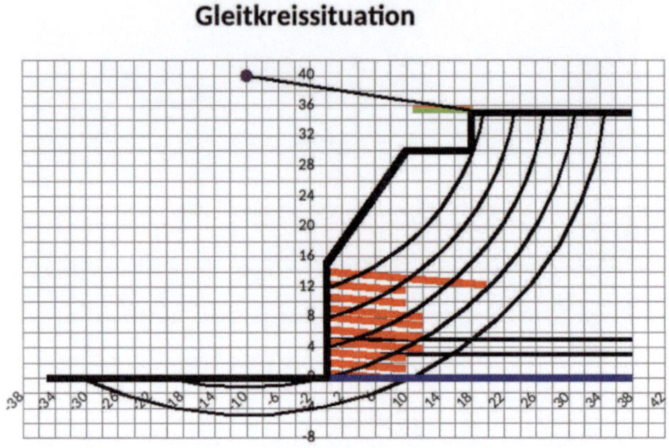

Abbildung 5.14: Gleitkreise für den Geländesprung in Meersburg

Die Breite der Baugrube wurde in einem großzügigen Bereich zwischen 150 und 5 m gewählt. Der seitliche Einfluss ist an der Ausnutzung bei den Gleitkreisen klar erkennbar.

Bauvorhaben:	Meersburg		Sicherungshöhe:		15
	Radius Gleitkreis				
Einflussbreite	30,0	33,8	37,5	41,3	45,0
ebener Fall	91,2	94,6	99,7	94,7	94,9
150	89,3	92,4	97,0	91,5	90,9
100	88,4	91,3	95,8	90,4	89,4
60	86,6	89,2	93,3	88,2	86,4
45	85,1	87,6	91,4	86,4	84,1
30	82,4	84,4	87,7	83,1	79,8
15	75,1	76,2	78,3	74,5	69,2
10	68,9	69,4	70,3	67,5	61,1
5	55,4	54,8	54,8	52,7	45,2

Abbildung 5.15: Einfluss der Breite auf den Ausnutzungsgrad in Meersburg

Sieht man sich die Abnahme des Ausnutzungsgrades an, so ist bei einer Baugrubenbreite von unter 45 m der Effekt so groß, dass es sich durchaus rentieren sollte diesen Einfluss nachzugehen und die Verankerung darauf neu abzustimmen.

Somit ist man hier bereits an einen wirtschaftlichen Punkt gelangt, der durchaus eine Berücksichtigung finden sollte, zumal ab dieser Breite im vorliegenden Fall eine günstigere Lösung erarbeitet werden kann.

5.3 Auswirkungen für die Praxis

Die aufgezeigten Beispiele zeigen, dass es durchaus interessant ist, den Einfluss der Baugrubenbreite bezüglich einer räumlichen Verspannung des Untergrundes zu untersuchen.

Vergleicht man die Ausnutzungsgrade bei dem jeweiligen Baugrubenverbau, der für eine lineare Baugrube ermittelt wurde zu den maximalen Ausnutzungsgraden bei beschränkten Baugruben, so kann man erkennen wann ein Einfluss gegeben ist. Besonders deutlich wird der Zusammenhang wenn man den maximalen Ausnutzungsgrad zu einem Verhältnis von Baugrubenbreite zu Verbauhöhe aufträgt.

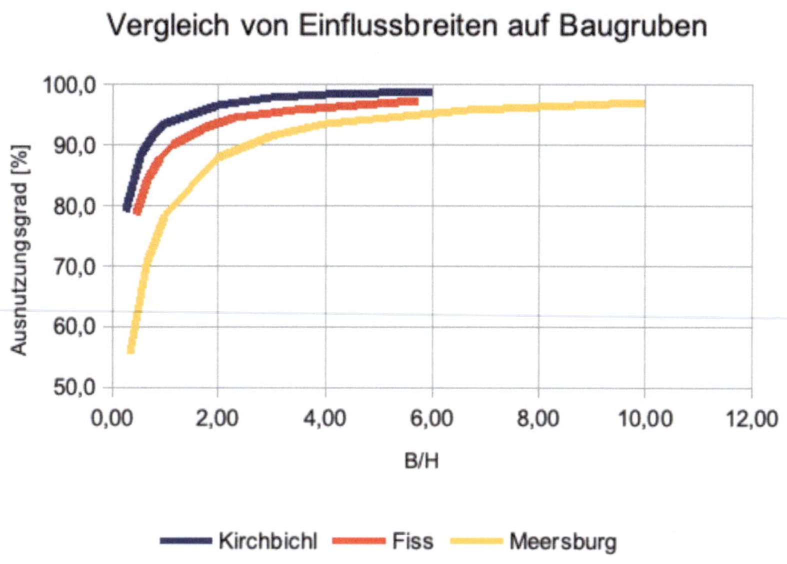

Abbildung 5.16: Vergleich des Ausnutzungsgrades auf das Verhältnis B/H

Man erkannt die Abnahme der Ausnutzungsgrades unter einem Verhältnis von 4-5 schon unter 95% reicht. Sieht man genauer die Kurven der drei Beispiele an, so erkennt man, dass eine gewisse Streuung der Werte gegeben ist. Der Grund dafür mag in der Berechnung des Erddruckes sein, dieser ist nämlich vom Quadrat der Höhe abhängig.

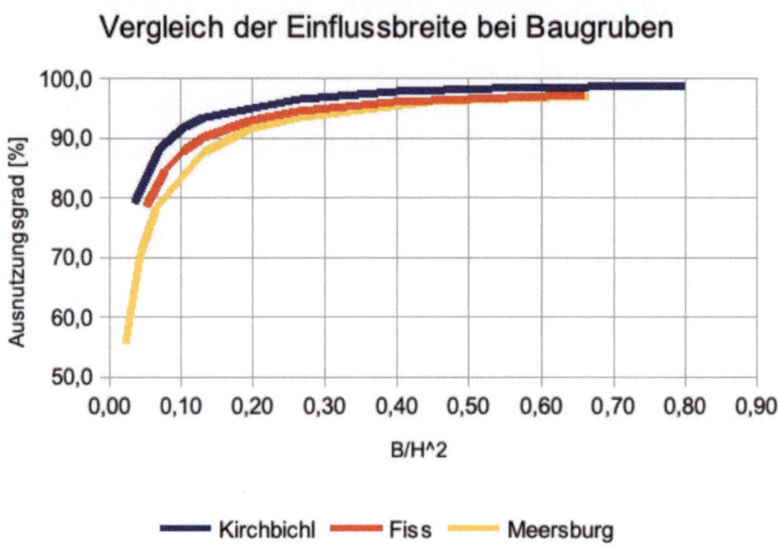

Abbildung 5.17: Vergleich des Ausnutzungsgrades auf das Verhältnis B/H2

Trägt man nun den maximalen Ausnutzungsgrad zum Verhältnis der Breite zum Quadrat der Höhe auf, so ergeben sich für alle Baustellen ähnliche Kurven, die nur geringe Unterschiede aufweisen. Diese Unterschiede mögen in den unterschiedlichen Randbedingungen der einzelnen Beispiele liegen.

Betrachtet man nun die Kurven der drei Baustellen, so erkennt man, dass unter einem Verhältnis von $B/H^2 = 0{,}2$ der Einfluss der Baugrubenbreite sehr wohl erkennbar ist. Daher sollte bei jeder Baustelle, die unter diesem Wert liegt der räumliche Einfluss nachgerechnet werden und gegebenenfalls auch die Stützmittel des Hang- bzw. Baugrubenverbaues den räumlichen Situationen angepasst werden.

Es ist besonders im innerstädtischen Bau oft bei Baugruben eine besondere Beengtheit. Die Grundrissformen sind der bestehenden Verbauung anzugleichen. Somit ergeben sich oftmals sehr winkelige Baugruben. Wenn nun diese auch etwas tiefer in den Untergrund reichen müssen, da der unterirdische Raum unbedingt für die Nutzung des neuen Bauwerkes notwendig ist, so entstehen Baugruben, wie dies in Ischgl-Tirol durchaus schon zum Normalfall geworden ist.

Abbildung 5.18: Baugrube zwischen Gebäuden in Ischgl

6 Verbauungen

Diese werden hauptsächlich für die Sicherung von Baugruben, sowie Uferverbauungen und vertikalen Geländesprüngen verwendet.

Nachdem bei allen Verbauarten die Grundberechnung gleich ist, und erst ab der berechneten Gesamtwand die unterschiedlichsten Detailberechnungen ausgeführt werden, ist dieser Weg auch im vorliegenden Buch konsequent verfolgt worden.

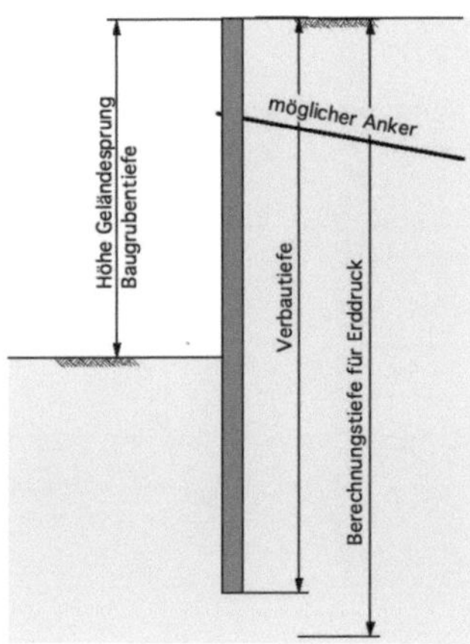

Abbildung 6.1: Definition Baugrubentiefe, Verbautiefe und Berechnungstiefe

Es wird zuerst der Erddruck auf eine Verbauwand gerechnet. Hierbei wird der Erddruck nach Coulomb mit seiner dreieckigen Verteilung schichtweise ermittelt, wobei erdseitig der aktive bzw. erhöhte aktive Erddruck bis in ausreichende Tiefe unter die Baugrubensohle und auf der Baugrubenseite der passive Erddruck bis in gleiche Tiefe wie auf der Erdseite gerechnet wird. Die erforderliche Tiefe des Verbaus wird erst im Zuge der Berechnung ermittelt, so dass bei der Erddruckermittlung vorerst mit einer großzügigen Tiefe anzufangen ist. Es werden

© Der/die Autor(en), exklusiv lizenziert an
Springer Fachmedien Wiesbaden GmbH, ein Teil von Springer Nature 2024
B. Wietek, *Böschungen und Baugruben*, https://doi.org/10.1007/978-3-658-44911-7_6

zwei unterschiedliche Tiefen vorgeschlagen:

- Unverankerte Wand: Berechnungstiefe ca, 2,2 * Baugrubentiefe
- Verankerte Wand: Berechnungstiefe ca, 1,5 * Baugrubentiefe

Es wird nun am Besten an einem praktischen Beispiel gezeigt wie die Berechnung abläuft. Für eine 6,5 m tiefe Baugrube mit den nachfolgend aufgezeigten Bodenschichtungen soll ein Verbau gerechnet werden.

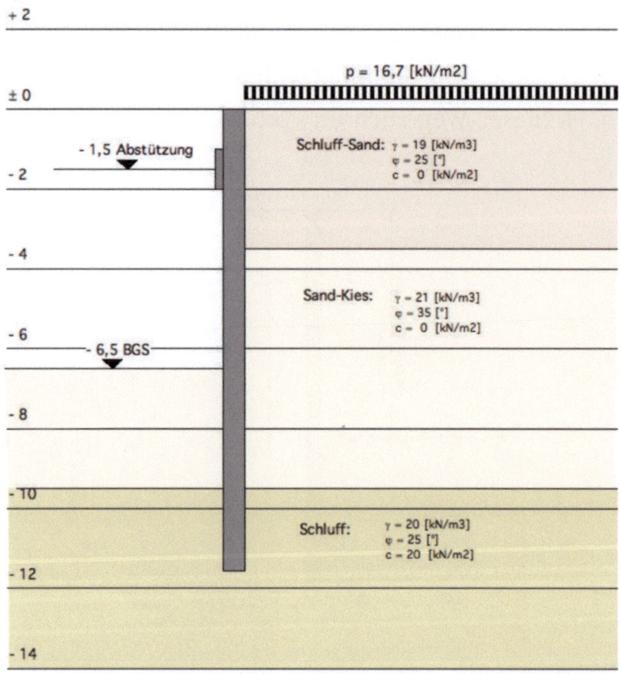

Abbildung 6.2: Schnitt für einen Baugrubenverbau (Beispiel)

In diesem Beispiel sind drei unterschiedliche Bodenschichten, die jeweils unterschiedlich in die Erddruckberechnung eingehen. Es wurde bei dieser Situation kein Grundwasser angetroffen, was die Berechnung durchaus einfacher gestaltet. Es ist eine 6,5 m tiefe Baugrube vorgesehen. Es soll die Möglichkeit geprüft werden die Baugrube in 1,5m tiefe mit Ankern zusätzlich noch zu sichern.

Bei der Berechnung der aktiven Erddruckseite wurde der aktive Erddruck erhöht . Dies ist eine übliche Angabe bei vielen Geotechnikern, die damit die Bewegung des Verbaus auch mit berücksichtigen. Somit erhöht sich der Erddruckbeiwert nach folgender Formel:

$$K_{ab} = K_{ah} + r * (K_o - K_{ah}) \tag{6.1}$$

Ansonsten wird der Erddruck ganz normal nach Coulomb [50] gerechnet.

Erddruckberechnung für eine Verbauwand

Baustelle:	Wien Liesing Gereatriezentrum	Datum:	11.2.11
Schnitt:	maximaler Baugrubenschnitt	rbeiter:	Wietek

Eingabe für aktiven Erddruck:

	dh =	0,5	m
	H =	6,5	m
Wandneigung:	α =	0	Grad
Geländeneigung:	β =	0	Grad
Wandreibungswinkel:	δ =	3	x 1/6 von φ
Anteil Ruhedruck:	r =	30	%

Schicht	Kote	Δh	p	γ	φ	c	Σ γ.Δh + p	Kah	Ko	eah	Ca	eah - Ca
Nr	m	m	kN/m2	kN/m3	Grad	kN/m2	kN/m2			kN/m2	kN/m2	kN/m2
0	0,00	0,00	16,7	0	25,0	0	16,7	0,3587	0,5774	7,1	0,0	7,1
1	0,50	0,50	0	19	25,0	0	26,2	0,3587	0,5774	11,1	0,0	11,1
2	1,00	0,50	0	19	25,0	0	35,7	0,3587	0,5774	15,1	0,0	15,1
3	1,50	0,50	0	19	25,0	0	45,2	0,3587	0,5774	19,2	0,0	19,2
4	2,00	0,50	0	19	25,0	0	54,7	0,3587	0,5774	23,2	0,0	23,2
5	2,50	0,50	0	19	25,0	0	64,2	0,3587	0,5774	27,2	0,0	27,2
6	3,00	0,50	0	19	25,0	0	73,7	0,3587	0,5774	31,3	0,0	31,3
7	3,50	0,50	0	19	25,0	0	83,2	0,3587	0,5774	35,3	0,0	35,3
8	4,00	0,50	0	21	35,0	0	93,7	0,2347	0,4264	27,4	0,0	27,4
9	4,50	0,50	0	21	35,0	0	104,2	0,2347	0,4264	30,5	0,0	30,5
10	5,00	0,50	0	21	35,0	0	114,7	0,2347	0,4264	33,5	0,0	33,5
11	5,50	0,50	0	21	35,0	0	125,2	0,2347	0,4264	36,6	0,0	36,6
12	6,00	0,50	0	21	35,0	0	135,7	0,2347	0,4264	39,7	0,0	39,7
13	6,50	0,50	0	21	35,0	0	146,2	0,2347	0,4264	42,7	0,0	42,7
14	7,00	0,50	0	21	35,0	0	156,7	0,2347	0,4264	45,8	0,0	45,8
15	7,50	0,50	0	21	35,0	0	167,2	0,2347	0,4264	48,9	0,0	48,9
16	8,00	0,50	0	21	35,0	0	177,7	0,2347	0,4264	51,9	0,0	51,9
17	8,50	0,50	0	21	35,0	0	188,2	0,2347	0,4264	55,0	0,0	55,0
18	9,00	0,50	0	21	35,0	0	198,7	0,2347	0,4264	58,1	0,0	58,1
19	9,50	0,50	0	21	35,0	0	209,2	0,2347	0,4264	61,1	0,0	61,1
20	10,00	0,50	0	20	25,0	20	219,2	0,3587	0,5774	93,0	23,4	69,6
21	10,50	0,50	0	20	25,0	20	229,2	0,3587	0,5774	97,2	23,4	73,9
22	11,00	0,50	0	20	25,0	20	239,2	0,3587	0,5774	101,5	23,4	78,1
23	11,50	0,50	0	20	25,0	20	249,2	0,3587	0,5774	105,7	23,4	82,3
24	12,00	0,50	0	20	25,0	20	259,2	0,3587	0,5774	110,0	23,4	86,6
25	12,50	0,50	0	20	25,0	20	269,2	0,3587	0,5774	114,2	23,4	90,8
26	13,00	0,50	0	20	25,0	20	279,2	0,3587	0,5774	118,5	23,4	95,1
27	13,50	0,50	0	20	25,0	20	289,2	0,3587	0,5774	122,7	23,4	99,3
28	14,00	0,50	0	20	25,0	20	299,2	0,3587	0,5774	126,9	23,4	103,6

Abbildung 6.3: Eingabedaten und aktiver Erddruck auf Bodenseite

Der aktive Teil des Erddruckes wird bis zur möglichen Tiefe nach dem Zusammenhang, der am Beginn dieses Kapitels gegeben wurde, gerechnet. Die dabei eingesetzte Wandreibungswinkel δ ist abhängig von der Art des Verbaus und wird bei den verschiedenen Verbauarten angegeben.

Unter den gleichen Bedingungen wird der passive Erddruck ermittelt, wobei hier eine Reduktion des theoretischen passiven Beiwertes vorgenommen wird.

$$K_{pb} = \frac{K_p}{\eta} \tag{6.2}$$

Eingabe für passiven Erdwiderstand:

Wandneigung:	α =	0	Grad
Geländeneigung:	β =	0	Grad
Wandreibungswinkel:	δ =	3	x 1/6 von φ
Sicherheit des Widerstandskeiles:	η =	1,15	

Schicht	Kote	Δh	p	γ	φ	c	Σ γ.Δh + p	Kph	eph	Cp	eph + Cp
Nr	m	m	kN/m2	kN/m3	Grad	kN/m2	kN/m2		kN/m2	kN/m2	kN/m2
0	0	0	0	0	25	0	0,0	3,4682	0,0	0,0	0,0
1	0,5	0,5	0	0	25	0	0,0	3,4682	0,0	0,0	0,0
2	1	0,5	0	0	25	0	0,0	3,4682	0,0	0,0	0,0
3	1,5	0,5	0	0	25	0	0,0	3,4682	0,0	0,0	0,0
4	2	0,5	0	0	25	0	0,0	3,4682	0,0	0,0	0,0
5	2,5	0,5	0	0	25	0	0,0	3,4682	0,0	0,0	0,0
6	3	0,5	0	0	25	0	0,0	3,4682	0,0	0,0	0,0
7	3,5	0,5	0	0	25	0	0,0	3,4682	0,0	0,0	0,0
8	4	0,5	0	0	35	0	0,0	7,0162	0,0	0,0	0,0
9	4,5	0,5	0	0	35	0	0,0	7,0162	0,0	0,0	0,0
10	5	0,5	0	0	35	0	0,0	7,0162	0,0	0,0	0,0
11	5,5	0,5	0	0	35	0	0,0	7,0162	0,0	0,0	0,0
12	6	0,5	0	0	35	0	0,0	7,0162	0,0	0,0	0,0
13	6,5	0,5	0	0	35	0	0,0	7,0162	0,0	0,0	0,0
14	7	0,5	0	21	35	0	10,5	7,0162	73,7	0,0	64,1
15	7,5	0,5	0	21	35	0	21,0	7,0162	147,3	0,0	128,1
16	8	0,5	0	21	35	0	31,5	7,0162	221,0	0,0	192,2
17	8,5	0,5	0	21	35	0	42,0	7,0162	294,7	0,0	256,2
18	9	0,5	0	21	35	0	52,5	7,0162	368,4	0,0	320,3
19	9,5	0,5	0	21	35	0	63,0	7,0162	442,0	0,0	384,4
20	10	0,5	0	20	25	20	73,0	3,4682	253,2	72,7	283,4
21	10,5	0,5	0	20	25	20	83,0	3,4682	287,9	72,7	313,6
22	11	0,5	0	20	25	20	93,0	3,4682	322,5	72,7	343,7
23	11,5	0,5	0	20	25	20	103,0	3,4682	357,2	72,7	373,9
24	12	0,5	0	20	25	20	113,0	3,4682	391,9	72,7	404,0
25	12,5	0,5	0	20	25	20	123,0	3,4682	426,6	72,7	434,2
26	13	0,5	0	20	25	20	133,0	3,4682	461,3	72,7	464,3
27	13,5	0,5	0	20	25	20	143,0	3,4682	496,0	72,7	494,5
28	14	0,5	0	20	25	20	153,0	3,4682	530,6	72,7	524,7

Abbildung 6.4: Eingabedaten und passiver Erddruck auf Baugrubenseite

Der passive Bereich wird erst ab der Baugrubensohle gerechnet, denn er wirkt erst ab dieser Tiefe. Anschließend werden die beiden berechneten Erddrücke zu einem resultierenden Erddruck zusammengesetzt, der auf das System wirkt.

Da bei diesem Beispiel kein Grundwasser vorhanden ist, wird es auch nicht berücksichtigt. Wäre Grundwasser vorhanden muss mit dem Auftriebsraumgewicht in den entsprechenden Zonen gerechnet werden. Weiters muss der unterschiedliche Wasserdruck auf einen Verbau zusammen mit dem Erddruck in Ansatz gebracht werden.Hierbei ermittelt man die Differenz zwischen aktiver und passiver Seite für den Wasserdruck und rechnet ihn zum Gesamtdruck dazu.

Gesamtdruck auf die Stützwand

Erddruck nach Coulomb und Wasserdruck

Schicht Nr	Kote m	Δh m	Erddruck kN/m2	Wasserdruck kN/m2	Gesamtdruck kN/m2
0	0	0	7,1	0,0	7,1
1	0,5	0,5	11,1	0,0	11,1
2	1	0,5	15,1	0,0	15,1
3	1,5	0,5	19,2	0,0	19,2
4	2	0,5	23,2	0,0	23,2
5	2,5	0,5	27,2	0,0	27,2
6	3	0,5	31,3	0,0	31,3
7	3,5	0,5	35,3	0,0	35,3
8	4	0,5	27,4	0,0	27,4
9	4,5	0,5	30,5	0,0	30,5
10	5	0,5	33,5	0,0	33,5
11	5,5	0,5	36,6	0,0	36,6
12	6	0,5	39,7	0,0	39,7
13	6,5	0,5	42,7	0,0	42,7
14	7	0,5	-18,3	0,0	-18,3
15	7,5	0,5	-79,3	0,0	-79,3
16	8	0,5	-140,3	0,0	-140,3
17	8,5	0,5	-201,2	0,0	-201,2
18	9	0,5	-262,2	0,0	-262,2
19	9,5	0,5	-323,2	0,0	-323,2
20	10	0,5	-213,8	0,0	-213,8
21	10,5	0,5	-239,7	0,0	-239,7
22	11	0,5	-265,6	0,0	-265,6
23	11,5	0,5	-291,5	0,0	-291,5
24	12	0,5	-317,4	0,0	-317,4
25	12,5	0,5	-343,4	0,0	-343,4
26	13	0,5	-369,3	0,0	-369,3
27	13,5	0,5	-395,2	0,0	-395,2
28	14	0,5	-421,1	0,0	-421,1

Abbildung 6.5: resultierender Erddruck auf Gesamtsystem

Dieser Gesamtdruck stellt die Grundlage für die weitere Berechnung des Verbaus dar. Da der Erddruck auf der aktiven Seite gegenüber dem auf der passiven Seite wesentlich kleinere Zahlenwerte hat, ist es üblich beim resultierenden Druck unterschiedliche Maßstäbe zu verwenden wie es auch bei der graphischen Darstellung gezeigt wird.

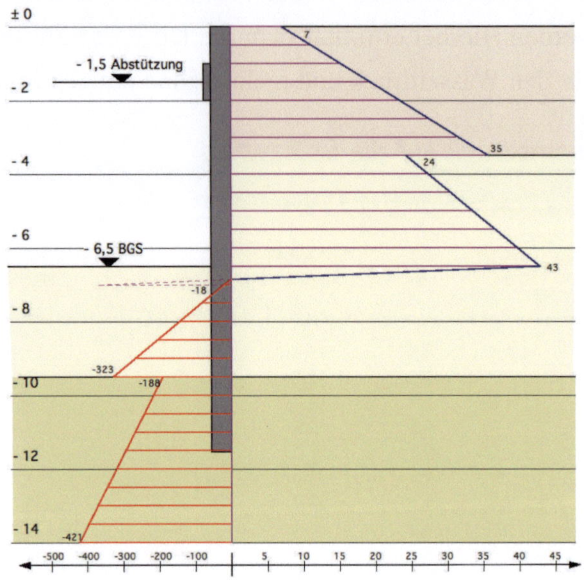

Abbildung 6.6: graphische Erddruckdarstellung in kN/m2 auf das System

Bis jetzt sind die Berechnungen gut nachvollziehbar. In der einschlägigen Fachliteratur [32], [33], [36] werden nun Vorschläge für die Verteilung des Erddruckes auf der aktiven Seite gemacht. Hier ist eine große Auswahl gegeben, sodass eine große Unsicherheit in der Anwendung entsteht.

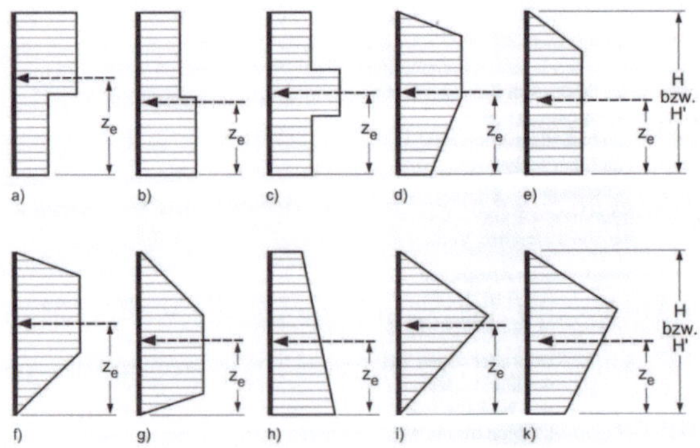

Abbildung 6.7: Erddruckverteilung nach EAB für Baugrubenwände

Für verankerte bzw. abgestützte Verbaue werden zusätzliche Erddruckverteilungen angegeben, so dass man wirklich durcheinander gebracht wird.

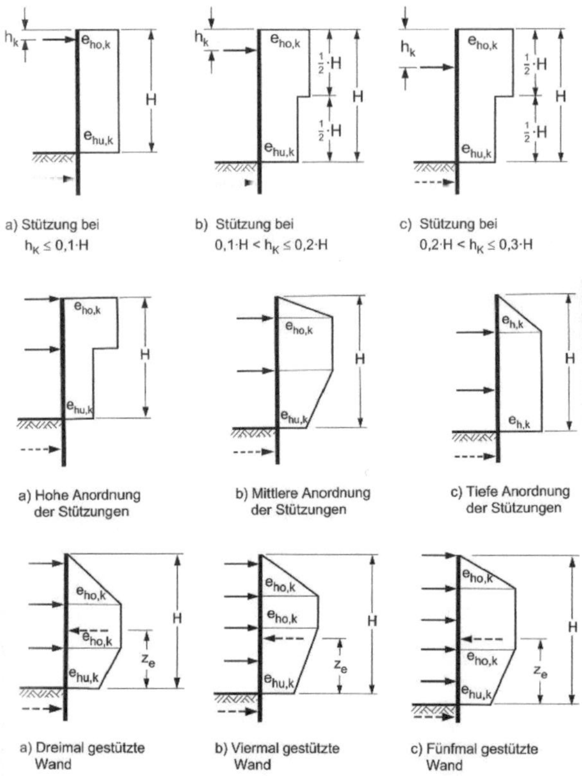

Abbildung 6.8: Umlagerung des Erddruckes nach EAB für verankerte Baugrubenwände

Wenn man all diese Varianten betrachtet wird man an den Vergleich im Kapitel Einleitung erinnert und erkennt in diesem Fall die sechseckigen Räder bei unserem Fahrzeug der Geotechnik. Es führt aber nicht weiter ironische Betrachtungen zu führen solange man den Anwender nicht eine Richtschnur zum arbeiten gibt.

In meiner Praxis haben sich zwei Erddruckformen für den aktiven Erddruckbereich als recht vernünftig in der Anwendung gezeigt:

- **unverankerter Verbau:** Erddruckfigur wie berechnet nach Coulomb
- **ein- oder mehrfach verankerter Verbau:** Erddruckumlagerung in Rechteckform

Es wird nun zuerst für eine unverankerte Wand der Erddruck von Coulomb verwendet und für jede Schicht in der Berechnung die Ersatzlast ausgerechnet, die auf einen Verbau wirkt. Für die Ersatzlast wird auch der Angriffspunkt höhenmäßig ermittelt. Dieser ergibt sich als Schwerpunkt der trapezförmigen Belastung. Für eine grobe Berechnung kann auch die Schichtmitte herangezogen werden.

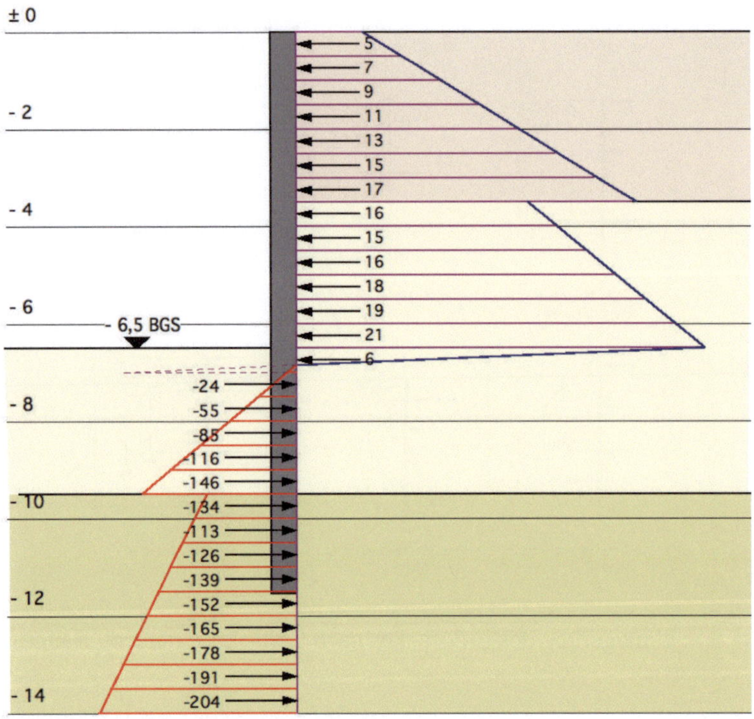

Abbildung 6.9: Ersatzlasten für einen unverankerten Verbau in [kN]

Zur Ermittlung der Momente wird die Stabstatik herangezogen. Dabei werden die Momente wie bei einem Kragarm von aussen nach innen gerechnet. Das Moment an der Aussenseite Achse 0 ist $M_o = 0$.

Beim Schnitt 1 ist das Moment:

$$M_1 = P_1 * a_1 \tag{6.3}$$

Beim Schnitt 2 ist das Moment:

$$M_2 = M_1 + P_1 * \Delta h + P_2 * a_2 \tag{6.4}$$

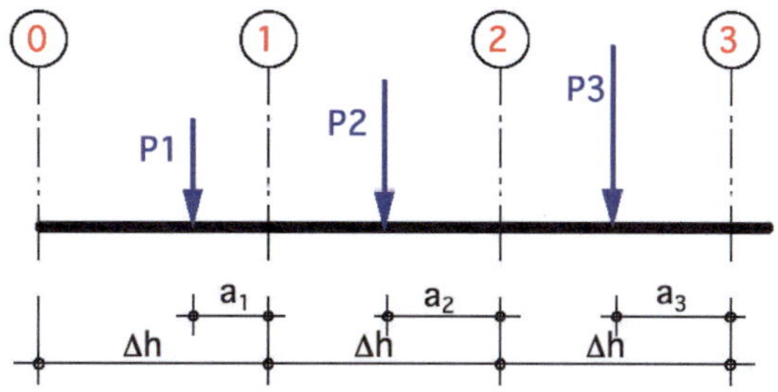

Abbildung 6.10: Kräfteansatz beim statischen Balken

Beim Schnitt 3 ist das Moment:

$$M_3 = M_2 + (P_1 + P_2) * \Delta h + P_3 * a_3 \tag{6.5}$$

Und so weiter. Die allgemeine Formel für die Momentenbestimmung in einem Schnitt i ist demnach:

$$M_i = M_{i-1} + \Sigma P_{i-1} * \Delta h + P_i * a_i \tag{6.6}$$

In dieser Gleichung werden die Ersatzlasten von der aktiven Seite als positive Kräfte, die von der passiven Seite als negative Kräfte eingesetzt.

Mit diesem Zusammenhang werden nun die Momente im Verbau ausgerechnet. Dies erfolgt bis in eine Tiefe in der das Moment negativ wird. Dort wird abgebrochen, da bei einer eingespannten Wand keine negativen Momente vorhanden sind. In dieser Tiefe ist der Verbau auch beendet. Somit ist über die aufgezeigte Berechnung der Momente auch die rechnerische Tiefe eines unverankerten Verbaus festgelegt.

In unserem Beispiel wurde das maximale Moment in einer Tiefe von 8,5 m mit einem Wert von $M_{17} = 746[kNm]$ errechnet. Die Gesamttiefe des Verbaus wurde mit 11,0 m aus der Momentenberechnung ermittelt.

Am unteren Ende des Verbaus ist noch die Einspannkraft C zu berücksichtigen die aus der Bedingung $\Sigma H = 0$ errechnet werden kann. In unserem Falle ergibt sich diese zu 716 kN. Damit diese Kraft auch auf der aktiven Seite eingeleitet werden kann wird die Einbindetiefe des Verbaues auf Vorschlag der einschlägigen Literatur [8] um den Faktor 1,2 vergrößert. Somit ist die Einbindetiefe für den vorliegenden Fall:

$$t = 1,2 + x = 1,2 * (11 - 6,5) = 5,4[m] \tag{6.7}$$

Mit dieser Einspanntiefe ist der Verbau dann auch herzustellen. Es gibt diesbezüglich bei den einzelnen unterschiedlichen Verbauarten noch ergänzende Vorschläge zur tatsächlichen Einspanntiefe, die jeweils bei der jeweiligen Verbauart auch beschrieben wird.

Schicht	Kote	Δh	E-result	Angriffs	Ersatzlast	Σ E	Moment	Verbaukote
Nr	m	m	kN/m2	höhe	kN	kN	kNm	m
0	0	0	7,1				0	0,0
1	0,5	0,5	11,1	0,3	4,55	4,6	1,05	0,5
2	1	0,5	15,1	0,8	6,57	11,1	4,89	1,0
3	1,5	0,5	19,2	1,3	8,58	19,7	12,51	1,5
4	2	0,5	23,2	1,8	10,60	30,3	24,92	2,0
5	2,5	0,5	27,2	2,3	12,61	42,9	43,13	2,5
6	3	0,5	31,3	2,8	14,63	57,5	68,16	3,0
7	3,5	0,5	35,3	3,3	16,64	74,2	101,00	3,5
8	4	0,5	27,4	3,7	15,67	89,8	142,17	4,0
9	4,5	0,5	30,5	4,3	14,46	104,3	190,64	4,5
10	5	0,5	33,5	4,8	15,99	120,3	246,73	5,0
11	5,5	0,5	36,6	5,3	17,53	137,8	311,20	5,5
12	6	0,5	39,7	5,8	19,06	156,9	384,81	6,0
13	6,5	0,5	42,7	6,3	20,60	177,5	468,33	6,5
14	7	0,5	-18,3	6,5	6,11	183,6	559,87	7,0
15	7,5	0,5	-79,3	7,3	-24,38	159,2	646,85	7,5
16	8	0,5	-140,3	7,8	-54,88	104,3	714,00	8,0
17	8,5	0,5	-201,2	8,3	-85,37	19,0	746,10	8,5
18	9	0,5	-262,2	8,8	-115,87	-96,9	727,88	9,0
19	9,5	0,5	-323,2	9,3	-146,37	-243,3	644,10	9,5
20	10	0,5	-213,8	9,7	-134,25	-377,5	486,62	10,0
21	10,5	0,5	-239,7	10,3	-113,37	-490,9	270,06	10,5
22	11	0,5	-265,6	10,8	-126,33	-617,2	0,00	11,0
23	11,5	0,5	-291,5	11,3	-139,29	-756,5	0,00	0,0
24	12	0,5	-317,4	11,8	-152,24	-908,8	0,00	0,0
25	12,5	0,5	-343,4	12,3	-165,20	-1074,0	0,00	0,0
26	13	0,5	-369,3	12,8	-178,16	-1252,1	0,00	0,0
27	13,5	0,5	-395,2	13,3	-191,12	-1443,2	0,00	0,0
28	14	0,5	-421,1	13,8	-204,07	-1647,3	0,00	0,0

Abbildung 6.11: Momentenberechnung bei unverankertem Verbau

Das Ergebnis der Berechnung ist graphisch in der nächsten Abbildung aufgezeigt. Man erkennt dabei, dass das maximale Moment unter der Baugrubensohle entsteht, also im nicht sichtbaren Bereich des Verbaus.

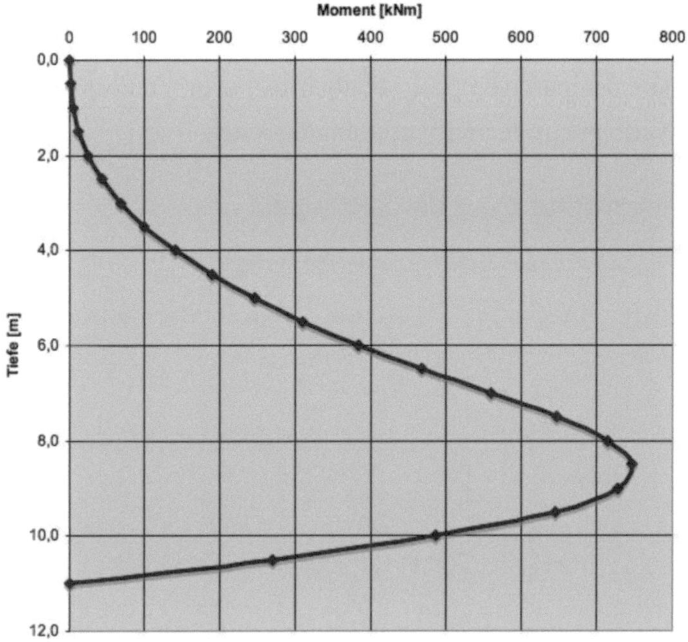

Abbildung 6.12: Graphik der Momente bei unverankertem Verbau

Das maximale Moment mit $M_{17} = 746[kNm]$ ist relativ hoch und es bedarf schon einer massiven Konstruktion dieses Moment aufzunehmen. Die Bemessung dieser Momente wird in den jeweiligen Verbauarten vorgenommen. Weiters wird dann auch über die aus den Momenten bedingte Deformation des Verbaus eingegangen.

Um auf wesentlich kleinere Momente zu kommen, wird der Verbau verankert. Es wird hier am Beispiel gezeigt welche Änderungen dabei eintreten.

Zuerst wird der Erddruck von der Berechnung nach Coulomb auf der aktiven Seite in einen rechteckförmigen (Gleichmäßigen) Erddruck umgelagert. Mit der Umlagerung werden auch die Ersatzlasten entsprechend dem umgelagerten Erddruck neu berechnet. Somit ergeben sich bei einem gesamten aktiven Erddruck von $E_a = 185[kN]$ und der Höhe des aktiv belasteten Verbaus von h = 6,85 m ein gleichmäßiger Erddruck von:

$$e_a = \frac{E_a}{h} = \frac{185}{6,85} = 27[kN/m^2] \tag{6.8}$$

Dieser Erddruck wird nun für den verankerten Verbau auf der aktiven Seite eingesetzt. Auf der passiven Seite bleiben die vom Coulomb'schen Erddruck ermittelten Werte in Größe und Verteilung bestehen.

Gesamtdruck auf die Stützwand

Erddruck mit Rechteckumlagerung im aktiven Teil

Schicht Nr	Kote m	Δh m	Erddruck kN/m2	Wasserdruck kN/m2	Gesamtdruck kN/m2
0	0	0	27,0	0,0	27,0
1	0,5	0,5	27,0	0,0	27,0
2	1	0,5	27,0	0,0	27,0
3	1,5	0,5	27,0	0,0	27,0
4	2	0,5	27,0	0,0	27,0
5	2,5	0,5	27,0	0,0	27,0
6	3	0,5	27,0	0,0	27,0
7	3,5	0,5	27,0	0,0	27,0
8	4	0,5	27,0	0,0	27,0
9	4,5	0,5	27,0	0,0	27,0
10	5	0,5	27,0	0,0	27,0
11	5,5	0,5	27,0	0,0	27,0
12	6	0,5	27,0	0,0	27,0
13	6,5	0,5	27,0	0,0	27,0
14	7	0,5	-18,3	0,0	-18,3
15	7,5	0,5	-79,3	0,0	-79,3
16	8	0,5	-140,3	0,0	-140,3
17	8,5	0,5	-201,2	0,0	-201,2
18	9	0,5	-262,2	0,0	-262,2
19	9,5	0,5	-323,2	0,0	-323,2
20	10	0,5	-213,8	0,0	-213,8
21	10,5	0,5	-239,7	0,0	-239,7
22	11	0,5	-265,6	0,0	-265,6
23	11,5	0,5	-291,5	0,0	-291,5
24	12	0,5	-317,4	0,0	-317,4
25	12,5	0,5	-343,4	0,0	-343,4
26	13	0,5	-369,3	0,0	-369,3
27	13,5	0,5	-395,2	0,0	-395,2
28	14	0,5	-421,1	0,0	-421,1

Abbildung 6.13: in Rechteckform umgelagerter Gesamterddruck auf den verankerten Verbau beim Beispiel

Die für die verankerten Verbau ermittelte Erddruckverteilung ist in nachfolgender Abbildung dargestellt. Bitte beachte den unterschiedlichen Kraftmaßstab zwischen aktiver (rechter) und passiver (linker) Seite.

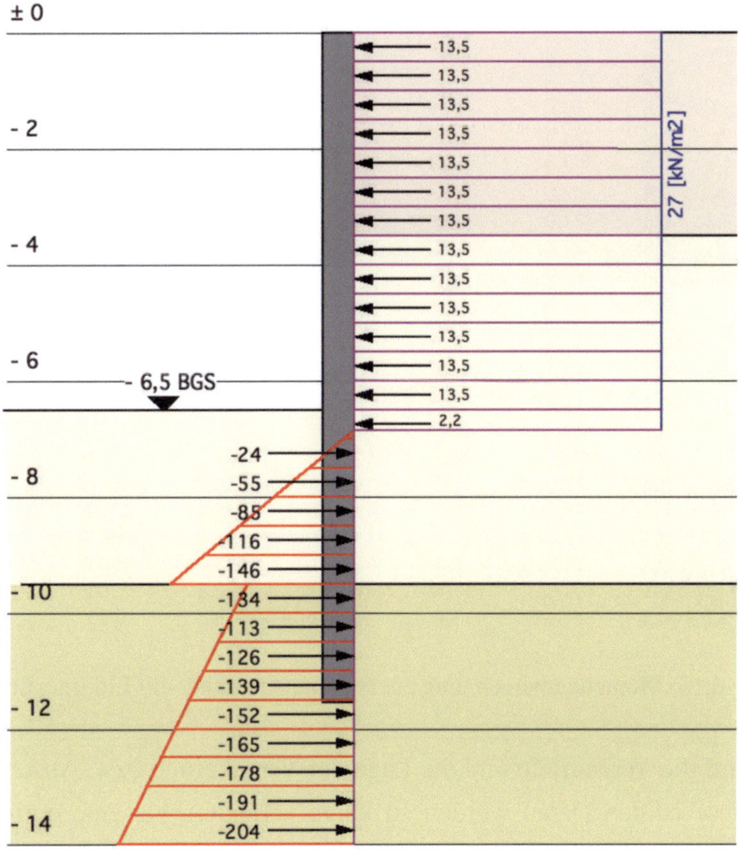

Abbildung 6.14: Ersatzlasten für einen verankerten Verbau in [kN]

Mit diesen Ersatzlasten kann nun wieder die Momentenverteilung ermittelt werden, wobei zuerst die Momentenverteilung ohne die Anker für die Wand gerechnet wird. Es zeigen sich wegen der Erddruckumlagerung andere Momente wie bei der unverankerten Wand.

Es werden erst bei 11,0 m Tiefe die Momente vollkommen abgebaut und erreichen den Wert 0. Der Maximalwert der Momente entsteht bei einer Tiefe von 8,5m und erreicht das Moment $M = 835[kNm]$.

zuerst ohne Anker!

Schicht	Kote	Δh	resultierend	Angriffs	Ersatzlast	Σ E	Moment	Verbaukote
Nr	m	m	kN/m2	höhe	kN/m	kN	kNm	m
0	0	0	27,0				0	0,0
1	0,5	0,5	27,0	0,3	13,50	13,5	3,38	0,5
2	1	0,5	27,0	0,8	13,50	27,0	13,50	1,0
3	1,5	0,5	27,0	1,3	13,50	40,5	30,38	1,5
4	2	0,5	27,0	1,8	13,50	54,0	54,00	2,0
5	2,5	0,5	27,0	2,3	13,50	67,5	84,38	2,5
6	3	0,5	27,0	2,8	13,50	81,0	121,50	3,0
7	3,5	0,5	27,0	3,3	13,50	94,5	165,38	3,5
8	4	0,5	27,0	3,8	13,50	108,0	216,01	4,0
9	4,5	0,5	27,0	4,3	13,50	121,5	273,38	4,5
10	5	0,5	27,0	4,8	13,50	135,0	337,51	5,0
11	5,5	0,5	27,0	5,3	13,50	148,5	408,39	5,5
12	6	0,5	27,0	5,8	13,50	162,0	486,01	6,0
13	6,5	0,5	27,0	6,3	13,50	175,5	570,39	6,5
14	7	0,5	-18,3	6,3	2,18	177,7	659,63	7,0
15	7,5	0,5	-79,3	7,3	-24,38	153,3	743,65	7,5
16	8	0,5	-140,3	7,8	-54,88	98,4	807,86	8,0
17	8,5	0,5	-201,2	8,3	-85,37	13,1	837,00	8,5
18	9	0,5	-262,2	8,8	-115,87	-102,8	815,83	9,0
19	9,5	0,5	-323,2	9,3	-146,37	-249,2	729,10	9,5
20	10	0,5	-213,8	9,7	-134,25	-383,4	568,66	10,0
21	10,5	0,5	-239,7	10,3	-113,37	-496,8	349,14	10,5
22	11	0,5	-265,6	10,8	-126,33	-623,1	69,70	11,0
23	11,5	0,5	-291,5	11,3	-139,29	-762,4	0,00	11,5
24	12	0,5	-317,4	11,8	-152,24	-914,7	0,00	0,0

Abbildung 6.15: Momentenberechnung zuerst ohne Ankerung mit Erddruckumlagerung

Nun wird die Verbautiefe und die Lage der Verankerung bzw. Absteifung gewählt. Diese beiden Daten werden so lange verändert, bis eine optimale Lösung des Verbaues gefunden ist. Als optimale Lösung wird bei einem Verbau gewünscht, dass die Momente entlang dem Verbau sich in ähnlicher Größe bewegen. Dies ist für die Dimensionierung der Querschnitte von großem Vorteil. Daher wird so lange die Tiefe und die Ankerlage verändert, bis ähnliche Momente beim Anker, dem Feld und der Einspannung im Untergrund gefunden sind.

Auch Unterschiede in den Momenten können durchaus vorgegeben werden, wenn z.B. bei einer Pfahlwand oder auch Schlitzwand die Ankerköpfe versenkt werden müssen. Dann kann im Bereich des Ankers beispielsweise nur 80% des normalen Momentes übernommen werden.

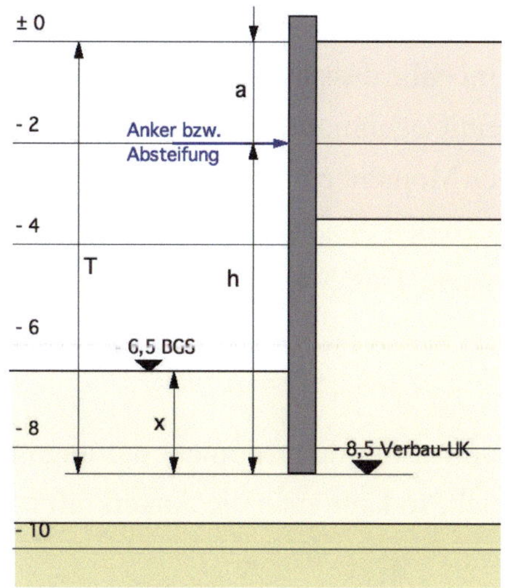

Abbildung 6.16: Angaben Verbau-UK und Ankerhorizont

Neben den neuen Schnitt wird die Momentenverteilung gelegt und man erkundet, welches Moment bei der Unterkante des gewählten Verbaus vorliegt.

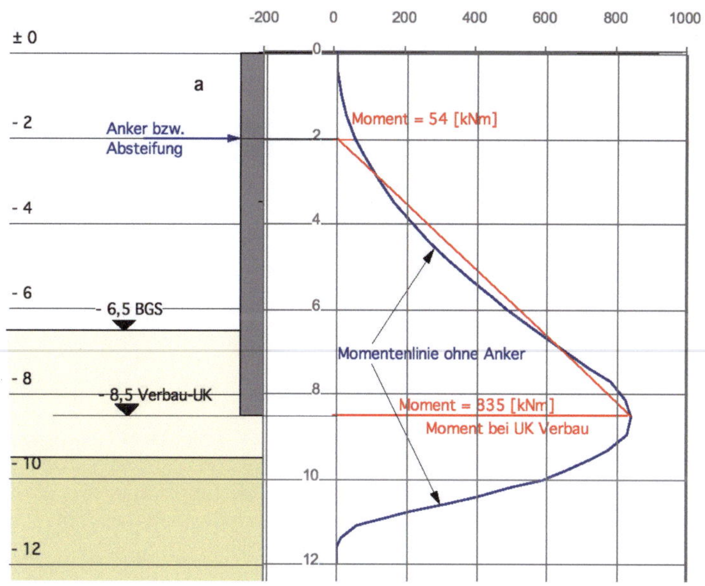

Abbildung 6.17: Schnitt durch Verbau mit Anker und Momentenlinie

Bei unserem Beispiel ist das ein Moment von $M_{8,5} = 835[kNm]$ vorhanden. Dieses Moment muss, im Falle dass in dieser Tiefe das Ende des Verbaus liegt, zu 0 werden. Dazu muss ein Gegenmoment geschaffen werden, das das bestehende Moment aufhebt. Dieses Moment entsteht durch eine einzuleitende Ankerkraft.

Man in Abbildung 6.16 den Abstand der Ankerkraft von der Unterkante des-Verbaus mit h eingetragen. Das Moment der Ankerkraft zum Verbauende ist dann:

$$M_a = A * h \tag{6.9}$$

Setzt man dieses Moment mit dem Moment der ungestützten Wand bei einer Endtiefe von 8,5 m gleich, so kann man die Ankerkraft ermitteln:

$$A = \frac{M_{8,5}}{h} = \frac{835}{6,5} = 129[kN|m^2] \tag{6.10}$$

Mit dieser Ankerkraft kann man nun in der Berechnung der Verbauwand das jeweilige Ankermoment in der Berechnungshöhe ermitteln und vom Moment der nicht geankerten Wand abziehen.

$$M_t = M_{o,t} - M_{a,t} \tag{6.11}$$

Damit erhölt man das jeweilige Moment in dem Verbau unter Berücksichtigung einer Ankerlage.

Unterhalb der Unterkante des Verbaus sind die Momente nicht mehr relevant, daher wurde in der nachfolgenden Berechnung das Ankermoment mit dem ursprünglichen Moment gleichgesetzt und dann vom Moment ohne Anker abgezogen.

Errechnung der Momentenlinie in der Verbauwand mit Anker

Schicht Nr	Kote m	Δh m	Angriffs höhe	Ersatzlast kN/m	Σ E kN	Moment o.A. kNm	Ankermom kNm	Moment kNm
0	0	0				0	0,0	0,0
1	0,5	0,5	0,3	13,5	13,5	3,4	0,0	3,4
2	1	0,5	0,8	13,5	27,0	13,5	0,0	13,5
3	1,5	0,5	1,3	13,5	40,5	30,4	0,0	30,4
4	2	0,5	1,8	13,5	54,0	54,0	0,0	54,0
5	2,5	0,5	2,3	13,5	67,5	84,4	64,4	20,0
6	3	0,5	2,8	13,5	81,0	121,5	128,8	-7,3
7	3,5	0,5	3,3	13,5	94,5	165,4	193,2	-27,8
8	4	0,5	3,8	13,5	108,0	216,0	257,5	-41,5
9	4,5	0,5	4,3	13,5	121,5	273,4	321,9	-48,5
10	5	0,5	4,8	13,5	135,0	337,5	386,3	-48,8
11	5,5	0,5	5,3	13,5	148,5	408,4	450,7	-42,3
12	6	0,5	5,8	13,5	162,0	486,0	515,1	-29,1
13	6,5	0,5	6,3	13,5	175,5	570,4	579,5	-9,1
14	7	0,5	6,3	2,2	177,7	659,6	643,8	15,8
15	7,5	0,5	7,3	-24,4	153,3	743,7	708,2	35,4
16	8	0,5	7,8	-54,9	98,4	807,9	772,6	35,2
17	8,5	0,5	8,3	-85,4	13,1	837,0	837,0	0,0
18	9	0,5	8,8	-115,9	-102,8	815,8	815,8	0,0
19	9,5	0,5	9,3	-146,4	-249,2	729,1	729,1	0,0
20	10	0,5	9,7	-134,3	-383,4	568,7	568,7	0,0
21	10,5	0,5	10,3	-113,4	-496,8	349,1	349,1	0,0
22	11	0,5	10,8	-126,3	-623,1	69,7	69,7	0,0
23	11,5	0,5	11,3	-139,3	-762,4	0,0	0,0	0,0
24	12	0,5	11,8	-152,2	-914,7	0,0	0,0	0,0

Abbildung 6.18: Berechnung der Momentenlinie mit Anker

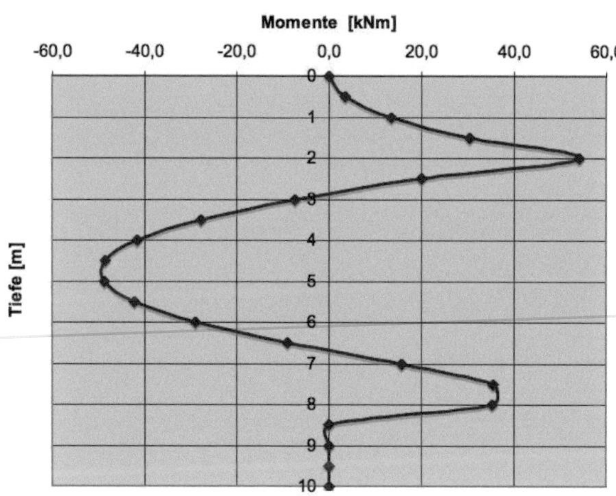

Abbildung 6.19: Graphik der Momente bei einfach verankertem Verbau

Betrachtet man die Momentenlinie, so erkennt man dass die Momente gegenüber der frei tragenden Verbauwand erheblich geringer sind. In unserem Fall ist das größte Moment von 746 kNm auf 54 kNm abgesunken, was unter 10% der Momentenbeanspruchung der verankerten zur unverankerten Wand darstellt. Dies zeigt schon, dass es wirtschaftlich ist eine verankerte Wand als Verbau herzustellen.

Bei einer mehrfach verankerten Wand können die Ankerkräfte nicht mehr so einfach gefunden werden. Das System ist dann ein- bis mehrfach statisch unbestimmt. Es muss also mit einem Rechenverfahren wie z. B. das Drehwinkelverfahren nach den Ankerkräften gesucht werden. Dabei werden die Ankerkräfte als Auflagerkräfte und die Erddruckkräfte als die auf den Stab wirkende Belastung angenommen und so mit Hilfe des Rechenverfahrens die Auflagerkräfte und die Momentenverteilung ermittelt.

6.1 Spundwand

Spundwände dienen zur Absicherung der Geländesprünge bei Baugruben und Gräben (Künetten) und werden heute fast ausschließlich als Stahlspundwände hergestellt. Es werden hier nur die Profile im Überblick aufgezeigt, dies mag für erste Berechnungen durchaus ausreichen, wenn genauere Spundwanddaten notwendig sind , können diese den Handbüchern der Herstellerfirmen [38], [1] entnommen werden.

Es werden übliche Baustahlqualitäten nach EN 10025 verwendet:

* S 235 JRC (1.0120)
* S 275 JRC (1.0128)
* S 355 JRC (1.0551)

Ein besonderer Korrosionsschutz ist bei Spundwänden nicht vorgesehen. Es wird eine jährliche Abrostrate in Luft / Boden von ca. 0,01 mm/Jahr und in Süß- und Meerwasser von ca. 0,03 mm/Jahr angenommen.

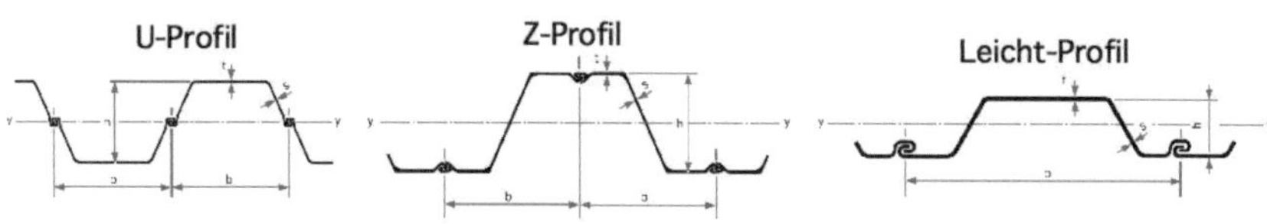

Abbildung 6.20: Spundwandprofile für die Anwendung bei Baugruben

Bei Baugruben und Unterführungen kommen meist die beiden ersten Profilarten von den Firmen Hoesch, Arbed, Krupp, Peiner und Larssen zur Anwendung.

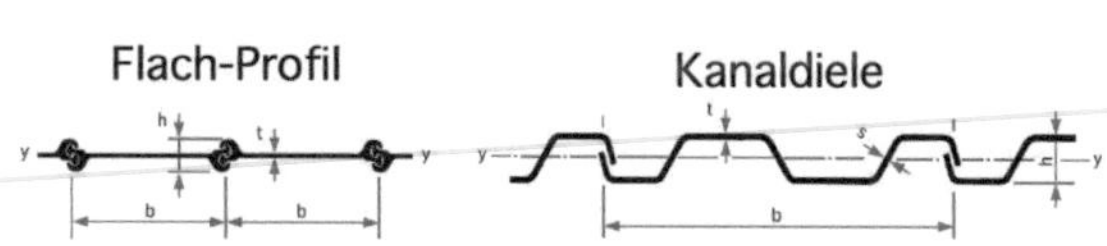

Abbildung 6.21: Spundwandprofile für die Anwendung bei Gräben und Künetten

Bei den Grabensicherungen kommen das Flachprofil und die Kanaldielen der selben Firmen wie die Spundwände zum Einsatz. Nachfolgend sind die gängigen Profile und ihre statischen Werte für eine Bemessung angegeben.

U-Profile

Arbed	b [mm]	h [mm]	t [mm]	s [mm]	G [kg/m²]	W [cm³/m]
AU 14	750	408	10,0	8,3	104	1.410
Au 16	750	411	11,5	9,3	115	1.600
AU 17	750	412	12,0	9,7	119	1.665
AU 18	750	441	10,5	9,1	118	1.780
AU 20	750	444	12,0	10,0	129	2.000
AU 21	750	445	12,5	10,3	133	2.075
AU 23	750	447	13,0	9,5	136	2.270
AU 25	750	450	14,5	10,2	147	2.500
AU 26	750	451	15,0	10,5	151	2.580

Larssen	b [mm]	h [mm]	t [mm]	s [mm]	G [kg/m²]	W [cm³/m]
Larssen 22	500	340	10,0	10,0	130	1.300
Larssen 23	500	420	11,5	10,0	155	2.000
Larssen 24	500	420	15,6	10,0	175	2.500
Larssen 25	500	420	20,0	11,5	206	3.040
Larssen 600	600	150	9,5	9,5	94	510
Larssen 601	600	310	7,5	6,4	78	745
Larssen 602	600	310	8,2	8,0	89	830
Larssen 603	600	310	9,7	8,2	108	1.200
Larssen 604n	600	380	10,0	9,0	123	1.600
Larssen 605	600	420	12,5	9,0	139,2	2.020
Larssen 606n	600	435	14,4	9,2	157	2.500
Larssen 628	600	456	16,3	9,8	165,5	2.870
Larssen 607n	600	452	19,0	10,6	190	3.200
Larssen 703	700	400	9,5	8,0	96,4	1.210
Larssen 704	700	440	10,2	9,5	115	1.600

Abbildung 6.22: Spundwandprofile in U-Form

Z-Profile

Arbed	b [mm]	h [mm]	t [mm]	s [mm]	G [kg/m²]	W [cm³/m]
AZ 13	670	303	9,5	9,5	107	1.300
AZ 18	630	380	9,5	9,5	118	1.800
AZ 26	630	427	13,0	12,2	155	2.600
AZ 36	630	460	18,0	14,0	194	3.600
AZ 48	580	482	19,0	15,0	241	4.800

Hoesch	b [mm]	h [mm]	t [mm]	s [mm]	G [kg/m²]	W [cm³/m]
Hoesch 1105	575	260	8,8	8,8	101,0	1.100
Hoesch 1255	575	260	10,8	10,8	118,0	1.250
Hoesch 1655	575	350	9,6	8,5	111,9	1.650
Hoesch 1755	575	350	10,4	9,5	120,8	1.750
Hoesch 2305	575	350	11,5	8,4	142,3	2.320
Hoesch 2505	575	350	12,5	9,5	152,0	2.480
Hoesch 2605	575	350	13,3	10,3	162,3	2.600

Abbildung 6.23: Spundwandprofile in Z-Form

Leicht-Profile

Arbed	b	h	t	s	G	W
	[mm]	[mm]	[mm]	[mm]	[kg/m²]	[cm³/m]
L 2 S	500	340	12,3	9,0	139	1.600
L 3 S	500	400	14,1	10,0	158	2.000
L 4 S	500	440	15,5	10,0	172	2.500
JSP 3	400	250	13,0	13,0	150	1.340

Hoesch	b	h	t	s	G	W
	[mm]	[mm]	[mm]	[mm]	[kg/m²]	[cm³/m]
HP 290S-5	710	294	5,0	5,0	69,7	774
HP 290S-6	710	296	6,0	6,0	83,7	933
HP 290S-7	710	298	7,0	7,0	97,6	1.080
HP 290S-8	710	300	8,0	8,0	111,5	1.230
HP 290S-9	710	300	9,0	9,0	125,6	1.380

Krupp	b	h	t	s	G	W
	[mm]	[mm]	[mm]	[mm]	[kg/m²]	[cm³/m]
KL 3/4	700	146	4,0	4,0	45,1	276
KL 3/5	700	147	5,0	5,0	55,8	339
KL 3/6	700	148	6,0	6,0	66,0	410
KL 3/7	700	149	7,0	7,0	78,0	460
KL 3/8	700	150	8,0	8,0	88,0	540
TKL 3/9	700	160	9,0	9,0	106,9	680

Abbildung 6.24: Spundwandprofile als Leicht-Form

Flach-Profile

Arbed	b	h	t	s	G	W
	[mm]	[mm]	[mm]	[mm]	[kg/m²]	[cm³/m]
AS 500-12,5	500	-	12,5	-	153	102

Union	b	h	t	s	G	W
	[mm]	[mm]	[mm]	[mm]	[kg/m²]	[cm³/m]
FL 512	500	88	12	-	142	90

Abbildung 6.25: Spundwandprofile als Flach-Form

Kanaldielen

Krupp	b	h	t	s	G	W
	[mm]	[mm]	[mm]	[mm]	[kg/m²]	[cm³/m]
KD 4/4	400	48	4,0	4,0	36,7	70
KD 4/6	400	50	6,0	6,0	55,2	102
KD VI/6	600	78	6,0	6,0	62,5	182
KD VI/8	600	80	8,0	8,0	83,3	242

Abbildung 6.26: Kanalprofile

Spundwände werden überwiegend auf Biegung beansprucht. Das errechnete Biegemoment muss durch das Spundwandprofil aufgenommen werden. Die Bemessung erfolgt nach der Formel:

$$\sigma = M/W \qquad W_{erf} = \frac{M}{\sigma} \tag{6.12}$$

Hierbei sind die Sicherheitswerte entsprechend einzuarbeiten. Mit dem errechneten erforderlichen Widerstandsmoment wird die Spundwand aus den angegebenen Spundwänden ausgesucht. Sowohl das errechnete als auch das angegebene Widerstandsmoment wird immer je Meter Spundwand angegeben.

Es wird die Spundwand in vielen Fällen abgesteift. Diese Absteifung kann entweder mittels innerhalb der Baugrube angebrachten Abstützungen oder auch mittels Anker im hinter der Spundwand liegenden Boden erfolgen. Dies verringert erheblich die Momente in einer Spundwand, wie es bereits unter Punkt 6 aufgezeigt wurde.

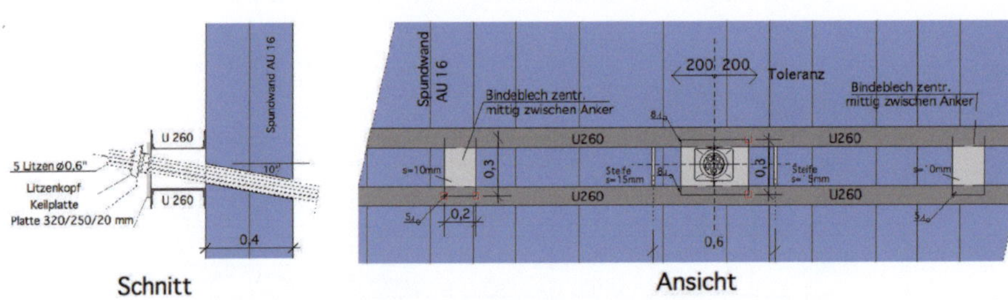

Abbildung 6.27: Gurtung bei einer Spundwand

Für die Dimensionierung der Gurtung ist die errechnete Ankerkraft maßgebend. Es wird der gegenseitige Abstand e der Anker aus konstruktiven Gründen gewählt. Damit kann man die abzuleitende horizontale Ankerkraft A_h mit der errechneten Ankerkraft A nach Gleichung 6.10 errechnen.

$$A_h = A * e \tag{6.13}$$

Je nach Notwendigkeit, die aus der Untergrundschichtung herrührt, ist der Anker eventuell geneigt auszuführen. In diesem Fall ist die Neigung α des Ankers zu berücksichtigen und die im Anker wirkende Längskraft ist dann:

$$A_\alpha = \frac{A_h}{cos\alpha} \tag{6.14}$$

Es kommen prinzipiell zwei unterschiedliche Arten von Ankern im Boden zur Anwendung.

DSI-GEWI	Stahlsorte [N/mm²]	d [mm]	A [cm²]	Fstreck [kN]	Fbruch [kN]	Gewicht [kg/m]
28	500/550	28	6,16	308	339	4,8
32	500/550	32	8,04	402	442	6,3
40	500/550	40	12,57	628	691	9,8
50	500/550	50	19,63	982	1080	15,3
63,5	555/700	63,5	31,67	1758	2217	24,7
18	670/800	18	2,5	1.206	1.440	2,0
22	670/800	22	3,75	1.474	1.760	2,9
25	670/800	25	4,91	1.675	2.000	3,8
28	670/800	28	6,16	1.876	2.240	4,8
30	670/800	30	7,07	2.010	2.400	5,5
35	670/800	35	9,62	2.345	2.800	7,5
43	670/800	43	14,66	2.881	3.440	11,4
57,5	670/800	57,5	25,97	3.853	4.600	20,3
63,5	670/800	63,5	31,67	4.255	5.080	24,7
75	670/800	75	44,18	5.025	6.000	34,5

Abbildung 6.28: mögliche Stabanker

Stabanker werden üblicherweise bis zu Längen von 12 m eingebaut. Es ist jedoch oft schwierig mit den langen Stangen zu hantieren und daher werden auf den meisten Baustellen die Litzenanker bevorzugt.

Litzenanzahl	Stahlsorte	A [cm²]		Fstreck [kN]	
	[N/mm²]	0,60"	0,62"	0,60"	0,62"
2	1570/1770	2,8	3,0	440	471
3	1570/1770	4,2	4,5	659	707
4	1570/1770	5,6	6,0	879	942
5	1570/1770	7,0	7,5	1.099	1.178
6	1570/1770	8,4	9,0	1.319	1.413
7	1570/1770	9,8	10,5	1.539	1.649
8	1570/1770	11,2	12,0	1.758	1.884
9	1570/1770	12,6	13,5	1.978	2.120
10	1570/1770	14,0	15,0	2.198	2.355

Abbildung 6.29: mögliche Litzenanker

Sowohl Stabanker als auch Litzenanker werden in eine verrohrte Bohrung eingesetzt und anschließend mit Ankermörtel verpresst. Es können bei beiden Systemen sowohl temporäre als auch permanente Anker zur Anwendung kommen. Der permanente Anker unterscheidet sich vom temporären dadurch, dass um den Ankerstab bzw. die Litzen auf voller Länge zusätzlich ein geripptes Hüllrohr angebracht ist, das einen doppelten Korrosionsschutz gewährleistet.

Diese Anker haben meist eine Freispiel und eine Haftstrecke. Dies wird dadurch bewirkt, dass über das Ripprohr ein glattes Roht übergeschoben wird und somit in diesem Bereich keine Haftung mit dem Untergrund entstehen kann.

Damit ist die Bemessung einer Spundwand abgeschlossen.

Abbildung 6.30: verankerte Spundwand in Brixen im Thale

Die gezeigte verankerte Spundwand wurde im Zuge der Errichtung einer Bundesbahnunterführung in Brixen im Thale in Tirol in einem weichen Untergrund hergestellt.

6.2 Trägerbohlwand

Als reiner Baugrubenverbau, der nach der Errichtung der unterirdischen Bauwerksteile wieder ausgebaut wird, wird die Trägerbohlwand wegen des hohen Errichtungsaufwandes immer weniger verwendet. Die Trägerbohlwand besteht aus 3 bzw. 4 Elementen:

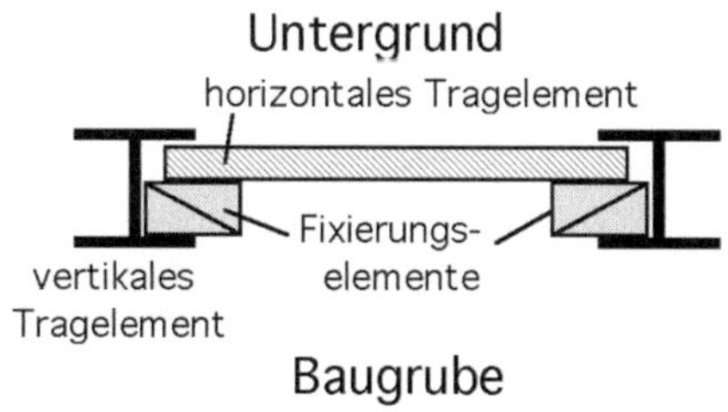

Abbildung 6.31: System des Trägerbohl-Verbaus

Vertikale Tragelemente: Hierzu werden meist I-Träger (Breitflanschträger) in Bohrungen gestellt, die mit Sand wieder gefüllt werden. Der Abstand der Träger kann mit 1,5 - 2,5 m gewählt werden. über diese Tragelemente muss der gesamte Erddruck aufgenommen werden.

Horizontale Tragelemente: Der Aushub wird in Lagen von 50 - 100 cm durchgeführt. Die Aushubhöhe hängt von der freien Standfestigkeit des Untergrundes ab. Nach dem Aushub wird ein horizontales Tragelement (Holz, Stahl) eingeführt.

Fixierungselement: Die horizontalen Tragelemente werden mittels Keilen oder sonstigen speziellen Fixierungselementen an den vertikalen Trägern befestigt. Die Art der Befestigung sollte sicher sein und sich aber unter Kraft wieder lösen lassen.

Verankerung oder Absteifung: Um die gesamte Formation der Wand in Grenzen zu halten, werden in den meisten Fällen eine oder mehrere Absteifungen gewählt. Die Absteifung kann natürlich auch in Form von Erdankern vorgenommen werden.

Je nach Arbeitsweise und Arbeitsmaterial werden die Trägerbohlwände verschieden bezeichnet, ohne dass sich jedoch das Grundsystem verändert. Sonst gibt es:

- Berliner Verbau
- Hamburger Verbau
- Münchner Verbau
- Essener Verbau

Berechnet wird die Trägerbohlwand mit dem Verfahren, das bei jedem Verbau angewendet wird.

6.3 Pfahlwand

Als Baugrubensicherung kommen heute fast ausschließlich Ortbetonbohrpfähle in Frage. Der Durchmesser bewegt sich zwischen 40 cm und 1,5 m. Die Pfähle können in die verschiedenen Anordnungen eingebaut werden, je nach statischer Notwendigkeit.

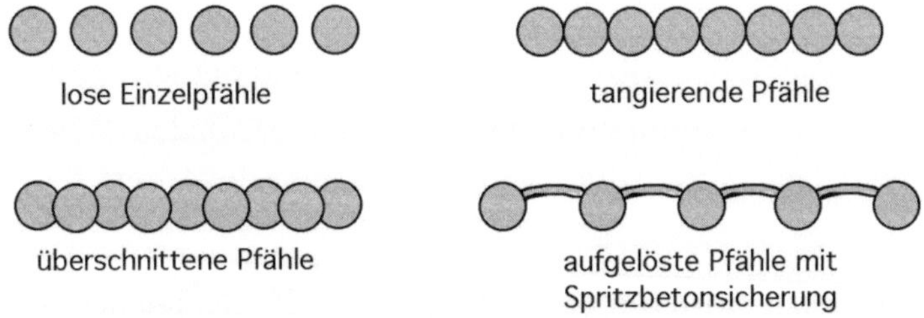

Abbildung 6.32: Systeme der Pfahlwand

Sie sind nicht nur für den Lastfall der Baugrubensicherung verwendbar, in den meisten Fällen werden die Pfahlwände gleichzeitig für die Gründung des Bauwerkes verwendet. Somit ist eine Wirtschaftlichkeit des Einsatzes durchaus gegeben. Besonders interessant ist dabei, dass diese Konstruktion auf Grundlage ihrer Dimensionen ein sehr verformungsarmer Verbau ist. Dies ist bei innerstädtischen Baugruben oft sehr wichtig.

Abbildung 6.33: verankerte aufgelöste Pfahlwand in Steyr

Abbildung 6.34: Pfahlwand mit Stützriegel in Rum bei Innsbruck

Eine Besonderheit bei Ortbetonpfählen ist der Drainagepfahl. Hier ist in der unteren Bereich des Pfahles statt Beton ein Drainagebeton eingebaut.

Abbildung 6.35: Drainagepfahl nach Ausbau mit Filterbeton und Normalbeton

Damit kann dem Pfahl neben seiner statischen Tragwirkung auch noch die Aufgabe der Wasserleitung in Form von Drainagierung zugewiesen werden. So ist eine Absenkung des Grundwassers bei einer Pfahlwand ohne dem Einsatz von Brunnen möglich.

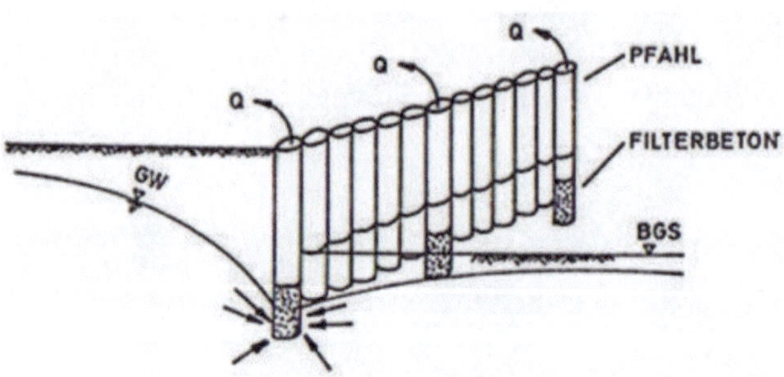

Abbildung 6.36: Drainagepfahl in der Pfahlwand integriert

Der Einsatz des Drainagepfahls bringt nicht nur Kosteneinsparungen sondern auch Platzersparnis, denn es kann auf den Bau von Brunnen verzichtet werden, da dieser bereits in den notwendigen Pfählen integriert ist.

6.4 Schlitzwand

Dies ist eine Wand, die vom Gelände aus nach unten gebaut wird. Es werden dazu sogenannte Schlitze in den Untergrund abgeteuft. Dieses Freilegen der Schlitze erfolgt mit:

Schlitzwandgreifer am Seilbagger (für alle Bodenarten)
Schlitzwandfräse mit Gestängeführung (bei großen Schlitzwandflächen)
Saugkorb am Schwimmbagger (bei feinkörnigen Bööden)

In den Schlitz wird eine Stützflüssigkeit gefüllt, die das Einbrechen der Seitenwände verhindert. Diese Stützflüssigkeit muss den Erddruck, der in den Schlitz hinein wirkt, aufnehmen. Dazu bedient man sich eines natürlichen Tones (Montmorillonit), der besondere Eigenschaften (Tixotropie)aufweist. Dieser natürliche Ton wird aufbereitet und ist im Handel unter der Bezeichnung Bentonit erhältlich.

Bentonit ist ein Ton, der eine extrem große spezifische Oberfläche hat (200 - 800 $[m^2/g]$). Dadurch hat er ein besonders großes Bindungsvermögen mit Wasser. Dies zeigt sich bei der Plastizität des Bentonits. Er kann bis zum 6 - 8-fachen seines Eigengewichtes Wasser an sich binden und ist immer noch als fest zu bezeichnen. Erst dann beginnt dieplastische Phase, die beim 16 - 20-fachen Eigengewicht an Wasserbindung in die flüssige Phase übergeht. Im Übergang zwischen plastischem und flüssigem Zustand zeigt die Suspension ein tixotropes Verhalten. Dies bedeutet, dass im bewegten Zustand dieSuspension eine Flüssigkeit ist und wenn diese eine gewisse Zeit steht, so wird die Suspension plastisch, d.h. sie kann Scherspannungen aufnehmen. Es ist somit ein Verhalten gegeben, wie es z.B. verschiedene Joghurtprodukte auch zeigen.

Weiters ist die extrem kleine Durchlässigkeit der Suspension mit 10^{-10} bis 10^{-12} m/sec bemerkenswert; man kann dieses Material daher als dicht bezeichnen.

Wird nun dieser Bentonit mit Wasser vermischt an der Fließgrenze als Suspension in den offenen Schlitz eingebracht, so kann der Bagger im Schlitz fast frei arbeiten, die im Schlitz befindliche Stützflüssigkeit behindert seine Tätigkeit nicht. Die Suspension dringt in den freigelegten Untergrund einige cm ein und kommt auf Grund der höheren Zähigkeit - im Vergleich zu Wasser - zur Ruhe. Somit entsteht eine relativ dünne Zone, die aus einem dichten plastischen Material besteht. Diese Zone wird "Filterkuchen"genannt. Dieser Filterkuchen bewirkt nun eine vollkommene Trennung zwischen Erdreich und Schlitz. Damit ist es möglich, dass der Suspensionsdruck vom Schlitz her dem Erddruck von der Erdseite her entgegenwirkt. Über das Wasser-Bentonit-Mischungsverhältnis lässt sich nun die Suspension derart einstellen, dass sie als Stützflüssigkeit sehr tiefe Schlitze ermöglicht. Schlitze bis 100 m Tiefe wurden in Österreich bereits sehr erfolgreich hergestellt.

6.4.1 Herstellung

Vor Beginn der Schlitzarbeiten muss zuerst eine Leitwand auf beiden Seiten des Schlitzes hergestellt werden, um dem Greifer des Baggers eine Führung zu geben. An dieser Leitwand wird der Greifer in seinen Drehbewegungen beruhigt und erhält selbst auch eine Führung, sodass ein vertikaler Schlitz entsteht.

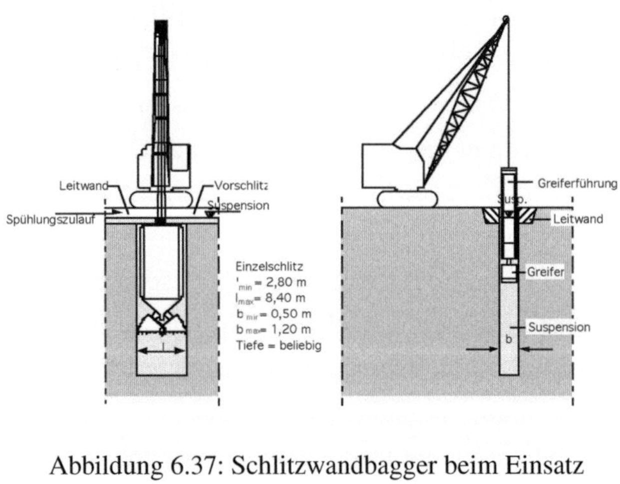

Abbildung 6.37: Schlitzwandbagger beim Einsatz

In den offenen Schlitz wird die Bentonitsuspension eingefüllt, um so den offenen Schlitz gegen nachbrechendes Erdreich zu schützen. Der Bagger hebt nun einen Schlitz in der vorgesehenen Breite (von 2,8 bis 8,40 m) bis zur Endtiefe aus. Danach wird die Sohle des offenen Schlitzes entsandet, da sich die tief liegende Stützflüssigkeit mit Sand angereichert hat. Anschließend wird der Bewehrungskorb eingebaut und an der Leitwand befestigt, sodass er nicht bis zur Unterkante der Schlitzwand reichen muss. Jetzt kann der Beton eingebracht werden. Dies geschieht mit einem Betonierrohr (Schüttrohr). Der Beton wird dabei durch das Rohr so tief eingeführt, dass er unter der jeweiligen Betonoberfläche in den Frischbeton eindringt. Somit gibt es nur eine Betonoberfläche, die mit der darüber liegenden Stützflüssigkeit in Kontakt kommt und sich geringfügig vermischen kann.

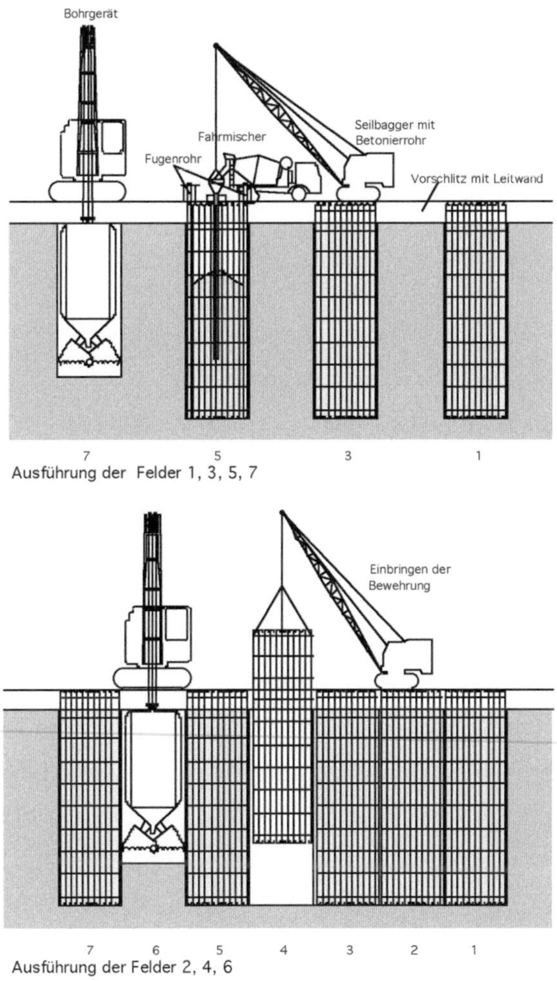

Abbildung 6.38: Herstellungsfasen der Schlitzwand

Wie in der vorgehenden Abbildung gezeigt, werden die einzelnen Schlitze in der angegebenen Reihenfolge hergestellt, sodass zum Schluss immer in eine Wandlücke hineinbetoniert wird. Mit dieser Methode wird so lange verfahren, bis die gesamte Wand hergestellt und somit geschlossen ist. Im Grundriss gesehen werden nun Schlitzwandelemente entweder stumpf aneinander gestoßen oder mit einer Fugenkonstruktion verbunden. Wenn keine Dichtheit der Schlitzwand gefordert ist, werden die einzelnen Elemente freigebaggert und anschließend im vollen Querschnitt ausbetoniert. Dies ergibt dann eine etwas rauhe Seitenfläche, an die dann vom Nachbarelement her anbetoniert wird.

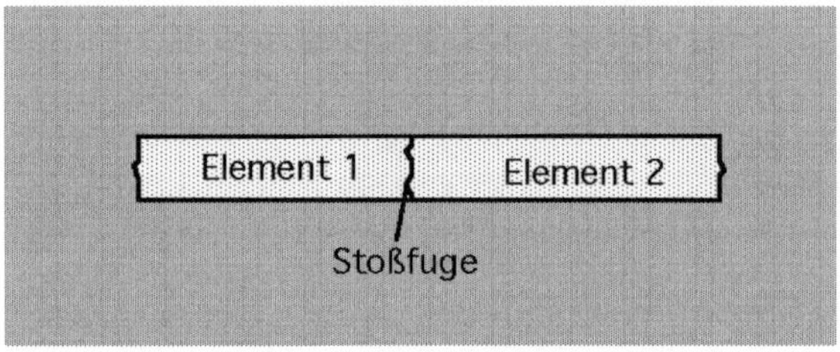

Abbildung 6.39: einfache Fugenausbildung mit einer Stoßfuge

Muss die fertige Schlitzwand dicht gegenüber Grundwasser sein, so muss bei der Fuge zwischen den einzelnen Elementen eine Fugenkonstruktion eingebaut werden. Es werden hier eine Vielzahl von Fugenkonstruktionen von den diversen ausführenden Firmen angeboten, die jeweils Vor- und auch Nachteile haben. Hier wird nur eine Möglichkeit beschrieben, die sich seit Jahren als positiv durchgesetzt hat und zusätzlich firmenunabhängig angewendet werden kann.

Die einfachste und auch am häufigsten verwendete Konstruktion ist das Fugenrohr. Es wird beim ersten Schlitz auf beiden Seiten beim Betonieren hineingestellt, sodass eine halbrunde Fuge entsteht. Nach dem Abbinden des Betons wird das Fugenrohr gezogen und das Nachbarelement ausgehoben. Das Nachbarelement wird nun gegen diese halbrunde relativ glatte Fuge betoniert. Es entsteht dadurch eine Fuge mit Halbkreisform, die nicht nur einen eindeutigen Elementübergang hat, sondern auch noch zusätzlich Kräfte quer zur Fuge aufnimmt. Damit ist ein gewisser seitlicher Zusammenhang der einzelnen Schlitzwandelemente gegeben.

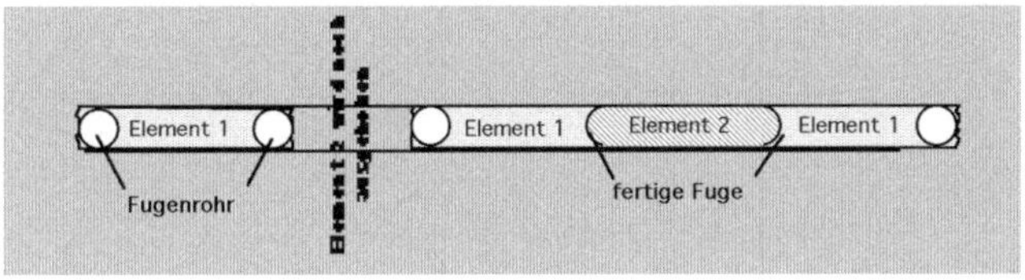

Abbildung 6.40: Fugenherstellung mit einem Fugenrohr

Wird eine zusätzliche Dichtfunktion bei diesen Fugen verlangt, so werden meisDichtungsbänder entlang der Fuge eingebaut, wobei hier besonders die Quellfugenbänder einen positiven Erfolg zeigen.

6.4.2 Offener Schlitz

Der offene Schlitz wird mit einer Stützflüssigkeit stabilisiert, wobei diese Stützflüssigkeit in den umgebenden Boden einige cm eindringt und dann infolge der Eigenzähigkeit nicht mehr weiter eindringt. Damit entsteht im ersten Bodenbereich eine Dichthaut, die von einer Stützflüssigkeit zum Erdreich gedrückt wird. Der Druck der Stützflüssigkeit muss nun größer sein, als jener Druck, der das anstehende Erdreich in den offenen Schlitz drückt.

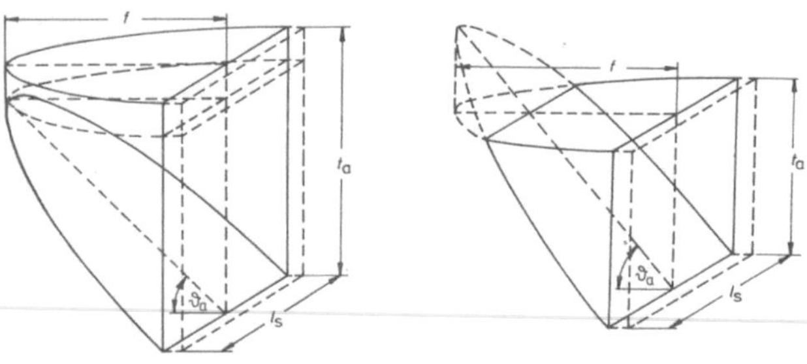

Abbildung 6.41: Bruchkörper nach Piaskowsky und Kowalewsky (DIN 4126)

Da der Schlitz seitlich begrenzt ist, tritt kein ebener Erddruck auf, sondern ein verminderter Druck. Hier wird der Bruchkörper von Piaskowsky und Kowalensky gemäß obiger Abbildung angesetzt. Im Grundriss und Schnitt ist der Bruchkörper in der nächsten Abbildung dargestellt.

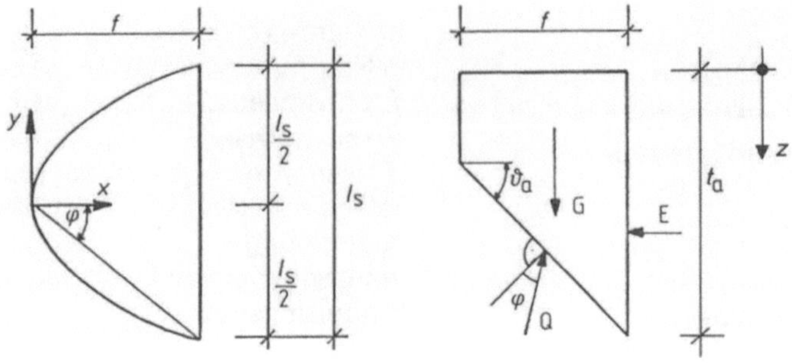

Abbildung 6.42: Bruchkörper nach Piaskowsky und Kowalewsky - Grundriss und Schnitt

Im Prinzip wird mit einer ebenen Erddruckberechnung in der die Erddruckordinaten ermittelt werden berechnet, wobei diese Ordinaten mit einem Abminderungsfaktor für die Verringerung des Erddruckes multipliziert werden. Dieser Abminderungsfaktor ist vom Reibungswinkel des Bodens und der relativen Tiefe der Erddruckberechnung abhängig.

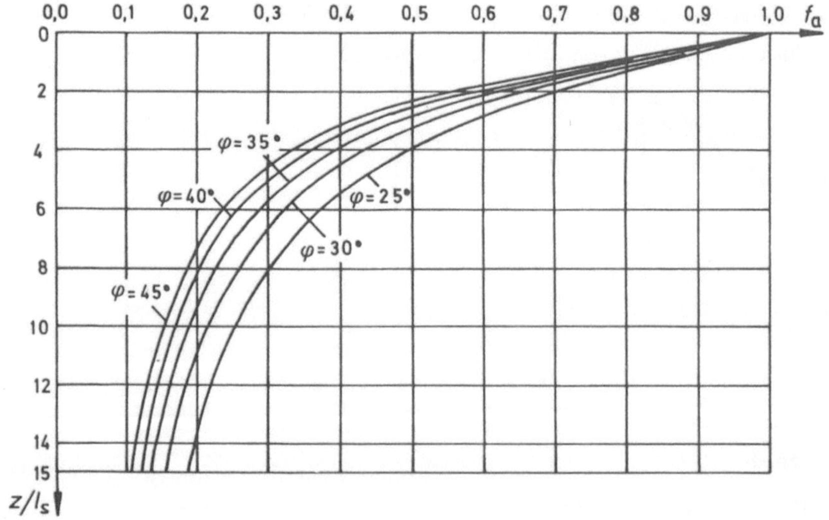

Abbildung 6.43: Abminderungsfaktor nach Piaskowsky und Kowalewsky für die Erddruckberechnung

Für Berechnungstiefen oberhalb des Grundwassers bis zu einer Tiefe von t_w

gilt:

$$e_{ah} = \gamma * z * K_a * f_a \tag{6.15}$$

Darunter ist die Erddruckordinate nach folgendem Ansatz zu rechnen:

$$e_{ah} = [\gamma * t_w + \gamma' * (z - t_w) * K_a * f_a \tag{6.16}$$

Dabei ist K_a der Erddruckbeiwert nach Coulomb.

$$K_a = tan^2(45 - \frac{\varphi}{2}) \tag{6.17}$$

Die Berechnung wird an Hand eines praktischen Beispiels für eine Schlitzwandbaustelle (Universitätsklinik in Innsbruck Anichstrasse) vorgeführt:

Gelände OK bei:	0,0	m
Leitwand UK bei:	1,0	m
Schlitz Tiefe:	20,0	m
Schlitz Länge:	2,8	m
Suspensionsspiegel bei:	0,5	m
Dichte der Suspension:	10,4	kN/m3
Fließgrenze Suspension:	43	N/m2
Tiefe Grundwasserspiegel:	3	m

Abbildung 6.44: Geometrie des Schlitzes

Nach den geometrischen Daten müssen die einzelnen Bodenschichten des anstehenden Untergrundes mitsamt den dazugehörigen Schichtdicken und Bodenkennwerten, wie Raumgewicht, Reibungswinkel und Kohäsion, eingegeben werden.

Schicht Nr.	Dicke (m)	GAMMA (kN/m3)	PHI (Grad)	KOHÄSION (kN/m2)	D-10 (mm)
1	3,00	21,0	35,0	0	0,40
2	5,00	12,0	35,0	0	0,40
3	15,00	11,0	25,0	10	0,04
4	0,00	0,0	0,0	0	0,00
5	0,00	0,0	0,0	0	0,00

Abbildung 6.45: Bodenschichten mit Kennwerten

Beim offenen Schlitz ist direkt benachbart eine Baustrasse, die auch von der Belastung auf den Schlitz berücksichtigt werden muss. Daher wird als Belastung des Erdreiches eine Oberflächenbelastung im Abstand von 2 m bis 6 m zusätzlich in die Berechnung eingeführt.

Last Nr.	P (kN/m2)	x-Anfang (m)	x-Ende (m)	Tiefe (m)	e-Last (kN/m2)
1	20	2,0	6,0	0,0	8,0
2	0	0,0	0,0	0,0	0,0
3	0	0,0	0,0	0,0	0,0

Abbildung 6.46: Belastung des offenen Schlitzes

Mit diesen Grunddaten kann nun der Erddruck auf der Bodenseite nach dem Verfahren nach Coulomb berechnet werden. Dabei wird zuerst der normale Erddruck mit den angegebenen Belastungen für den ebenen Fall gerechnet . Erst im nächsten Schritt wird die Abminderung wegen der räumlichen Verspannung berücksichtigt.

Schicht Nr.	Kah	To (m)	Tu (m)	eon (kN/m2)	eun (kN/m2)
1	0,271	0,00	3,00	0,0	17,1
2	0,271	3,00	8,00	17,1	33,3
3	0,406	8,00	23,00	37,2	104,1
4	0,000	23,00	0,00	0,0	0,0
5	0,000	0,00	0,00	0,0	0,0

Abbildung 6.47: Erddruckordinaten nach Coulomb

Es wird dann die Schlitzwandtiefe in Berechnungsschritte unterteilt, sodass in einzelnen gleichen Schichtstärken jeweils der Erddruck nach Coulomb angegeben werden kann. Nachdem nun das Tiefenverhältnis für jede angegebene Tiefe ermittelt ist, kann aus der Graphik Abbildung 6.43 der zugehörige Abminderungsfaktor f_a entnommen werden. Mit diesem Abminderungsfaktor wird nun die Erddruckordinate nach Gleichung 6.15 bzw. 6.16 errechnet.

Jetzt kann der Gesamte Erddruck bis in die jeweilige Schicht ermittelt werden. Dann werden die Erddrücke der einzelnen Schichten aufaddiert und so ist dann für jede berechnete Höhenkote der gesamte abgeminderte Erddruck ermittelt.

Tiefe (m)	Boden Schicht	e (kN/m2)	T/l	fa	es (kN/m2)	Es (kN)	Eges (kN)
0	1	0,00	0,00	1,00	0,00	0,00	0,00
1	1	5,69	0,36	1,00	5,69	7,97	7,97
2	1	15,39	0,71	0,91	13,93	27,47	35,44
3	1	21,08	1,07	0,81	17,08	43,41	78,85
4	2	24,34	1,43	0,81	19,71	51,51	130,36
5	2	27,59	1,79	0,72	19,73	55,21	185,58
6	2	30,84	2,14	0,62	19,12	54,39	239,96
7	2	34,09	2,50	0,53	18,07	52,07	292,03
8	2	37,34	2,86	0,53	19,79	53,01	345,03
9	3	45,66	3,21	0,47	21,46	57,75	402,78
10	3	50,12	3,57	0,43	21,55	60,21	463,00
11	3	54,59	3,93	0,43	23,47	63,03	526,03
12	3	55,04	4,29	0,40	21,74	63,30	589,33
13	3	59,50	4,64	0,36	21,24	60,17	649,50
14	3	63,97	5,00	0,33	21,11	59,29	708,79
15	3	68,43	5,36	0,33	22,58	61,17	769,96
16	3	72,89	5,71	0,30	22,09	62,54	832,50
17	3	77,36	6,07	0,29	22,20	62,00	894,50
18	3	81,82	6,43	0,29	23,48	63,96	958,46
19	3	86,29	6,79	0,27	23,30	65,49	1.023,95
20	3	90,75	7,14	0,25	22,96	64,76	1.088,72

Abbildung 6.48: Erddruck in den Berechnungsschritten mit Abminderung

Stützkraft der Suspension auf Leitwand SI = 3,64 kN

Tiefe (m)	SH (kN)	W (kN)	S' = SH - W + El - SI (kN)	Eges (kN)	Sicherheit eta
0	0,00	0,00	8,90	0,00	1,574
1	3,64	0,00	12,54	7,97	1,574
2	32,76	0,00	41,66	35,44	1,175
3	91,00	0,00	99,90	78,85	1,267
4	178,36	14,00	173,26	130,36	1,329
5	294,84	56,00	247,74	185,58	1,335
6	440,44	126,00	323,34	239,96	1,347
7	615,16	224,00	400,06	292,03	1,370
8	819,00	350,00	477,90	345,03	1,385
9	1.051,96	504,00	556,86	402,78	1,383
10	1.314,04	686,00	636,94	463,00	1,376
11	1.605,24	896,00	718,14	526,03	1,365
12	1.925,56	1.134,00	800,46	589,33	1,358
13	2.275,00	1.400,00	883,90	649,50	1,361
14	2.653,56	1.694,00	968,46	708,79	1,366
15	3.061,24	2.016,00	1.054,14	769,96	1,369
16	3.498,04	2.366,00	1.140,94	832,50	1,371
17	3.963,96	2.744,00	1.228,86	894,50	1,374
18	4.458,99	3.150,00	1.317,90	958,46	1,375
19	4.983,15	3.584,00	1.408,06	1.023,95	1,375
20	5.536,43	4.046,00	1.499,34	1.088,72	1,377

Abbildung 6.49: Stützkraft der Suspension in den Berechnungsschritten mit der Sicherheit des offenen Schlitzes

Einen graphischen Überblick von der Verteilung der Sicherheit über die Tiefe gibt folgende Abbildung.

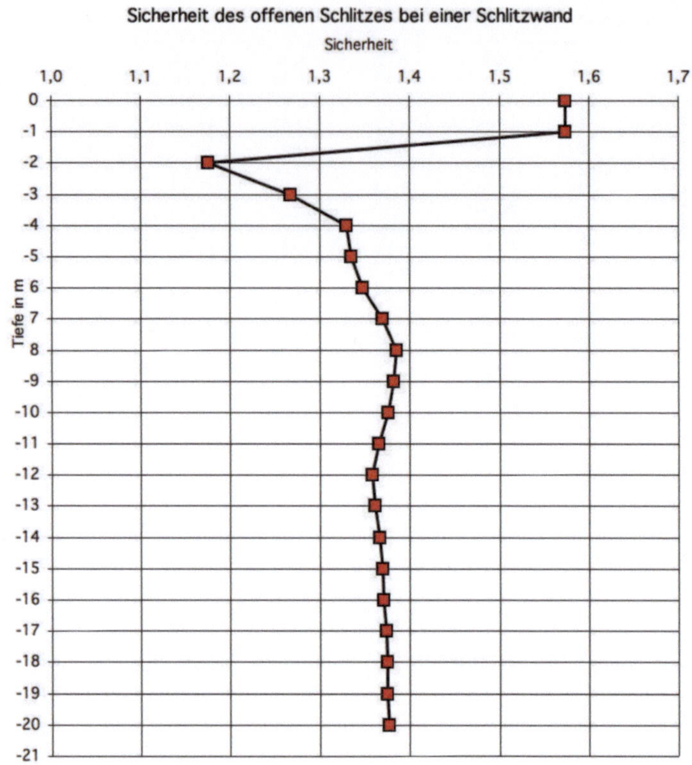

Abbildung 6.50: Graphik der Sicherheit des offenen Schlitzes

Wie in der Graphik ersichtlich ist direkt unter der Leitwand die Sicherheit am kleinsten. Dies kommt aus der benachbarten Strassenbelastung. Es wird der minimal zulässige Sicherheitswert von 1,1 jedoch nicht unterschritten.

6.4.3 Vertikale Krafteintragung

Eine häufige Forderung an Schlitzwände ist das nachträgliche Einbinden von Geschossdecken. Dies ist besonders für die Bewehrungsführung schwierig, denn der Bewehrungskorb deformiert sich beim Einbringen in den Schlitz, sodass die genaue Situierung von Anschlussbewehrung nicht möglich ist. Daher wird zur Bewehrung der Schlitzwand ein Aussparungselement gelegt, das nach dem Freigraben der Schlitzwand entfernt werden kann. Anschließend kann die notwendige Deckenbewehrung verlegt werden, wobei diese auch in die Schlitzwandbewehrung eingefüdelt werden kann.

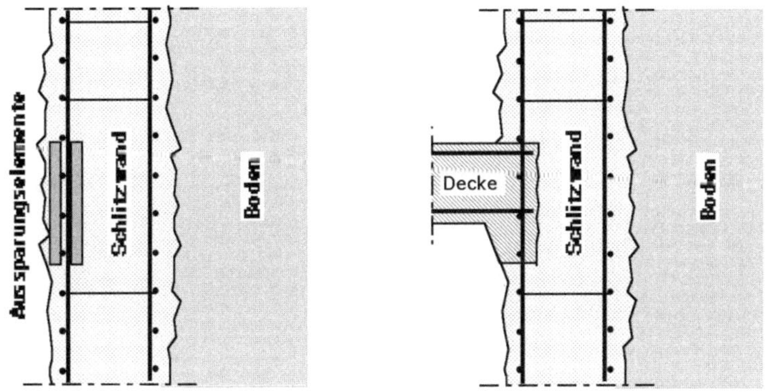

Abbildung 6.51: Deckenausbildung bei Schlitzwänden

6.4.4 Horizontalkräfte und Momente

Die Bemessung der Schlitzwand erfolgt nach den Kriterien des Stahlbetons. Zu beachten ist dabei besonders, dass bei den Fugen unbewehrte Bereiche entstehen, deren Belastung auf die bewehrten Elementteile natürlich umgelegt werden muss. Somit kann bei der Schlitzwand auch - wie im Stahlbetonbau üblich - die Bewehrung dem Momentenverlauf angeglichen werden. Besonders zu beachten dabei ist die Größe und das Gewicht der Bewehrungskörbe, die ja auch noch auf der Baustelle eingebaut werden müssen. So ist es durchaus üblich, dass wegen des Gewichtes in einen offenen Schlitz 2 - 3 Bewehrungskörbe eingebaut werden. Auch eine Verlängerung von Bewehrungskörben wegen großer Schlitztiefe ist durchaus üblich.

6.4.5 Prüfung bei Schlitzwandelementen

Bei der Herstellung der Schlitzwände ist es notwendig, einige Prüfungen auf der Baustelle laufend vorzunehmen. Dabei ist in erster Linie auf die Herstellung des offenen Schlitzes zu achten. Die Stützflüssigkeit ist vor allem direkt auf der Baustelle laufend zu überprüfen. Es müssen jederzeit dietixotropen Eigenschaften und auch das Raumgewicht der Suspension eingehalten werden. Nur so kann gewährleistet werden, dass der Schlitz auch gefahrlos offen steht.

Beim Einbringen des Unterwasserbetons ist zu achten, dass laufend das Schüttrohr unter der steigenden Betonoberfläche ist, sodass hier nur eine geringe Betonschicht mit der darüber stehenden Suspension vermischt sein kann. Selbstverständlich sind die laufenden Baustellenprüfungen des Betons auch hier vorzunehmen.

6.4.6 Anwendungsbeispiele

Es gibt unzählige Anwendungsmöglichkeiten für die Schlitzwand. Sie ist eines der besten, aber auch teuersten Tiefgründungselemente. Da sie jedoch gleichzeitig auch Baugrubenverbau sein können, ist die Wirtschaftlichkeit gegeben. Zusätzlich besteht die Möglichkeit die Schlitzwand auch dicht herzustellen. Damit kann man dann auf eine zusätzliche Innen liegende Kellerwand verzichten.

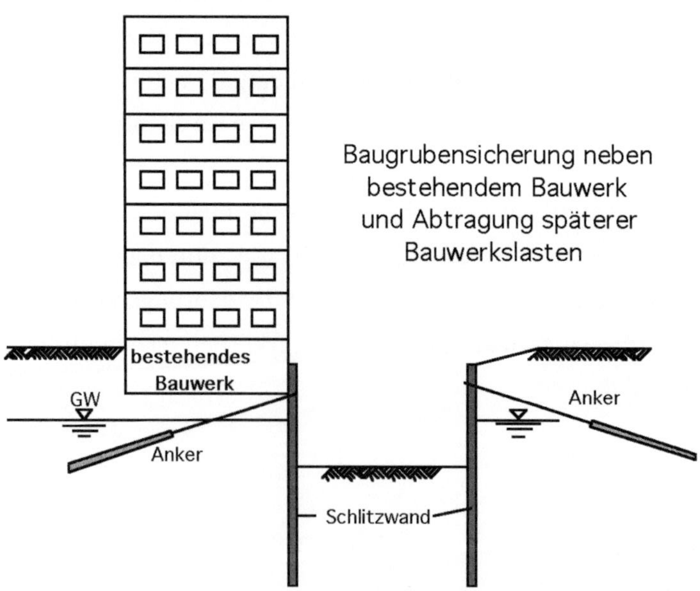

Abbildung 6.52: Baugrubensicherung mit einer Schlitzwand

In der Ausführung hat dann eine solche Schlitzwand aus der Sicht der freigelegten Baugrube folgendes Aussehen.

Abbildung 6.53: verankerte Schlitzwand Universitätsklinik Innsbruck

Ein weiteres Beispiel sind unterirdische Bauwerke, die ohne die Schlitzwandtechnik nicht oder nur mit sehr viel schwierigeren Herstellungsmethoden gebaut werden könnten.

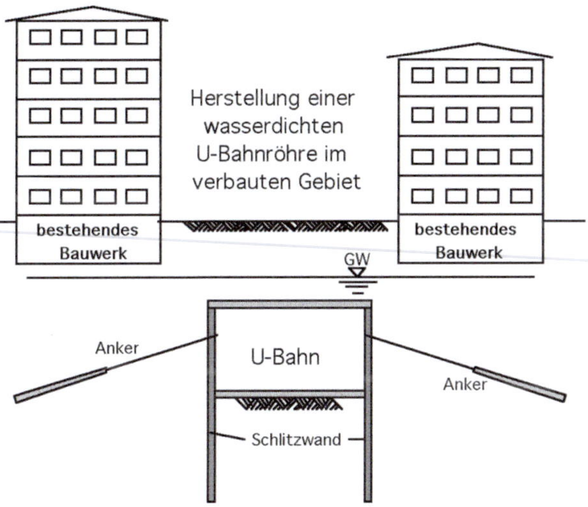

Abbildung 6.54: Anwendung der Schlitzwandtechnik im U-Bahnbau

Ein besonders interessante Erweiterung der Schlitzwand ist die Integrierung von Drainageelementen in dem Schlitzwandelement.

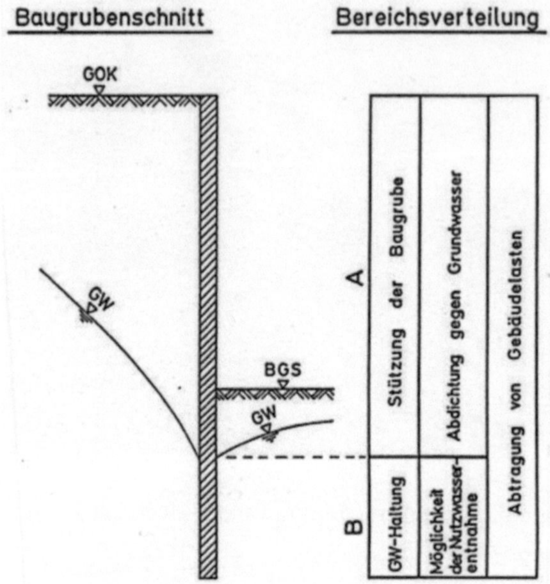

Abbildung 6.55: Bereichsverteilung der Nutzung einer Drainagewand

Abbildung 6.56: Herstellung einer Drainagewand

Die Wirkung der Drainagewand bei einer notwendigen Grundwasserabsenkung ersieht man aus der nächsten Abbildung. Der Grundwasserspiegel wird nicht nur auf der Baugrubeninnenseite, sondern auch auf der Baugrubenaussenseite abgesenkt. Dies kann zu Schwierigkeiten bei Nachbarbauten kommen. Es ist mit dieser Methode auch relativ viel Wasser zu pumpen, da auch von ausserhalb der Baugrube das Grundwasser abgepumpt wird.

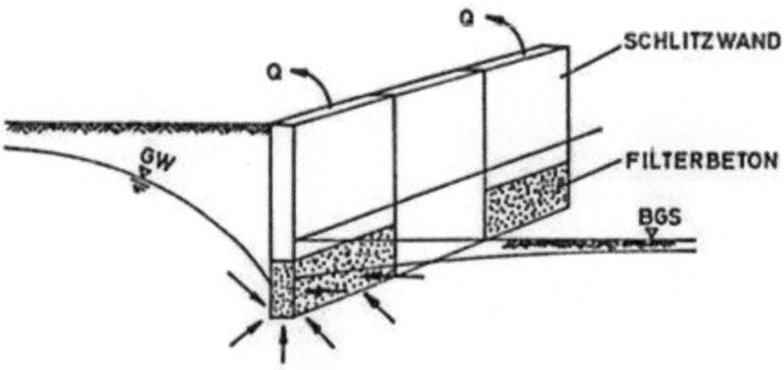

Abbildung 6.57: Wirkung der GW-Absenkung bei einer Drainagewand

Es ist daher vorteilhaft, wenn die Drainageelemente beim Drainageverbau nur innerhalb der Baugrube eingesetzt werden. Dann wird nur das Grundwasser innerhalb der Baugrube abgepumpt und der Wasserspiegel ausserhalb bleibt annähernd gleich.

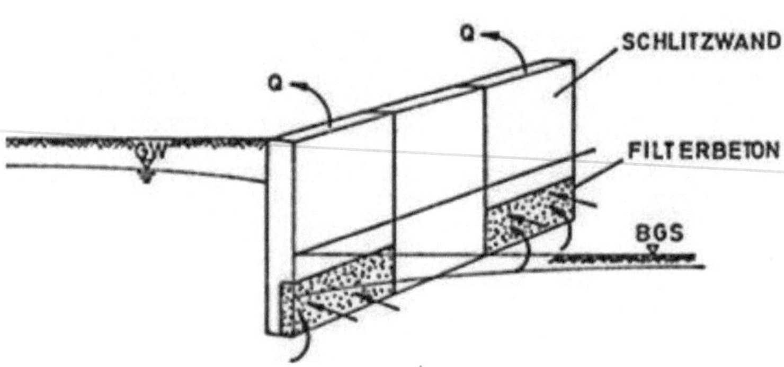

Abbildung 6.58: Wirkung der GW-Absenkung bei einer einseitigen Drainagewand

6.5 Fräswand

Im Jahr 2004 gelingt es der Fa. Bauer, das Beste zweier angewandter Verfahren (Schlitzwand und SoilMix-Verfahren) miteinander zu kombinieren. Die Fräß-Räder des Trench Cutter Systems haben sich zu diesem Zeitpunkt schon vielfach bewährt. Diese Cutter Räder wurden mit dem Soil Mixing Prinzip kombiniert und das neue Cutter-Soil-Mixing (CSM-Verfahren) zur Herstellung einer Fräswand war geboren.

Abbildung 6.59: Fräskopf für das CSM-System

Das CSM-System besteht aus einem Fräskopf mit zwei Cutter Rädern. In die Mitte des Fräskopfes, zwischen den Rädern, wird eine Spension (Bentonitsuspension) eingepresst. Dadurch entsteht eine homogen vermischte Masse in die der Fräskopf leicht mit seinem Eigengewicht in den Boden eindringen kann. Beim Ziehen des Fressnapfes wird nun Zementleim eingepresst, dem auch Fasern beigemischt werden können.

Somit entsteht eine Wand, die entweder aus Beton (der Boden wird als Zuschlagstoff verwendet) oder auch aus Faserbeton besteht. Zusätzlich kann in jedes Wandelement entsprechend den Erfordernissen entweder ein Stahlprofil oder auch ein Bewehrungskorb eingerüttelt werden.

Bei der Anwendung mit Kunststofffasern entsteht eine Wand, die auch Biegemomente übernehmen kann und somit für den Einsatz an Hafenmauern sehr geeignet ist, da bei Faserbeton keine Korrosion auftreten kann, die immer wieder ein großes Problem bei Küstenbauten darstellt.

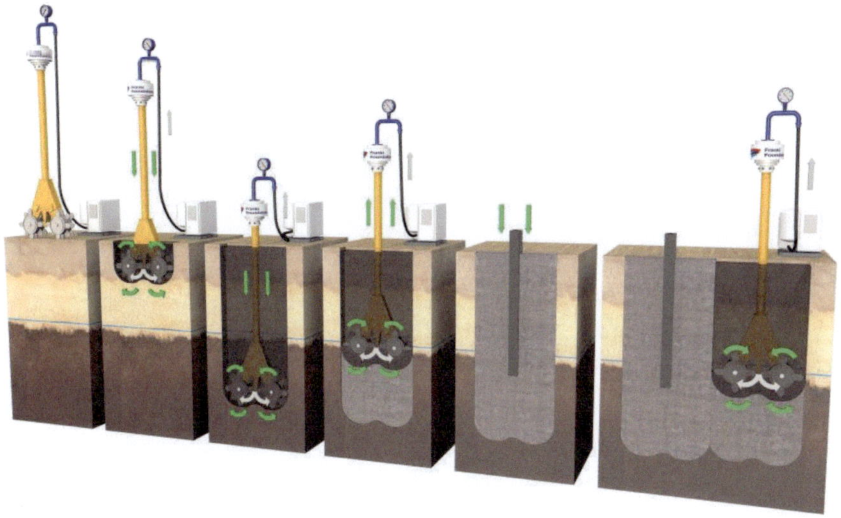

Abbildung 6.60: Prinzip der Wandherstellung einer Fräswand

Die Herstellung einer Fräswand beginnt mit ungeraden Lamellen. Nachdem die ungeraden Lamellen (ca. 1 Tag) ausgehärtet sind, werden die geraden Lamellen gefräst. Hierdurch wird eine optimale gegenseitige Anbindung aller Lamellen erzielt und damit die Stabilität des umgebenden Baugrunds gewährleistet.

Bei der Herstellung der einzelnen Schlitze ist eine Kontrolle des gesamten Vorganges unbedingt erforderlich. So hat sich eingebürgert dass folgende Parameter konstant überwacht werden:

- Tiefe des Fräßkopfes
- Neigung des Fräßgestänges
- Vortriebsgeschwindigkeit bzw. -zeit

- Drehmoment auf die Fräßräder
- Injektionsdruck
- Injektionsdurchfluss

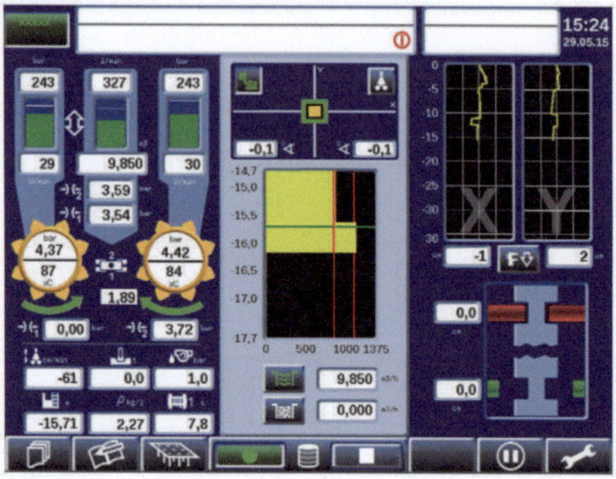

Abbildung 6.61: Kontrollfunktionen bei der Herstellung eines Fräßschlitzes

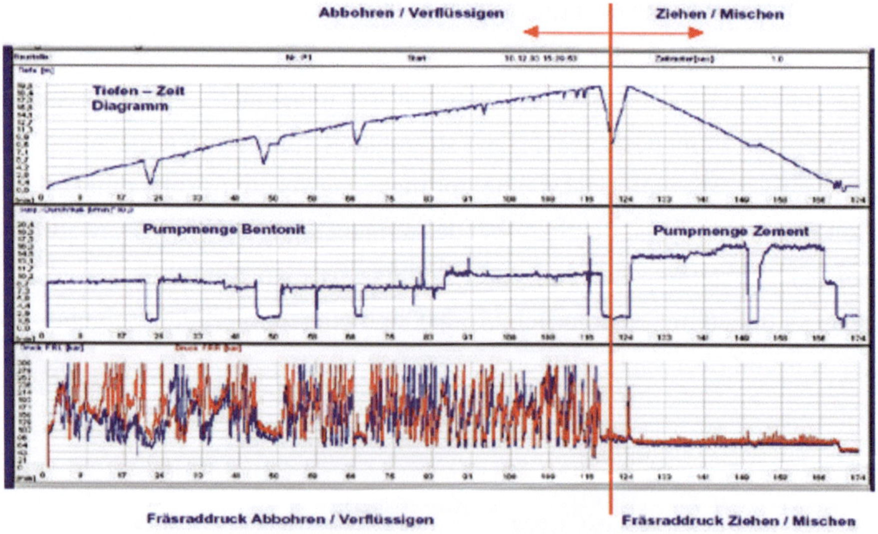

Abbildung 6.62: Protokoll der Herstellung eines Fräßschlitzes

Am besten zeigen sich die Vorteile einer Fräswand bei innerstädtischen Projekten. Eine Fräswand wird vollständig erschütterungs- und setzungsfrei erstellt, wodurch empfindliche Nachbarbebauungen einem minimalen Risiko ausgesetzt werden. Zusätzlich ist dieses Verfahren sehr geräuscharm, wodurch die Belästigung von Anwohnern auf ein Mindestmaß reduziert wird. Die Fräswand ist eine verhältnismäßig starre Stützwand, wodurch die Verbiegung/Verschiebung sehr gering ist. Beim Verfahren wird das Material ausschließlich mit dem bestehenden Boden vermischt und somit ist dieser Boden zugleich ein Teil des Konstruktionsmaterials der Fräswand. Durch unterschiedliche Beigabe der Zementsuspension und auch von Fasern kann im beschränktem Bereich auch die Biegefestigkeit der Wand eingestellt werden.

Abbildung 6.63: Fräswand als verankerte Baugrubensicherung

Dadurch dass bei der Herstellung kaum Rückstände entstehen, ist das Verfahren einer Fräswand schneller und nachhaltiger als vergleichbare, herkömmliche Systeme.

Da der Fräskopf an einem Mäkler nach unten fährt, arbeitet das Verfahren ausgesprochen genau. Im Vergleich zu den herkömmlichen Systemen, wie Spundwand und Berliner Verbau birgt die Fräswand nur minimale Arbeitsrisiken. Hinzu kommt, dass die Belästigung durch Lärm und Transport auf ein Minimum beschränkt wird.

Abbildung 6.64: Fräswand für Schachtherstellungen rechteckig und poligonal

Die wichtigsten Vorteile einer Fräswand zu vergleichbaren Systemen sind:

- hohe Produktivität im Vergleich zur Schlitzwand
- der vorhandene Boden kann konstruktiv genutzt werden
- geringe Vergeudung (nachhaltig)
- vollständig erschütterungsfrei
- lärmreduziert
- in hartem Boden einsetzbar
- gute Qualitätskontrolle
- weniger Belästigung

7 Unterfangungen

Im innerstädtischen Bereichen wird immer öfter direkt an das Nachbarbauwerk angebaut, wobei die Gründung tiefer ist als beim bestehenden Nachbarbauwerk. Es muss die Gründung des Nachbarbauwerkes tiefer verlegt werden und im Zuge dieser Gründungsverlegung muss der Zwischenraum auch noch den Erddruck sichern, der nun durch den Aushub entsteht. Somit ist ein Baugrubenverbau unter das bestehende Nachbarfundament einzubauen.

Je nach Herstellungsverfahren unterscheidet man unterschiedliche Arten der Unterfangungen. Sie variieren wesentlich in der Herstellung sowie auch der Verformung der Konstruktion beim Nachbarbauwerk.

Bei allen Unterfangungen sind die Bewegungen beim bestehenden Bauwerk zu messen. Hier hat sich eine Messeinrichtung bewehrt, bei der ein Schieber an einem Maßstab entlang geschoben wird und man in zeitlichen Abständen die Messamarke ablesen und notieren kann.

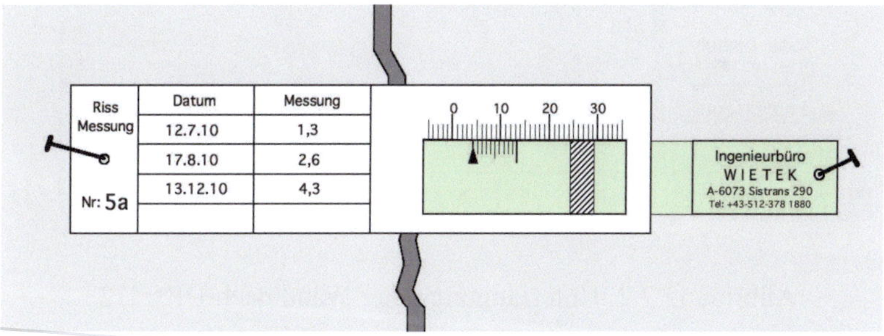

Abbildung 7.1: Messeinrichtung zur Messung von Bauwerksrissen

Mit der auf der Zunge eingravierten Noniuseinteilung lässt sich die Messung auf 0,1 mm genau durchführen. Somit ist eine ausreichende Genauigkert gegeben und auch der zeitliche Ablauf von Verformungen eindeutig nachvollziehbar.

Die Originalversion des Kapitels wurde revidiert. Ein Erratum ist verfügbar unter https://doi.org/10.1007/978-3-658-44911-7_10

© Der/die Autor(en), exklusiv lizenziert an
Springer Fachmedien Wiesbaden GmbH, ein Teil von Springer Nature 2024, korrigierte Publikation 2024
B. Wietek, *Böschungen und Baugruben*, https://doi.org/10.1007/978-3-658-44911-7_7

Generell sind Unterfangungen nur noch mit Materialien mit hoher Festigkeit anzuwenden, denn Materialien wie Holz und Mauerwerk zeigen zu große Verformungen, die heute nicht mehr akzeptabel sind.

7.1 Herkömmliche Betonscheiben

Bei der Unterfangung mit einzelnen Betonscheiben wird der Untergrund in Schlitzen geöffnet, die Schalung eingebaut und schnellstmöglich ausbetoniert. Dies erfolgt in Abschnitten, die von der Norm vorgegeben werden. Mit dieser Methode sind Unterfangungen bis zu 3,0 m möglich. Bei größeren Tiefen sind andere Verfahren anzuwenden.

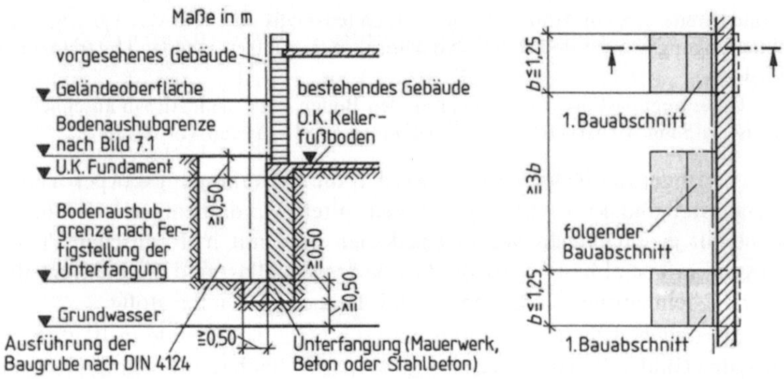

Abbildung 7.2: Unterfangung einer Wand nach DIN 4123

Bei der konventionellen Unterfangung entstehen normalerweise Setzungen im Bereich von 1 – 3 cm. Diese entstehen durch die Schwierigkeit, dass die Fuge zwischen Betonunterfangung und bestehendem Fundament nicht vollflächig anliegt und der Beton meist noch relativ jung belastet wird. Die Fuge kann nur sehr aufwendig verpresst werden und somit ist die Fehlstelle die Deformationen erzeugt sehr ungewiss.

Damit ist diese Art von Unterfangung sehr rückläufig in ihrer Anwendung.

7.2 Vernagelter Spritzbeton

Auf Grund der relativ raschen Bearbeitung von einzelnen Spritzbetonfeldern eig-net sich die vernagelte Spritzbetonwand auch für die Unterfangung von Bauwer-ken. Voraussetzung ist jedoch eine kurzzeitige Standfestigkeit des Untergrundes ohne gleich Deformationen zu zeigen. So eignen sich rollige Böden mit gerin-gem bindigen Anteilen sehr gut zur Anwendung dieses Verfahrens.

Die Bearbeitung eines offenen Feldes kann in 5 Minuten erfolgen, wenn die Arbeitsmannschaft die Bewehrung bereits vorbereitet hat und sofort nach Frei-legen durch den Bagger mit dem Einspritzen beginnt. Da der Spritzbeton bereits nach einigen Minuten schon Kraft aufnehmen kann ist die Verformung des Erd-reiches sehr gering.

Es wird bei diesem Verfahren von Verformungen von 0,5 bis 1,5 cm ausge-gangen.

Abbildung 7.3: Unterfangung im Dorfbereich von Ischgl

Die Einzelfelder werden in Höhenabschnitten von ca. 1,5 m und in der Brei-te zwischen 2 bis 4 m gewählt, je nach der Standfestigkeit des Untergrundes. Die Abstände der Vernagelung wird meist etwas dichter gewählt als beim Ver-bau im Freien. Gerade bei innerstädtischen Grundstücksverhältnissen ist sehr oft der Platz für eine Bearbeitung sehr beschränkt. Hier kann mit der vernagelten Spritzbetonwand auch jede geometrische Form bearbeitet werden.

Es besteht auch die Möglichkeit tieferliegende Fundamente seitlich in den Spritzbeton der Unterfangung einzugliedern. Dazu werden seitlich in die Fundamente Anschlusseisen ähnlich wie Dübel eingebohrt und vergossen. Damit hat der Spritzbeton einen kräftemäßigen starren Anschluss an die Fundamente. Bei der Feldeinteilung muss zusätzlich darauf geachtet werden, dass einerseits die Fundamentebene auch eine Spritzbetonebene darstellt und dass unterhalb eines Fundamentes nur jeweils einseitig die Felder geöffnet werden dürfen um so eine Setzung der Fundamente zu vermeiden.

Ein besonders anschauliches Beispiel für die Integrierung von Fundamenten in eine Unterfangung mit vernageltem Spritzbeton wird in nachfolgender Abbildung gezeigt, bei der eine Baugrube für eine Tiefgarage hergestellt wurde.

Abbildung 7.4: Unterfangung des Franziskanerklosters in Innsbruck

Generell wichtig ist bei dieser Methode, dass alle offenen Flächen so rasch wie nur möglich geschlossen werden und die Bodennägel direkt nach dem Spritzbeton eingebracht werden. Das Nachbarfeld darf frühestens nach einem Tag bei Verwendung von Schnellzementen, sonst nach 3 Tagen freigelegt werden. Damit werden die auftretenden Deformationen auf ein Minimum zurückgehalten.

Es sind üblicherweise Deformationen von 0,5 bis 1,5 cm zu erwarten. Bei Nachbarbauwerken mit einer Ziegelbauweise sind dabei kleine Risse bis zu 3 mm zu erwarten. Besteht das Fundament aus Beton bzw. Stahlbeton, so ist eine interne Lastumordnung möglich, sodass in vielen Fällen keine Risse im Nachbarhaus entstehen.

Abbildung 7.5: Unterfangung des Krankenhauses Schwaz mit Hubschrauber-landeplatz mit Stahlfaserbeton

Um die Zeit, in der die einzelnen Felder frei stehen, zu verkürzen, wurde statt der mit Baustahlmatten bewehrten Spritzbetonschale ein Stahlfaserbeton verwendet. Es zeigte sich im praktischen Einsatz, dass ein Feld h=1,5m b=2m inklusive Baggerarbeiten und fertigem Spritzbeton in 4-5 Minuten hergestellt war. Die Bodennägel wurden direkt danach eingebaut.

Mit dieser Methode konnte die Unterfangung des Krankenhauses Schwaz mit integriertem Hubschrauberlandeplatz rissefrei ausgeführt werden.

7.3 Hochdruckbodenvermörtelung

Bei der Hochdruckbodenvermörtelung (auch Soilcrete, Düsenstrahlverfahren, Hochdruckinjektionsverfahren,Jet-Groutting etc.) wird Zementmilch mit Hochdruck in den Untergrund eingespritzt und so ein Mörtelkörper hergestellt.

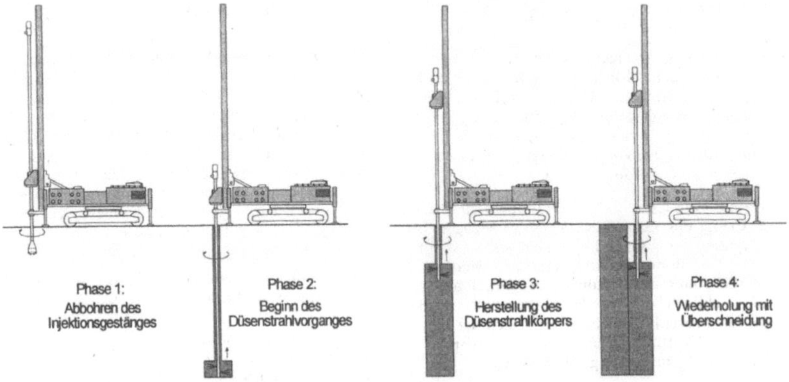

Abbildung 7.6: Arbeitsablauf bei der HDBV

Es wird eine Lanze in den Untergrund gebohrt, an deren Ende ein Injektionskopf ist. Nach Erreichen der Endtiefe wird über den Injektionskopf meist drehend beim Ziehvorgang Injektionsmittel auf Zementbasis mit Drücken bis zu 600 bar in den anstehenden Untergrund eingespritzt. Dabei entsteht ein vollflächiger Verbund mit dem zu unterfangenden Bauwerk, was die Setzung des Gesamtwerkes sehr positiv beeinflusst.

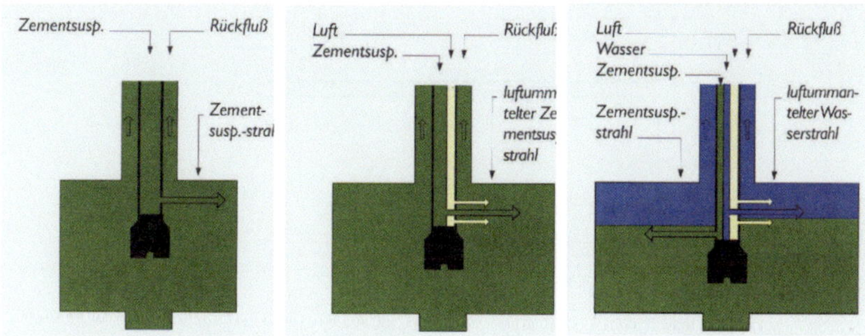

Abbildung 7.7: Injektionsarten bei der HDBV

Es sind derzeit drei unterschiedliche Injektionsverfahren in Anwendung, wobei die diesbezügliche Auswahl zwischen den ausführenden Firmen sehr stark schwankt. Nachfolgend sind einige Anwendungsbeispiele aufgezeigt.

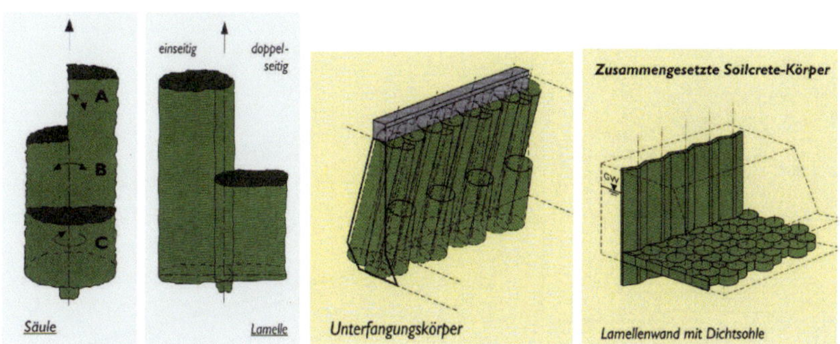

Abbildung 7.8: mögliche Anwendungen bei der HDBV

Bei der Fremdenverkehrsschule Villa Blanka in Innsbruck musste bei vollem Betrieb die zweifach verankerte Unterfangung mittels HDBV-Säulen hergestellt werden. Besonders unangenehm war dabei der Vorsprung in der Fassade des bestehenden Bauwerkes. Die Bohrungen mussten diesen Vorsprung berücksichtigen. Somit entstand ein zusätzlicher HDBV-Körper direkt unter den bestehenden Fundamenten.

Der nachfolgende Schnitt zeigt diese Situation mit den eingetragenen HDBV-Körpern und den verwendeten Ankern.

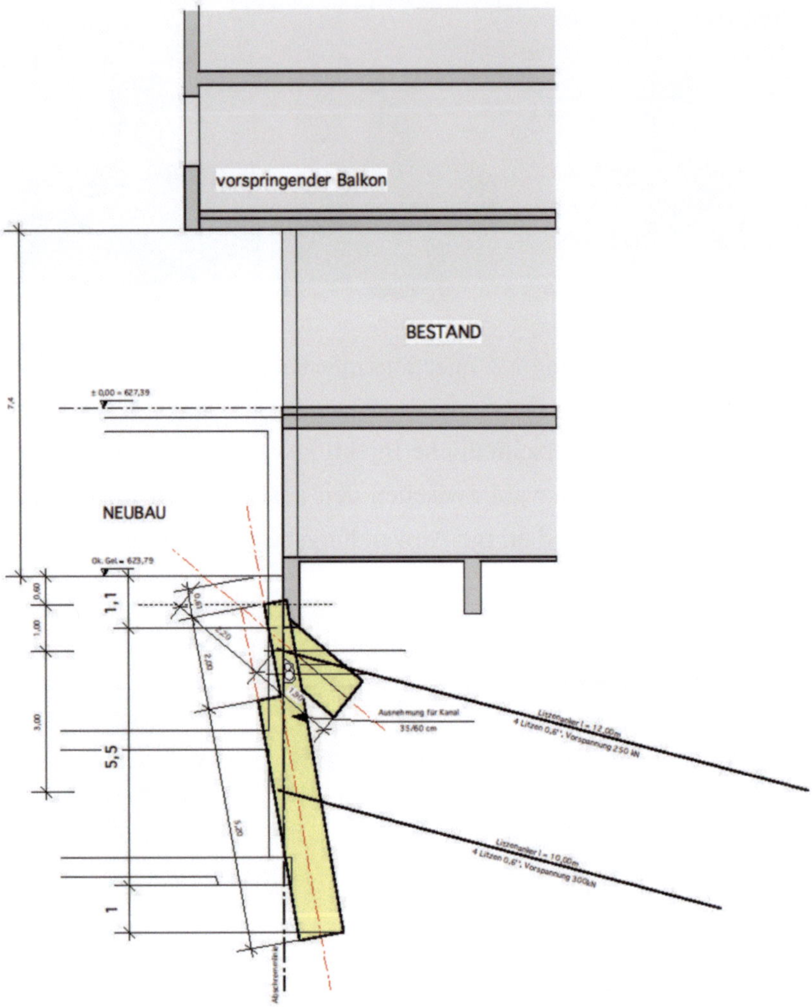

Abbildung 7.9: Unterfangung mit HDBV bei Villa Blanka Innsbruck - Schnitt

Die Berechnung dieser Unterfangung erfolgt wie bei einer unbewehrten Schwergewichtsmauer, bei der an der Luftseite keinen Zug auftreten darf. Es muss also der Querschnitt jederzeit unter Druck stehen. Die Anker bewirken, dass die Resultierende des Systems wieder in die Mitte des Verpresskörpers verschoben wird.

Die fertige Unterfangung wird in der nächsten Abbildung gezeigt, wobei hier auch der Vorsprung in der Fassade schön zu erkennen ist.

Abbildung 7.10: Unterfangung mit HDBV bei Villa Blanka Innsbruck

Nach der Einbringung der HDBV-Säulen wurde zunächst ein Voraushub bis zur ersten Ankerlage durchgeführt. Die Anker wurden hergestellt und zur Sicherheit mit einer Eignungsprüfung überprüft. Erst dann konnte der zweite Aushubbereich abgeteuft werden und die Anker der 2.Lage wurden hergestellt Erst nach der entsprechenden Aushärtungszeit des Ankermörtels und der Eignungsprüfung wurde der Restaushub durchgeführt.

Das Verfahren lässt sich nicht nur im Freien anwenden, es gibt bereits kleine Maschinen, die die Bohr- und Injektionsarbeiten von Kellerräumen aus durchführen können, wobei diese sogar durch Kellertüren duchfahren können und eine Breite von < 80 cm und eine Höhe von < 160 cm besitzen.

Eine solche Möglichkeit wurde im Zuge des Umbaues des Bauwerkes der Arbeiterkammer in Innsbruck genutzt.

Abbildung 7.11: Unterfangung mit HDBV im Innenraum der Arbeiterkammer in Innsbruck

Die Unterfangung war bis zu 3,5 m in einem bestehenden Altbau (Steinmauern) unter sehr beengten Verhältnissen durchgeführt worden.

Eine etwas freiere Zugänglichkeit zeigt die Unterfangung mit Verankerung im nächsten Beispiel bei einer Baugrube in Schwaz in der Tannenberggasse , bei der die erforderlichen Genauigkeiten eingehalten wurden. Die überstehenden Injektionskörper wurden mit einer Fräse, die am Bagger angebaut wurde, masshaltig entfernt.

Man erkennt klar den Übergang vom bestehenden Bauwerk zur HDBV-Unterfangu und die relativ rauhe Oberfläche, die durch das Abfräsen der Injektionskörper entstanden ist.

Risse oder Setzungen wurden bei dieser Unterfangung keine gemessen. Dies zeigt, dass bei diesem Verfahren die derzeit schonendste Unterfangung bei bestehenden Bauwerken gewählt wurde.

Abbildung 7.12: Unterfangung mit HDBV bei Tannenberggasse inSchwaz

Die Ausbreitung des Injektionskörpers ist stark vom anstehenden Untergrund abhängig. Daher wird allgemein angeraten auf jeder Baustelle im Bereich der Baugrube zuerst eine Probesäule herzustellen und somit die Ausbreitung und Form des Injetionskörpers zu überprüfen. Es hat sich gezeigt, dass insbesondere bei schräg geschichteten Böden diese Ausbreitung sehr stark schwanken kann und somit der vorgesehene Injektionskörper nicht immer erreicht wurde.

Zum besseren Verständnis wird die im letzten Bild gezeigte Unterfangung verwendet um den Berechnungsgang in einzelnen Schritten nachvollziehen zu können.

Zuerst muss eine Lastermittlung durchgeführt werden, die die Belastung des zu unterfangenden Bauwerks ermittelt. Dabei werden die Lasten aus der Dachkonstruktion, den Decken und der Aussenwand entsprechend ermittelt. Mit der Einflussbreite (= halbe Spannweite der Decken) wird dann die gesamte Wandlast je Laufmeter als Bodenpressung errechnet.

Lastermittlung für die Unterfangung

Baustelle:	Schwaz Tannenberggasse 6		Datum:	03.03.11
Schnitt:	Unterfangung zu Altbau		Bearbeiter:	Wietek

Die Lastermittlung wird auf 1,0 m Länge im Grundriß gerechnet:

Dachlasten:	Dachdeckung	Strangfalzziegel	0,40	kN/m2		
	Dachkonstr.	Holzdachstuhl	1,00	kN/m2		
	Schneelast	Flachland	1,00	kN/m2		
		Einflußbreite	3,00	m	Dachlast =	7,20 kN/lfm
Deckenlasten	Bodenaufbau	Estrich + Parkett	2,50	kN/m2		
	Deckenart	Tramdecke	2,30	kN/m2		
	Untersicht	Deckenputz	0,30	kN/m2		
	Nutzlast	Mietwohnungen	2,00	kN/m2		
		Einflußbreite	3,00	m		
		Deckenanzahl	3	Stk	Deckenlasten =	63,90 kN/lfm
Wand:	Wandart	Ziegel 80 cm verp	18,00	kN/m2		
		Wandhöhe	12,00	m	Wandlast =	216,00 kN/lfm

gesamte Wandlast auf Unterfangung: 287,10 kN/lfm

Abbildung 7.13: Ermittlung der Belastung der Unterfangung

BODENKENNWERTE:					
Raumgewicht	21	[kN/m3]	Ruhedruckanteil:		
Scherwinkel	37,5	[Grad]	in %	=	30
Kohäsion	5	[kN/m2]			
alpha	0	[Grad]	Ko	=	0,391
beta	0	[Grad]	Kah	=	0,200
delta	25	[Grad]	Kh	=	0,258
			Kp	=	2,056
			C-Anteil	=	4,06

Abbildung 7.14: Eingabe der Bodenkennwerte

Mit den eingegebenen Bodenkennwerten werden die Erddruckbeiwerte für die Erddruckberechnung ermittelt. Anschließend wird die Geometrie der Unterfangung eingegeben.

LASTANGABEN:	Linienlast P =	290	[kN/m]	Flächenlast q =	2	[kN/m2]
GEOMETRIE:	a =	0,00	[m]	Unterfangung:		
	b =	0,10	[m]	Dicke =	1,00	[m]
	c =	0,80	[m]	Höhe =	7,80	[m]
	d =	0,10	[m]	Raumgew. =	23,0	[kN/m3]
	e =	0,30	[m]			
	f =	6,50	[m]	Fläche =	1,00	[m2]
	g =	1,00	[m]	Widerst.mom. =	0,1667	[m3]
	h =	1,00	[m]			

Abbildung 7.15: Eingabe der Geometrie und Belastung

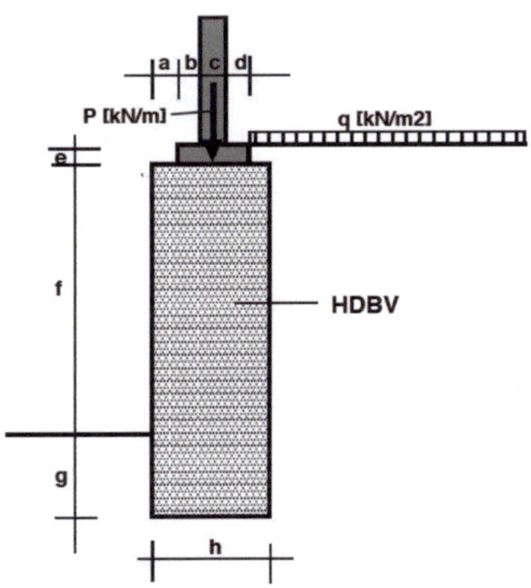

Abbildung 7.16: Geometrie der Unterfangung

Nun wird die Unterfangung schrittweise berechnet. Dazu wird nach folgender Tabelle vorgegangen wobei die einzelnen Spalten nachfolgende Bedeutung haben:

Nr: Nummer der zu berechnenden Schicht

Tiefe-a: Tiefe auf der aktiven Seite (unter dem Bauwerk)

Tiefe-p: Tiefe auf der passiven Seite (in der Baugrube)

P: Belastung auf die Unterfangung

HDBV-Gew: Gewicht des HDBV-Körpers bis zur Schicht

V-Last: Summe der vertikalen Last bis zur Schichtgrenze

e-x: Hebelsarm der Resultierenden von der vorderen Kante aus gesehen in jeder Schicht

Erddruck: Erddruck bis zur Schicht

e-y: Hebelsarm des Erddruckes von der Schicht aus gesehen

Berechnung in Schnitten: Anzahl der Schnitte: 19 [Stück]

Nr	Tiefe-a [m]	Tiefe-p [m]	P [kN/m]	HDBV-Gew. [kN/m]	V-Last [kN/m]	e-x [m]	Erddruck [kN/m]	e-y [m]
1	0,41	0,00	290,0	9,4	299,4	0,50	0,1	0,36
2	0,82	0,00	290,0	18,9	308,9	0,50	1,4	0,56
3	1,23	0,00	290,0	28,3	318,3	0,50	3,6	0,77
4	1,64	0,00	290,0	37,8	327,8	0,50	6,8	0,97
5	2,05	0,00	290,0	47,2	337,2	0,50	10,8	1,18
6	2,46	0,00	290,0	56,7	346,7	0,50	15,8	1,38
7	2,87	0,00	290,0	66,1	356,1	0,50	21,6	1,59
8	3,28	0,00	290,0	75,5	365,5	0,50	28,4	1,79
9	3,69	0,00	290,0	85,0	375,0	0,50	36,1	2,00
10	4,11	0,00	290,0	94,4	384,4	0,50	44,7	2,20
11	4,52	0,00	290,0	103,9	393,9	0,50	54,2	2,41
12	4,93	0,00	290,0	113,3	403,3	0,50	64,7	2,61
13	5,34	0,00	290,0	122,7	412,7	0,50	76,0	2,82
14	5,75	0,00	290,0	132,2	422,2	0,50	88,2	3,02
15	6,16	0,00	290,0	141,6	431,6	0,50	101,4	3,23
16	6,57	0,07	290,0	151,1	441,1	0,50	115,4	3,43
17	6,98	0,48	290,0	160,5	450,5	0,50	123,9	3,64
18	7,39	0,89	290,0	170,0	460,0	0,50	123,6	3,84
19	7,80	1,30	290,0	179,4	469,4	0,50	114,5	4,05

Abbildung 7.17: Berechnung der einzelnen Schnitte der Unterfangung

Im nächsten Schritt wird der Durchstoßpunkt der Resultierenden in der Schichtfuge berechnet und mit dem Kern der Auflagerfläche in der Schicht verglichen. Zusätzlich werden die beiden Randspannungen im jeweiligen Schnitt gerechnet. Daraus ergibt sich dann, ob eine klaffende Fuge vorhanden ist oder nicht. Ist eine klaffende Fuge vorhanden, wird geprüft ob diese nur bis zum Kern reicht oder ob die klaffende Fuge größer ist und somit für den HDBV-Körper nicht mehr zulässig ist. In der Tabelle werden diese zu großen klaffenden Fugen eigens angegeben.

Nr	Tiefe-a	Moment	e-R	Kernabst:	s-max	s-min	klaff-Fuge	
	[m]	[kNm/m]	[m]	[m]	[kN/m2]	[kN/m2]	[m]	ok/zu groß
1	0,4	0,0	0,00	0,17	299,7	299,2	0,00	
2	0,8	0,8	0,00	0,17	313,6	304,1	0,00	
3	1,2	2,8	0,01	0,17	335,0	301,6	0,00	
4	1,6	6,6	0,02	0,17	367,2	288,3	0,00	
5	2,1	12,7	0,04	0,17	413,5	260,9	0,00	
6	2,5	21,8	0,06	0,17	477,3	216,0	0,00	
7	2,9	34,3	0,10	0,17	562,1	150,1	0,00	
8	3,3	50,9	0,14	0,17	671,1	60,0	0,00	
9	3,7	72,1	0,19	0,17	812,5	0,0	0,08	ok
10	4,1	98,5	0,26	0,17	1051,1	0,0	0,27	ok
11	4,5	130,6	0,33	0,17	1558,4	0,0	0,49	zu groß
12	4,9	168,9	0,42	0,17	3315,7	0,0	0,76	zu groß
13	5,3	214,2	0,52	0,17	-14548,1	0,0	1,06	zu groß
14	5,7	266,8	0,63	0,17	-2132,2	0,0	1,40	zu groß
15	6,2	327,4	0,76	0,17	-1112,6	0,0	1,78	zu groß
16	6,6	396,1	0,90	0,17	-738,6	0,0	2,19	zu groß
17	7,0	450,8	1,00	0,17	-599,9	0,0	2,50	zu groß
18	7,4	475,2	1,03	0,17	-575,1	0,0	2,60	zu groß
19	7,8	463,9	0,99	0,17	-640,9	0,0	2,46	zu groß

Abbildung 7.18: Berechnung der Spannungen und der klaffenden Fuge in den Schnitten

Es zeigt sich, dass ab einer Tiefe von 4,5 m die klaffende Fuge zu groß ist und somit dieser Unterfangungskörper nicht mehr zulässig ist.

Es wird nun versucht mit einer Ankerreihe den Zustand zu stabilisieren, das bedeutet, dass die Resultierende wieder in den Kernbereich zurückgedrängt werden soll.

ANKER:			
	Ankerkraft =	70	[kN]
	hor.Abst. =	2,00	[m]
	i =	5,00	[m]
	A =	35,0	[kN/m]
Ankertyp:	MAI R32N		

Abbildung 7.19: Definition der 1. Ankerlage bei der Unterfangung

Zunächst wird der Anker mit seinen Daten eingegeben. Dabei wird die Ankerkraft je Anker, der horizontale Abstand und die Höhenlage des Ankers eingegeben. Es wird dann die Ankerkraft je Meter Wand ermittelt und in die weitere Berechnung übernommen.

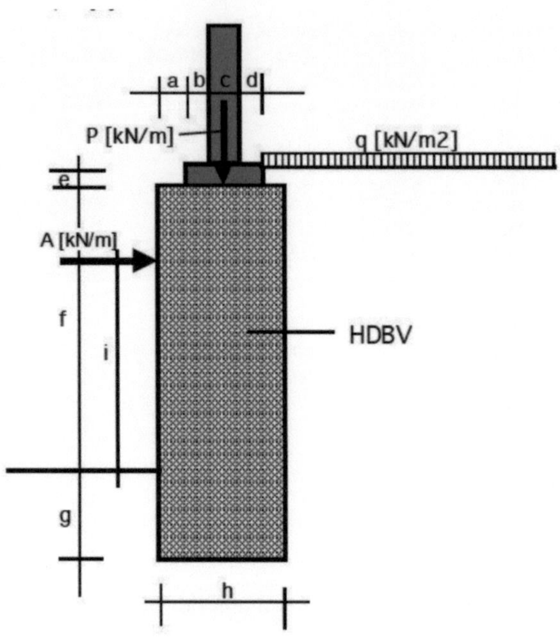

Abbildung 7.20: Geometrie der Unterfangung mit 1. Ankerlage

Die Geometrie der neuen Situation kann der obigen Abbildung entnommen werden.

Es folgt nun wieder die Berechnung in den einzelnen Schnitten wobei hier zusätzlich die Ankerkraft einfließt.

Anschließend wird wiederum die Resultierende mit dem Durchstoßpunkt mit der Kernweite verglichen und auch wieder die klaffende Fuge berechnet. Die Berechnung zeigt, dass unter 5,7 m Tiefe auch hier die klaffende Fuge zu groß ist, es ist auch dieser Querschnitt mit einerAnkerlage nicht ausreichend.

Berechnung in Schnitten: Anzahl der Schnitte: 19 [Stück]

Nr	Tiefe-a [m]	V-Last [kN/m]	e-x [m]	Erddruck [kN/m]	e-y [m]	Ankerkraft [kN/m]	ea-y [m]
1	0,41	299,44	0,50	0,11	0,36	0,00	0,0
2	0,82	308,88	0,50	1,41	0,56	0,00	0,0
3	1,23	318,33	0,50	3,63	0,77	0,00	0,0
4	1,64	327,77	0,50	6,77	0,97	35,00	0,1
5	2,05	337,21	0,50	10,81	1,18	35,00	0,6
6	2,46	346,65	0,50	15,77	1,38	35,00	1,0
7	2,87	356,09	0,50	21,63	1,59	35,00	1,4
8	3,28	365,54	0,50	28,41	1,79	35,00	1,8
9	3,69	374,98	0,50	36,10	2,00	35,00	2,2
10	4,11	384,42	0,50	44,71	2,20	35,00	2,6
11	4,52	393,86	0,50	54,22	2,41	35,00	3,0
12	4,93	403,31	0,50	64,65	2,61	35,00	3,4
13	5,34	412,75	0,50	75,99	2,82	35,00	3,8
14	5,75	422,19	0,50	88,25	3,02	35,00	4,2
15	6,16	431,63	0,50	101,41	3,23	35,00	4,7
16	6,57	441,07	0,50	115,35	3,43	35,00	5,1
17	6,98	450,52	0,50	123,87	3,64	35,00	5,5
18	7,39	459,96	0,50	123,60	3,84	35,00	5,9
19	7,80	469,40	0,50	114,54	4,05	35,00	6,3

Abbildung 7.21: Berechnung der einzelnen Schnitte der Unterfangung mit 1. Ankerlage

Nr	Tiefe-a [m]	Moment [kNm/m]	e-R [m]	Kernabst: [m]	s-max [kN/m2]	s-min [kN/m2]	klaff-Fuge [m]	ok/zu groß
1	0,4	0,0	0,00	0,17	299,7	299,2	0,00	
2	0,8	0,8	0,00	0,17	313,6	304,1	0,00	
3	1,2	2,8	0,01	0,17	335,0	301,6	0,00	
4	1,6	1,6	0,00	0,17	337,3	318,2	0,00	
5	2,1	-6,6	-0,02	0,17	297,5	377,0	0,00	
6	2,5	-11,9	-0,03	0,17	275,1	418,2	0,00	
7	2,9	-13,8	-0,04	0,17	273,6	438,6	0,00	
8	3,3	-11,5	-0,03	0,17	296,4	434,7	0,00	
9	3,7	-4,7	-0,01	0,17	346,8	403,2	0,00	
10	4,1	7,3	0,02	0,17	428,2	340,7	0,00	
11	4,5	25,0	0,06	0,17	544,0	243,8	0,00	
12	4,9	49,0	0,12	0,17	697,5	109,1	0,00	
13	5,3	79,9	0,19	0,17	897,9	0,0	0,08	ok
14	5,7	118,2	0,28	0,17	1278,7	0,0	0,34	zu groß
15	6,2	164,4	0,38	0,17	2416,6	0,0	0,64	zu groß
16	6,6	218,7	0,50	0,17	72391,5	0,0	0,99	zu groß
17	7,0	259,1	0,58	0,17	-4002,5	0,0	1,23	zu groß
18	7,4	269,1	0,59	0,17	-3606,6	0,0	1,26	zu groß
19	7,8	243,4	0,52	0,17	-16888,8	0,0	1,06	zu groß

Abbildung 7.22: Berechnung der Spannungen und der klaffenden Fuge in den Schnitten mit 1. Ankerlage

Die graphische Darstellung der Durchstosspunkte der Resultierenden in den gerechneten Schnitten zeigt, dass auch die Resultierende mit einem Anker die Kernzone verlässt und somit nicht mehr zulässig ist.

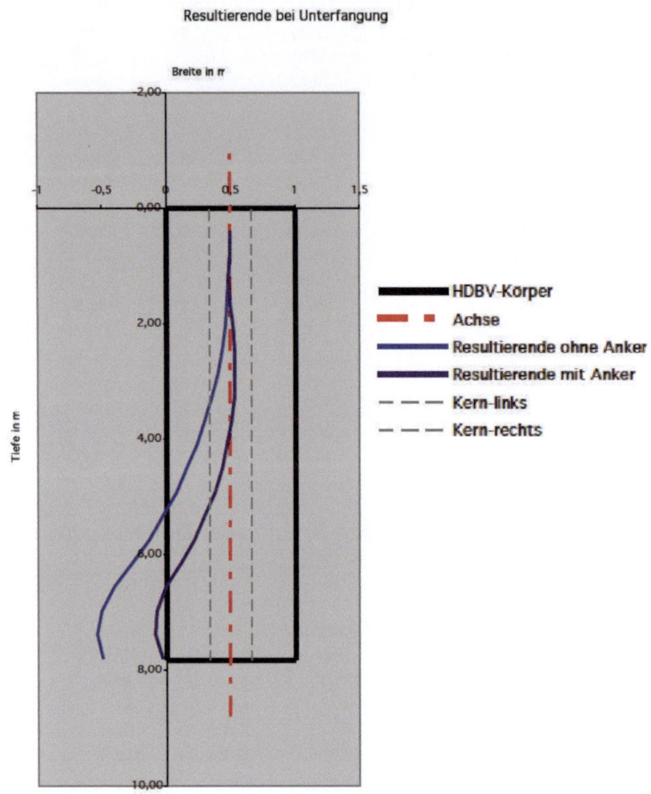

Abbildung 7.23: Lage der Resultierenden ohne und mit 1 Anker

Man erkennt klar die Wirkung der 1. Ankerlage, es reicht jedoch nicht aus, die Resultierend im Kernbereich der HDBV zu halten.

Es muss demnach eine weitere Ankerlage eingeführt werden. man kann an der graphischen Darstellung ablesen wo die 2. Ankerlage vorteihaft wäre und man sieht auch am Abstand der Resultierenden vom Kern, dass eine größere Kraft als in der ersten Ankerlage notwendig ist. Es wird die erste Ankerlage, wie bereits in die Berechnung eingeführt, belassen und eine zweite Ankerlage im Abstand von 2,5 m darunter eingeführt und zwar mit der doppelten Ankerkraft.

ANKER 1:			
	Ankerkraft =	70	[kN]
	hor.Abst. =	2,00	[m]
	i1 =	5,00	[m]
	A1 =	35,0	[kN/m]
Ankertyp:	MAI R32N		

ANKER 2:			
	Ankerkraft =	140	[kN]
	hor.Abst. =	2,00	[m]
	i2 =	2,50	[m]
	A2 =	70,0	[kN/m]
Ankertyp:	MAI R32N		

Abbildung 7.24: Definition der 1. und 2. Ankerlage bei der Unterfangung

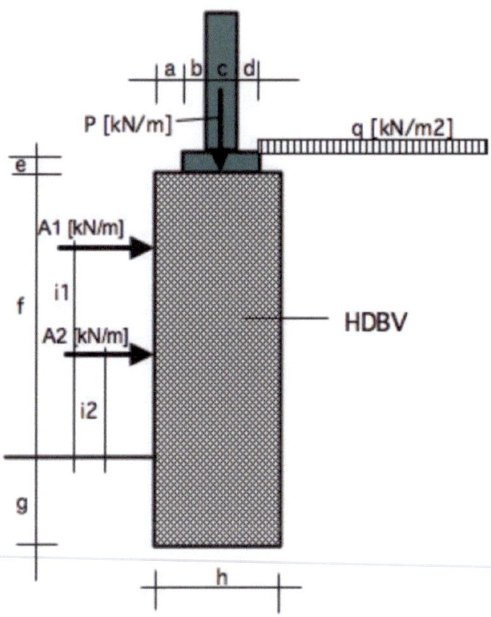

Abbildung 7.25: Geometrie der Unterfangungt mit 2 Ankerlagen

Nun folgt wiederum die Berechnung in den gleichen Schnitten wie bereits vorher.

Berechnung in Schnitten: Anzahl der Schnitte: 19 [Stück]

Nr	Tiefe-a [m]	V-Last [kN/m]	e-x [m]	Erddruck [kN/m]	e-y [m]	A1kraft [kN/m]	ea1-y [m]	A2kraft [kN/m]	ea2-y [m]
1	0,41	299,44	0,50	0,11	0,36	0,00	0,0	0,00	0,0
2	0,82	308,88	0,50	1,41	0,56	0,00	0,0	0,00	0,0
3	1,23	318,33	0,50	3,63	0,77	0,00	0,0	0,00	0,0
4	1,64	327,77	0,50	6,77	0,97	35,00	0,1	0,00	0,0
5	2,05	337,21	0,50	10,81	1,18	35,00	0,6	0,00	0,0
6	2,46	346,65	0,50	15,77	1,38	35,00	1,0	0,00	0,0
7	2,87	356,09	0,50	21,63	1,59	35,00	1,4	0,00	0,0
8	3,28	365,54	0,50	28,41	1,79	35,00	1,8	0,00	0,0
9	3,69	374,98	0,50	36,10	2,00	35,00	2,2	0,00	0,0
10	4,11	384,42	0,50	44,71	2,20	35,00	2,6	70,00	0,1
11	4,52	393,86	0,50	54,22	2,41	35,00	3,0	70,00	0,5
12	4,93	403,31	0,50	64,65	2,61	35,00	3,4	70,00	0,9
13	5,34	412,75	0,50	75,99	2,82	35,00	3,8	70,00	1,3
14	5,75	422,19	0,50	88,25	3,02	35,00	4,2	70,00	1,7
15	6,16	431,63	0,50	101,41	3,23	35,00	4,7	70,00	2,2
16	6,57	441,07	0,50	115,35	3,43	35,00	5,1	70,00	2,6
17	6,98	450,52	0,50	123,87	3,64	35,00	5,5	70,00	3,0
18	7,39	459,96	0,50	123,60	3,84	35,00	5,9	70,00	3,4
19	7,80	469,40	0,50	114,54	4,05	35,00	6,3	70,00	3,8

Abbildung 7.26: Berechnung der einzelnen Schnitte der Unterfangung mit 1. + 2. Ankerlage

Nr	Tiefe-a [m]	Moment [kNm/m]	e-R [m]	Kernabst: [m]	s-max [kN/m2]	s-min [kN/m2]	klaff-Fuge [m]	ok/zu groß
1	0,41	0,0	0,00	0,17	299,7	299,2	0,00	
2	0,82	0,8	0,00	0,17	313,6	304,1	0,00	
3	1,23	2,8	0,01	0,17	335,0	301,6	0,00	
4	1,64	1,6	0,00	0,17	337,3	318,2	0,00	
5	2,05	-6,6	-0,02	0,17	297,5	377,0	0,00	
6	2,46	-11,9	-0,03	0,17	275,1	418,2	0,00	
7	2,87	-13,8	-0,04	0,17	273,6	438,6	0,00	
8	3,28	-11,5	-0,03	0,17	296,4	434,7	0,00	
9	3,69	-4,7	-0,01	0,17	346,8	403,2	0,00	
10	4,11	-0,1	0,00	0,17	384,0	384,9	0,00	
11	4,52	-11,1	-0,03	0,17	327,3	460,4	0,00	
12	4,93	-15,8	-0,04	0,17	308,4	498,2	0,00	
13	5,34	-13,7	-0,03	0,17	330,6	494,9	0,00	
14	5,75	-4,1	-0,01	0,17	397,3	447,1	0,00	
15	6,16	13,4	0,03	0,17	511,8	351,4	0,00	
16	6,6	39,0	0,09	0,17	674,8	207,3	0,00	
17	7,0	50,5	0,11	0,17	753,7	147,3	0,00	
18	7,4	31,8	0,07	0,17	650,9	269,0	0,00	
19	7,8	-22,6	-0,05	0,17	333,8	605,0	0,00	

Abbildung 7.27: Berechnung der Spannungen und der klaffenden Fuge in den Schnitten mit 1. + 2. Ankerlage

Man sieht aus der Berechnung, dass die Resultierende immer im Kernbereich gehalten werden kann und dabei keine klaffende Fuge entsteht.

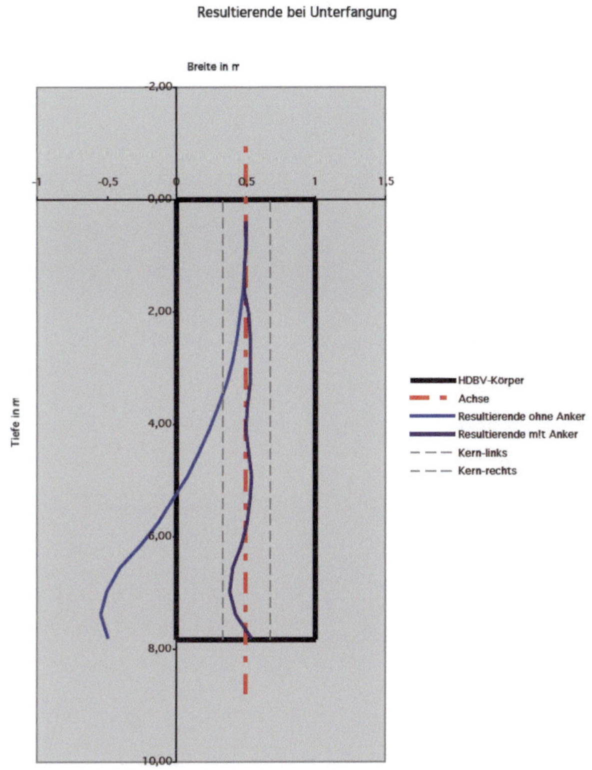

Abbildung 7.28: Lage der Resultierenden ohne und mit 2. Ankerlage

Das Bild der Lage der Resultierenden zeigt, dass diese sich immer im Kernquerschnitt befindet und somit der gesamte HDBV-Körper unter Druck steht.

Somit ist die Berechnung erfolgreich für diese Unterfangung mittels HDBV und Ankern abgeschlossen.

8 Schachtbauwerke

Bei Bauwerken wie Versorgungsleitungen des öffentlichen Bedarfs im innerstädtischen Bereich werden oft Schächte gebaut, die zu tiefen Einschnitten in verbauten Gebieten führen.

Diese Schächte haben meist geringe horizontale Abmessungen (a, b) im Verhältnis zu ihrer Tiefe (t). Es sollte dabei das Tiefenverhältnis t/b den Wert 5 nicht überschreiten, was bei Schächten meist nicht der Fall ist.

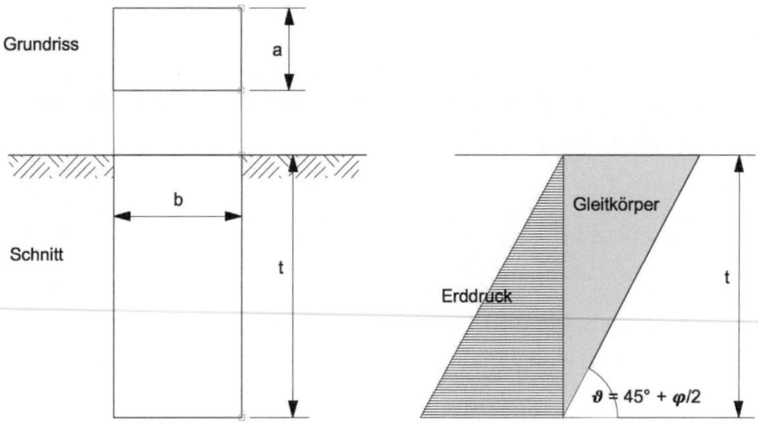

Abbildung 8.1: Schachtabmessungen mit Erddruck

© Der/die Autor(en), exklusiv lizenziert an
Springer Fachmedien Wiesbaden GmbH, ein Teil von Springer Nature 2024
B. Wietek, *Böschungen und Baugruben*, https://doi.org/10.1007/978-3-658-44911-7_8

8.1 Räumlicher Erddruck

Die ebene Darstellung des Erddruckes reicht jedoch nicht aus, da sich der Gleitkörper, der auf beiden Randseiten im Untergrund liegt, dort eine Reibungskraft erzeugt, die das Abrutschen verhindert. Also muß dieser Gleitkörper wie auch die auf ihn wirkenden Kräfte mit ihrem Einfluss räumlich betrachtet werden.

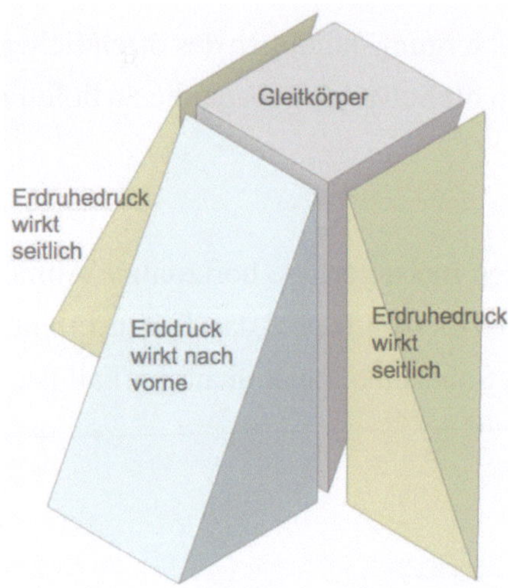

Abbildung 8.2: Wirkung des Erddruckes auf bzw. vom Gleitkörper

Im ebenen Fall wirkt vom Gleitkörper ein Erddruck auf die luftseitige Wand. Dieser wird jedoch verringert durch den Einfluß des seitlichen Erdruhedruckes, der auf beide Seiten des Gleitkörpers einwirkt. Es muß von diesem Erdruhedruck die in Gleitrichtung entstehende Reibungskraft ermittelt werden, und von dieser der Horizontalanteil, der den auf die Wand wirkenden Erddruck vermindert. Dies ist dann der Einfluss des Gewölbedruckes auf den Gleitkörper. Berücksichtigt man nun diesen Einfluss, so verringert sich der auf die Wand wirkende Erddruck.

Dies alles klingt einfach, jedoch bei der praktischen Berechnung entstehen immer wieder Fragen, die besser im Vorfeld abgearbeitet werden. So wird hier von Anfang an jeder Schritt der Berechnung erläutert.

Es muß als Grundlage der Berechnung die Geometrie der zu berechnenden Schachtwand feststehen.

- Schachtbreite b [m]
- Schachttiefe t [m]

Grundsätzlich wird davon ausgegangen, dass eine ebene, horizontale Geländeoberfläche besteht und der Schacht vertikal nach unten hergestellt werden soll.

- Geländewinkel $\beta [^\circ]$ horizontal $\beta = 0^\circ$
- Schachtneigung $\alpha [^\circ]$ vertikal $\alpha = 0^\circ$

Es werden die Bodenkennwerte entsprechend dem anstehenden Untergrund angegeben:

- Raumgewicht γ [kN/m3] (Feuchtraumgewicht)
- Reibungswinkel φ $[^\circ]$
- Kohäsion c [kN/m2]
- Ruhedruckanteil r [%] (zur Berechnung des erhöhten Erddruckes) es werden 30-50 % vorgeschlagen, um etwaige Verkehrsstöße zu berücksichtigen.

Mit diesen Angaben lassen sich die außerdem notwendigen Parameter errechnen:

Wandreibung:

$$\delta = 2/3 * \varphi \; [^\circ] \tag{8.1}$$

Gleitwinkel:

$$\vartheta = 45 + \varphi/2 \; [^\circ] \tag{8.2}$$

sowie die Beiwerte für die Erddruckberechnung:

aktiver Erddruckbeiwert

$$K_{ah} = cos2(\varphi)/(1+\sqrt{sin(\varphi+\delta)*sin(\varphi)/cos(\delta)})^2 \tag{8.3}$$

Erdruhedruckbeiwert

$$K_o = 1 - sin(\varphi) \tag{8.4}$$

erhöter Erddruckbeiwert

$$K_h = K_{ah} + r*(K_o - K_{ah}) \tag{8.5}$$

Kohäsionsanteil

$$C = 2*c*cos(\delta)*\sqrt{K_{ah}} \tag{8.6}$$

Mit diesen Grunddaten kann nun die Erddruckermittlung durchgeführt werden. Dabei wird folgender Vorgang vorgeschlagen

- Der Untergrund bis zur Schachttiefe wird für die Berechnung in Schichten aufgeteilt, wobei es ausreicht, wenn man 10 Schichten annimmt.
  - Die jeweilige Schichthöhe h ist von Oberkante Schacht bis zur jeweiligen Schichtsohle $[m]$
- Für jede Schicht wird der Erddruck aus der ebenen Struktur berechnet:
  - wird die Erdauflast bis zur Schichtsohle berechnet $[kN/m^2]$
  - die Nutzlast (Verkehrslast) wird dazugezählt $[kN/m^2]$
  - 3mm mit der Gesamtlast wird die Erddruckordinate errechnet

$$e_{eben-u} = Gesamtlast * K_h - C \tag{8.7}$$

  - es muss noch die Fläche für den Erddruck ermittelt werden

$$A_{eben} = h*b \tag{8.8}$$

  - damit kann der Erddruck für die jeweilige Schicht berechnet werden:

$$E_{eben} = e_{eben-u} * A_{eben}/2 \tag{8.9}$$

- Danach wird der Erdruhedruck auf die Seitenfläche des für jede Schicht entstehenden Gleitkörpers berechnet.
  - wird die Erdauflast bis zur Schichtsohle berechnet
  - es wird die Erdruhedruckordinate in Schichtsohle berechnet

$$e_{ruhe-u} = Erdauflast * K_o \tag{8.10}$$

  - es wird die Fläche für den Erdruhedruck ermittelt (Seitenfläche)

$$A_{seite} = h * h/tan(\vartheta)/2 \tag{8.11}$$

  - damit wird der Erdruhedruck für die jeweilige Schicht berechnet:

$$E_{seite} = e_{ruhe-u} * A_{seite}/3 \tag{8.12}$$

  - aus der seitlichen Erdruhedruckkraft ergibt sich die Reibungskraft zu:

$$E_{reibung} = E_{seite} * tan(\varphi) \tag{8.13}$$

  - diese Reibungskraft wirkt in Richtung des Gleitwinkels – es muss also noch der Horizontalanteil herausgerechnet werden um eine Vergleichbarkeit mit dem ebenen Erddruck zu erhalten:

$$E_{reib-horiz} = E_{reibung} * cos(\vartheta) \tag{8.14}$$

  - das ist nun der Anteil des seitlichen Ruhedruckes, der vom ebenen Erddruck abgezogen werden kann; er ist die Grundlage für die Gewölbewirkung bei einem Schacht.

- Nachdem nun der ebene Erddruck und die seitlich wirkende Reibungskraft feststehen, kann der räumliche Erddruck ermittelt werden.
  - es wird für jede Schicht der räumliche Erddruck berechnet

$$E_{ruml} = E_{eben} - E_{reib-horiz} \tag{8.15}$$

- damit nun die auf die Schachtwand wirkende Erddruckordinate angegeben werden kann, wird für jede Schicht die Erddruckordinate ermittelt

$$e_{ruml} = E_{ruml}/(h * b) \tag{8.16}$$

- dies ist der Druck, der im Bereich der jeweils betrachteten Schicht auf die Schachtwand wirkt

Anhand eines Beispiels aus der Praxis kann der Rechenvorgang nachvollzogen werden. Es wird ein Schacht mit einer Breite von 4,0m und einer Tiefe von 15m berechnet, wobei die Bodenkennwerte auf einen Bodentyp vereinfacht wurden. Selbstverständlich können für eine Schachtberechnung auch geschichtete Böden berechnet werden, jedoch würde das vorliegende Beispiel etwas unübersichtlich werden, daher wird mit einer Bodenart gerechnet.

Ermittlung einer räumlichen Erddruckkraft

unter Anwendung eines prismatischen Gleitkörpers (Erdkeilmodell)

Baustelle:	Schacht	Datum:	14.07.2021
Schnitt:	Berechnungsbeispiel	Bearbeiter:	Wietek

Eingabewerte:

Länge	a = [m]	4,0
Breite:	b = [m]	4,0
Tiefe	t = [m]	15,0
Raumgewicht	γ = [kN/m³]	21
Reibung	φ = [°]	30
Kohäsion	c = [kN/m²]	0
Wandreibung	δ = [°]	20,0
Gleitwinkel	ϑ = [°]	60,0
Druckbeiwert	Kah = [-]	0,279
Ruhedruckanteil	[%]	30
Ruhedruckbeiwert	Ko = [-]	0,500
Erddruckbeiwert	Kh = [-]	0,346
C-Anteil	[kN/m²]	0,00
Flächenlast	p = [kN/m²]	5

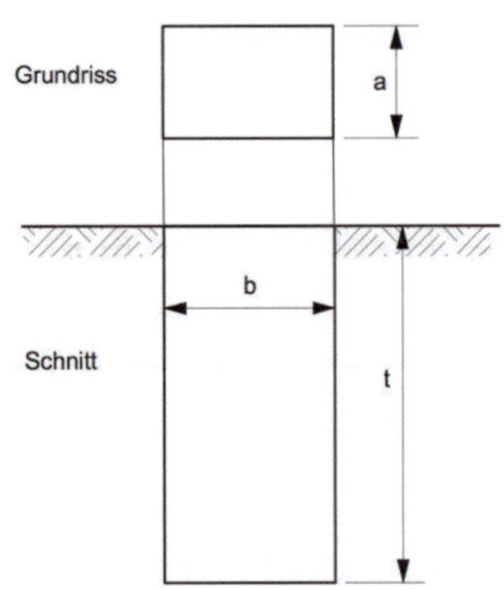

Abbildung 8.3: Rechenbeispiel für die räumliche Erddruckermittlung

Wie in der Beschreibung angedeutet, wird die Schachttiefe in 10 Schichten unterteilt. Eine feinere Unterteilung erscheint nicht sinnvoll, da für die Bemessung der Schachtwand immer nur Abschnitte vorgenommen werden, in denen die selben Strukturen zur Stützung verwendet werden. Eine Unterteilung in 10 Schritte ist genau genug, da in der Bemessung meist 3-4 Abschnitte angewendet werdent. Es werden aus den 10 Abschnitten weitere Vereinfachungen vorgenommen, um die Konstruktion auch wirtschaftlich ausführen zu können.

Zeile	Tiefe	Erdauflast	Gesamtlast	e-eben-u	A-eben	Erddruck
	[m]	[kN/m²]	[kN/m²]	[kN/m²]	[m²]	[kN]
1	1,5	31,5	36,5	12,61	6,00	37,84
2	3,0	63,0	68,0	23,50	12,00	140,99
3	4,5	94,5	99,5	34,38	18,00	309,46
4	6,0	126,0	131,0	45,27	24,00	543,23
5	7,5	157,5	162,5	56,15	30,00	842,32
6	9,0	189,0	194,0	67,04	36,00	1.206,73
7	10,5	220,5	225,5	77,93	42,00	1.636,44
8	12,0	252,0	257,0	88,81	48,00	2.131,47
9	13,5	283,5	288,5	99,70	54,00	2.691,81
10	15,0	315,0	320,0	110,58	60,00	3.317,46

Abbildung 8.4: ebene Erddruckberechnung für jede Schicht

Bei der Berechnung des Erdruhedruckes auf die Seitenwand des Gleitkörpers muss berücksichtigt werden, dass diese Seitenfläche eine Dreiecksfläche ist, deren Breite von dem Gleitwinkel ϑ abhängt, und dieser wiederum vom Reibungswinkel φ des Untergrundes.

Zeile	Tiefe	Erdauflast	e-ruhe-u	A-seiteläch	E-seite	E-Reibung	E-reib-horiz
	[m]	[kN/m²]	[kN/m²]	[m²]	[kN]	[kN]	[kN]
1	1,5	31,5	15,8	1,30	6,82	3,94	1,97
2	3,0	63,0	31,5	5,20	54,56	31,50	15,75
3	4,5	94,5	47,3	11,69	184,14	106,31	53,16
4	6,0	126,0	63,0	20,78	436,48	252,00	126,00
5	7,5	157,5	78,8	32,48	852,49	492,19	246,09
6	9,0	189,0	94,5	46,77	1.473,11	850,50	425,25
7	10,5	220,5	110,3	63,65	2.339,24	1.350,56	675,28
8	12,0	252,0	126,0	83,14	3.491,81	2.016,00	1.008,00
9	13,5	283,5	141,8	105,22	4.971,74	2.870,44	1.435,22
10	15,0	315,0	157,5	129,90	6.819,95	3.937,50	1.968,75

Abbildung 8.5: Ermittlung des seitlichen Ruhedruckes und der Reibungskräfte

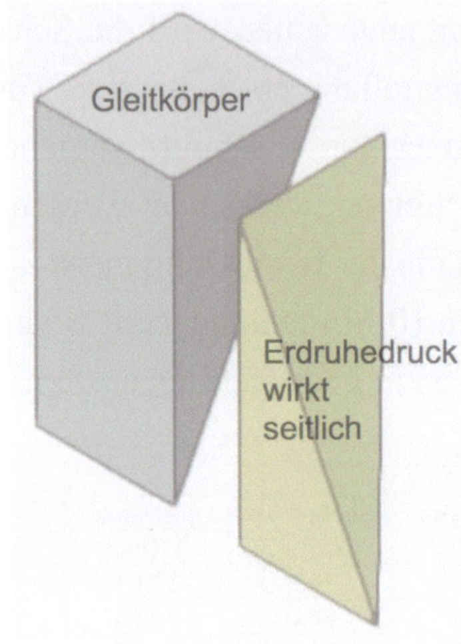

Abbildung 8.6: Gleitkörper und seitlicher Erddruckkeil

Aus dem seitlichen Erddruck wird die Reibungskraft ermittelt, die in Richtung der Gleitebene wirkt. Aus dieser Reibungskraft wird der Horizontalanteil ermittelt, der zur Verringerung des ebenen Erddruckes beiträgt. Dies sind die Kräfte, die eine räumliche Verspannung bei Schächten erzeugen.

Zeile	Tiefe	E-eben	e-eben
	[m]	[kN]	[kN/m²]
1	1,5	37,8	12,6
2	3,0	141,0	23,5
3	4,5	309,5	34,4
4	6,0	543,2	45,3
5	7,5	842,3	56,2
6	9,0	1.206,7	67,0
7	10,5	1.636,4	77,9
8	12,0	2.131,5	88,8
9	13,5	2.691,8	99,7
10	15,0	3.317,5	110,6

E-räuml	e-räuml
[kN]	[kN/m²]
35,9	12,0
125,2	20,9
256,3	28,5
417,2	34,8
596,2	39,7
781,5	43,4
961,2	45,8
1.123,5	46,8
1.256,6	46,5
1.348,7	45,0

Abbildung 8.7: räumlicher Erddruck und dessen Erddruckordinate

Bei der Betrachtung beider errechneten Erddrücke und auch der Erddruckordinaten ist ein erheblicher Unterschied zunehmend mit der Tiefe erkennbar.

Gerade bei Schachtbauten im innerstädtischen Bereich sind diese Erddruckberechnungen als Grundlage für die Wahl des Verbaus und dessen Dimensionierung von Entscheidung.

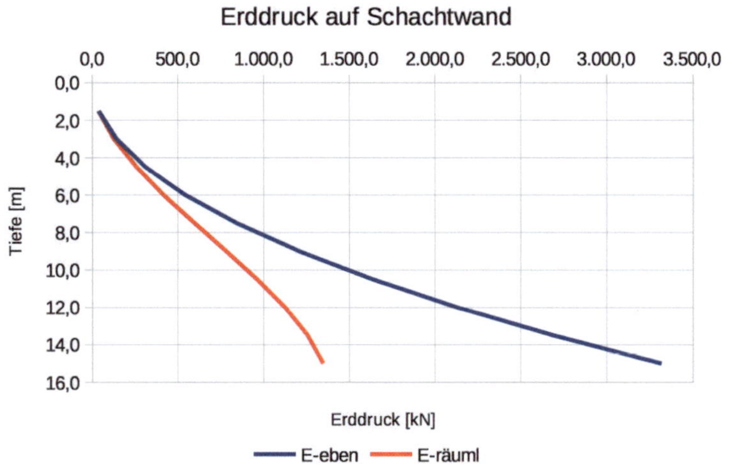

Abbildung 8.8: Vergleich von ebenem und räumlichen Erddruck auf die Schachtwand

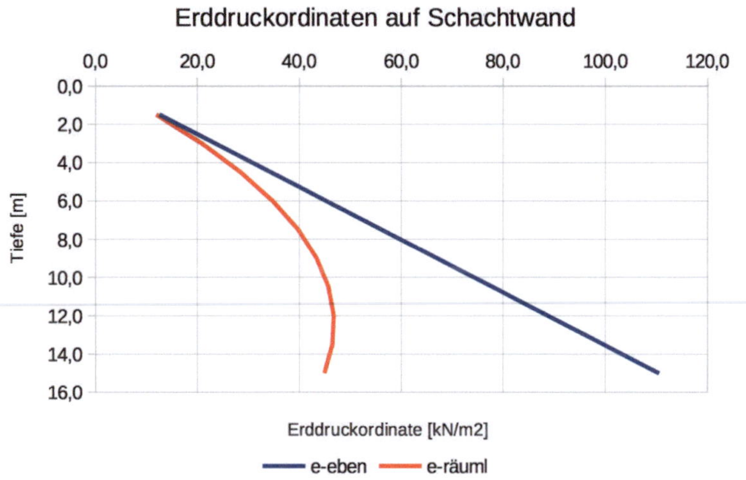

Abbildung 8.9: Vergleich der Erddruckordinaten von ebenem und räumlichen Erddruck auf die Schachtwand

8.2 Ebene Seitenwände

Schächte mit ebenen Seitenwänden haben in der Regel einen quadratischen oder rechteckigen Querschnitt. Daraus ergeben sich zwei Symmetrieachsen, die die Berechnung der Seitenwände vereinfachen. Die Seitenwände können an den Symmetrieachsen getrennt werden, so dass ein Viertel der Welle einen an den Symmetrieachsen eingespannten Balken aufweist, der eine Ecke darstellt. Statisch gesehen handelt es sich um einen einhüftigen Rahmen.

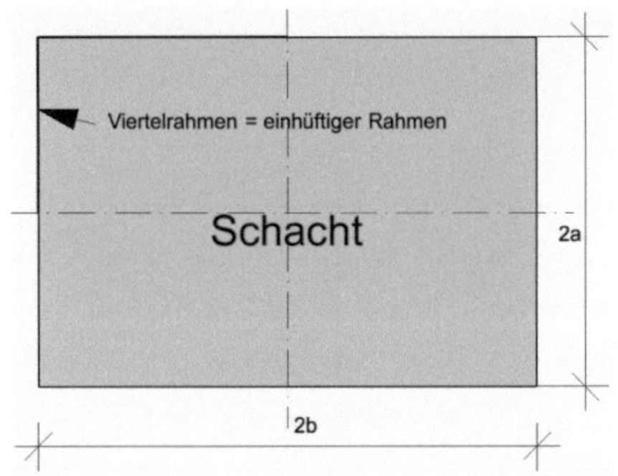

Abbildung 8.10: symmetrischer Schacht

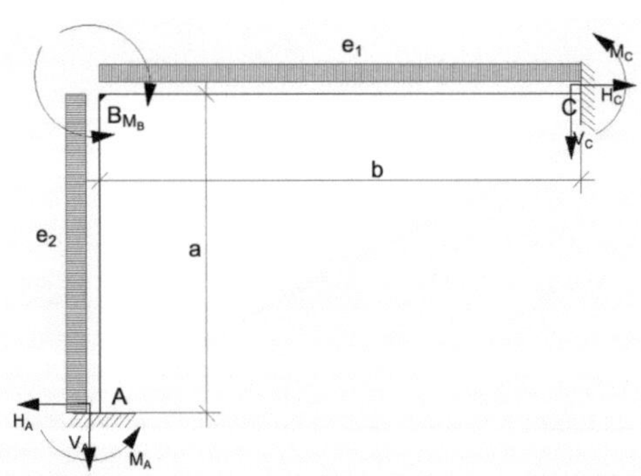

Abbildung 8.11: Viertelschacht ist ein einhüftiger Rahmen

In den entsprechenden statischen Tabellen sind die Auflagerkräfte und -momente für solche Einhüftrahmen angegeben. Zur Vereinfachung der jeweiligen Berechnung werden die folgenden Hilfswerte verwendet.

$$k = a/b \qquad N = k + 1 \tag{8.17}$$

Mit diesen Werten können die entsprechenden Kräfte und Momente berechnet werden.

	Belastung aus e_1 (vertikal)	Belastung aus e_2 (horizontal)
H_A	$\frac{3\,M_A}{a}$	$(e_2 * a) - H_C$
V_A	$\frac{e_1 * a}{2} + \frac{M_C - M_B}{b}$	$\frac{3\,M_C}{b}$
H_C	$\frac{3\,M_A}{a}$	$\frac{e_2 * b}{2} + \frac{M_A - M_B}{a}$
V_C	$(e_1 * b) - V_A$	$\frac{3\,M_C}{b}$
M_A	$-\frac{M_B}{2}$	$\frac{e_2 * a^2 (2k + 3)}{24 * N}$
M_B	$\frac{e_1 * b^2}{12 * N}$	$\frac{e_2 * a^2 * k}{12 * N}$
M_C	$\frac{e_1 * b^2 (3k + 2)}{24 * N}$	$-\frac{M_B}{2}$

Abbildung 8.12: Kräfte und Momente für einen Einhüftrahmen

Berechnet man nun diese Kräfte und Momente im Beispiel von Abb. 6.3, so ergeben sich folgende Eingabewerte für Momente und Kräfte für jede Schicht zu:

a = 3.0 m b = 4.0 m t = 15.0 m

k = 3 / 4 = 0.75 N = k + 1 = 1.75

Zunächst werden die Momente und Auflagerkräfte für die Last e_1, die auf die Breite b wirkt, berechnet. Die einzelnen Momente werden für jede Schicht separat berechnet, um die Differenz mit der Tiefe zu erhalten.

Schicht	Höhe	ΔH	aus Belastung von e_1 (Einfluss aus b)			
			e_1-räuml	M_{A-1}	M_{B-1}	M_{C-1}
	[m]	[m]	[kN/m²]	[kNm/m]	[kNm/m]	[kNm/m]
1	1,5	1,5	12,0	-4,56	9,11	15,94
2	3,0	1,5	20,9	-7,95	15,90	27,83
3	4,5	1,5	28,5	-10,85	21,70	37,97
4	6,0	1,5	34,8	-13,25	26,49	46,36
5	7,5	1,5	39,7	-15,14	30,28	53,00
6	9,0	1,5	43,4	-16,54	33,08	57,89
7	10,5	1,5	45,8	-17,44	34,87	61,03
8	12,0	1,5	46,8	-17,83	35,67	62,41
9	13,5	1,5	46,5	-17,73	35,46	62,05
10	15,0	1,5	45,0	-17,13	34,25	59,94

Abbildung 8.13: Ermittlung der Momente infolge Belastung e_1

Schicht	Höhe	e_1-räuml	aus Belastung von e_1 (Einfluss aus b)			
			H_{A-1}	V_{A-1}	H_{C-1}	V_{C-1}
	[m]	[kN/m²]	[kN/m]	[kN/m]	[kN/m]	[kN/m]
1	1,5	12,0	-4,56	23,06	4,56	24,77
2	3,0	20,9	-7,95	40,26	7,95	43,24
3	4,5	28,5	-10,85	54,92	10,85	58,99
4	6,0	34,8	-13,25	67,06	13,25	72,02
5	7,5	39,7	-15,14	76,66	15,14	82,34
6	9,0	43,4	-16,54	83,73	16,54	89,93
7	10,5	45,8	-17,44	88,27	17,44	94,81
8	12,0	46,8	-17,83	90,28	17,83	96,97
9	13,5	46,5	-17,73	89,76	17,73	96,40
10	15,0	45,0	-17,13	86,70	17,13	93,13

Abbildung 8.14: Ermittlung der Auflagerkräfte infolge Belastung e_1

Anschließend werden die Momente und Auflagerkräfte für die Last e2, die auf die Länge a wirken, berechnet. Auch hier werden die einzelnen Berechnungen für alle Schichten durchgeführt. Der resultierende Verlauf der Momente und Kräfte ist somit auch in Abhängigkeit von der Tiefe zu sehen.

			aus Belastung von e_2 (Einfluss aus a)			
Schicht	Höhe	ΔH	e_2-räuml	M_{A-2}	M_{B-2}	M_{C-2}
	[m]	[m]	[kN/m²]	[kNm/m]	[kNm/m]	[kNm/m]
1	1,5	1,5	8,8	8,49	2,83	-1,41
2	3,0	1,5	15,0	14,46	4,82	-2,41
3	4,5	1,5	19,9	19,17	6,39	-3,20
4	6,0	1,5	23,5	22,61	7,54	-3,77
5	7,5	1,5	25,7	24,79	8,26	-4,13
6	9,0	1,5	26,7	25,70	8,57	-4,28
7	10,5	1,5	26,3	25,35	8,45	-4,22
8	12,0	1,5	24,6	23,73	7,91	-3,95
9	13,5	1,5	21,9	21,09	7,03	-3,52
10	15,0	1,5	19,7	18,98	6,33	-3,16

Abbildung 8.15: Ermittlung der Momente infolge Belastung e_2

			aus Belastung von e_2 (Einfluss aus a)			
Schicht	Höhe	e_2-räuml	H_{A-2}	V_{A-2}	H_{C-2}	V_{C-2}
	[m]	[kN/m²]	[kN/m]	[kN/m]	[kN/m]	[kN/m]
1	1,5	8,8	6,92	-1,06	19,49	1,06
2	3,0	15,0	11,78	-1,81	33,21	1,81
3	4,5	19,9	15,62	-2,40	44,02	2,40
4	6,0	23,5	18,43	-2,83	51,93	2,83
5	7,5	25,7	20,20	-3,10	56,93	3,10
6	9,0	26,7	20,94	-3,21	59,02	3,21
7	10,5	26,3	20,65	-3,17	58,21	3,17
8	12,0	24,6	19,34	-2,97	54,49	2,97
9	13,5	21,9	17,19	-2,64	48,44	2,64
10	15,0	19,7	15,47	-2,37	43,59	2,37

Abbildung 8.16: Ermittlung der Auflagerkräfte infolge Belastung e_2

Nachdem nun sowohl die Momente als auch die Auflagerkräfte für die beiden Lasten e_1 und e_2 ermittelt wurden, können sie kombiniert werden, um die Gesamtlast des Einhüftrahmens zu bestimmen. In beiden Berechnungen sind die maßgebenden Momente und Kräfte grau hinterlegt. Die einzelnen Momente für die Schachtwand haben die folgende Zuordnung:

Ma ..... Moment in der Mitte des Feldes mit der Dimension 2a
Mb ..... Moment in der Ecke des Schachtes
Mc ..... Moment in der Mitte des Feldes mit dem Maß 2b

Schicht	Höhe	ΔH	aus Gesamtbelastung von e_1 und e_2			
			M_A	M_B	M_C	M_{max}
	[m]	[m]	[kNm/m]	[kNm/m]	[kNm/m]	[kNm/m]
1	1,5	1,5	3,93	11,94	14,53	14,53
2	3,0	1,5	6,51	20,72	25,42	25,42
3	4,5	1,5	8,32	28,09	34,78	34,78
4	6,0	1,5	9,37	34,03	42,59	42,59
5	7,5	1,5	9,65	38,55	48,87	48,87
6	9,0	1,5	9,16	41,65	53,60	53,60
7	10,5	1,5	7,91	43,32	56,80	56,80
8	12,0	1,5	5,90	43,58	58,46	58,46
9	13,5	1,5	3,36	42,49	58,54	58,54
10	15,0	1,5	1,86	40,58	56,78	56,78

Abbildung 8.17: Zusammensetzung der Momente

Schicht	Höhe	ΔH	aus Gesamtbelastung von e_1 und e_2			
			H_A	V_A	H_C	V_C
	[m]	[m]	[kN/m]	[kN/m]	[kN/m]	[kN/m]
1	1,5	8,8	2,36	22,00	24,05	25,83
2	3,0	15,0	3,83	38,45	41,16	45,05
3	4,5	19,9	4,77	52,53	54,87	61,39
4	6,0	23,5	5,18	64,23	65,18	74,85
5	7,5	25,7	5,06	73,56	72,07	85,44
6	9,0	26,7	4,40	80,52	75,56	93,14
7	10,5	26,3	3,22	85,10	75,65	97,98
8	12,0	24,6	1,50	87,31	72,32	99,93
9	13,5	21,9	-0,54	87,12	66,17	99,04
10	15,0	1,9	-1,66	84,33	60,72	95,50

Abbildung 8.18: Zusammensetzung der Kräfte

Eine etwas anschaulichere Darstellung ist die grafische Auswertung der Momente und der Kräfte. Diese zeigt den reduzierten Anstieg der Momente und Kräfte mit zunehmender Tiefe. Daran wird der Einfluss der räumlichen Aussteifung mit zunehmender Tiefe des Schachtes deutlich.

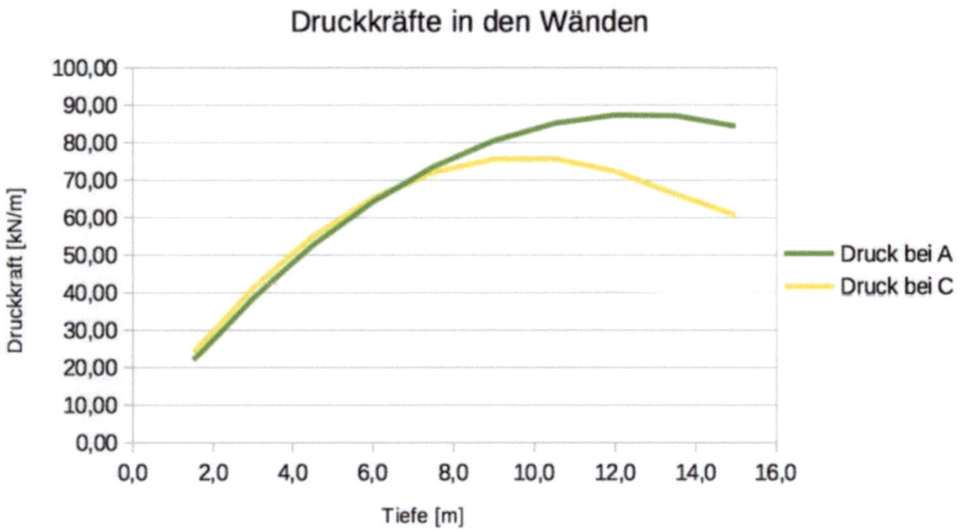

Abbildung 8.19: graphische Darstellung der Momente

Abbildung 8.20: graphische Darstellung der Kräfte

Diese Kräfte und Momente können nun für die Auslegung der Schachtauskleidung zu Grunde gelegt werden.

Da Schächte von oben nach unten abgeteuft werden, ist es zudem ratsam, eine Stützmaßnahme zu wählen, die durchgängig von oben nach unten mit dem Aushub eingebracht wird. Verankerungen für die Sicherungsmaßnahmen im innerstädtischen Bereich sollten möglichst vermieden werden, da sich in der Nähe eines Schachtes meist eine Vielzahl von Versorgungsleitungen und Nachbarkellern befinden. In diesem Fall bietet sich ein Spritzbetonausbau mit faserverstärktem Beton an. Dieser kann kontinuierlich mit der Baugrube eingebaut werden.

Wahl der Faser:	SikaForce 50		Kunststoff		
Wahl der Dosierung [kg/m3]:	5	Fehlfaser	10%	**Wahl der Betonsorte:**	C 35

Abbildung 8.21: Wahl des Faserbetons für die Schachtwand

Nachdem die Fasern und die Betonsorte ausgewählt wurden, kann die Festigkeit des Faserbetons berechnet werden. Hier empfehlen wir das Buch Faserbeton (Springer Verlag 2024) für ein detaillierteres Studium.

Durchmesser	d =	0,73	mm
Fläche	Af =	0,533	mm2
Länge	l =	50	mm
Volumen	v =	26,65	mm3
Gewicht	gf =	0,0242	g
Oberfläche	Of =	146,0	mm2
E-Modul	Ef =	750	kN/cm2
Faserdichte	df =	1,03	Stk/cm2
Faserfaktor	cg =	2,50	-
Faserwinkel	β =	25,0	°
Raumwinkel	α =	66	°
Faserrauhigkeit	ρ =	0,9	-
E-beiwert	ce =	0,22	-
Faserzugspannung	f-fk1 =	0,177	kN/cm2

Druckfestigkeit	fck =	3,50	kN/cm2
Zugfestigkeit	fctk =	0,321	kN/cm2
E-Modul	Ec =	3.400	kN/cm2
Biegezug	fctkb =	0,449	[kN/cm2]
Scherwinkel	φ =	50,57	[°]
Scherspannung	tc =	0,627	[kN/cm2]
Dehnung	εz =	14,9	[Promill]

Faserbeton:

Zugfestigkeit	fcftk =	0,626	kN/cm2
Druckfestigkeit	fcfk =	3,79	kN/cm2

Teilsicherheiten:	Kräfte	1,35
	Faserbeton	1,3

Abbildung 8.22: Bestimmung der Faserbetoneigenschaften und der Teilsicherheiten

Mit diesen Materialwerten kann die Bemessung der Schachtwände für jede Schicht durchgeführt werden.

Schachtbemessung:

Schicht	M-feld	N-feld	Feld erf d
1	14,53	24,05	15,97
2	25,42	41,16	21,26
3	34,78	54,87	24,96
4	42,59	65,18	27,69
5	48,87	72,07	29,69
6	53,60	75,56	31,10
7	56,80	75,65	31,98
8	58,46	72,32	32,38
9	58,54	66,17	32,32
10	56,78	60,72	31,76

Schicht	M-ecke	N-ecke	Ecke erf d
1	11,94	22,00	14,48
2	20,72	38,45	19,21
3	28,09	52,53	22,48
4	34,03	64,23	24,84
5	38,55	73,56	26,51
6	41,65	80,52	27,62
7	43,32	85,10	28,21
8	43,58	87,31	28,32
9	42,49	87,12	27,98
10	40,58	84,33	27,33

Abbildung 8.23: lagenweise Angaben der Faserbetonstärke

Anhand einer grafischen Darstellung der erforderlichen Spritzbetondicken kann man die Wirkung der räumlichen Wölbungswirkung sehr gut erkennen. Es zeigt sich, dass die Schutzwirkung nur bis zu einer maximalen Dicke zunimmt und dann mit zunehmender Tiefe langsam wieder abnimmt.

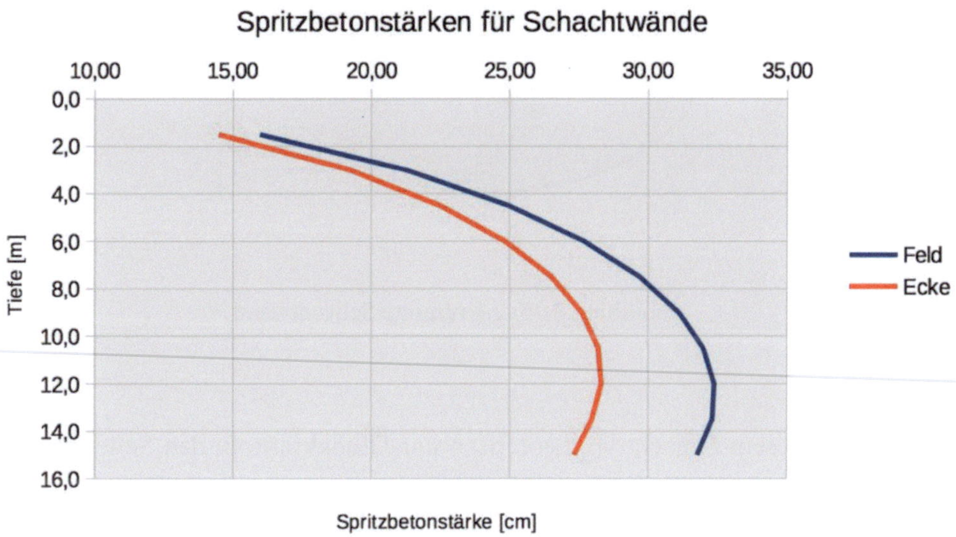

Abbildung 8.24: notwendige Spritzbetonstärke für die Schachtwand

8.3 Gekrümmte Seitenwände

Wellen mit gekrümmten Seitenwänden haben in der Regel einen runden oder elliptischen Querschnitt. Normalerweise ist das Verhältnis der beiden Durchmesser nicht größer als:

$$b / a < 1{,}5$$

Ist das Verhältnis höher, ist eine detailliertere statische Berechnung der Momente und Kräfte am Umfang der Welle erforderlich. Diese wird in der Regel mit einem Stabwerksprogramm oder mit finiten Elementen durchgeführt. Hier werden jedoch nur einfache Wellen mit einem Seitenverhältnis kleiner als 1,5 betrachtet.

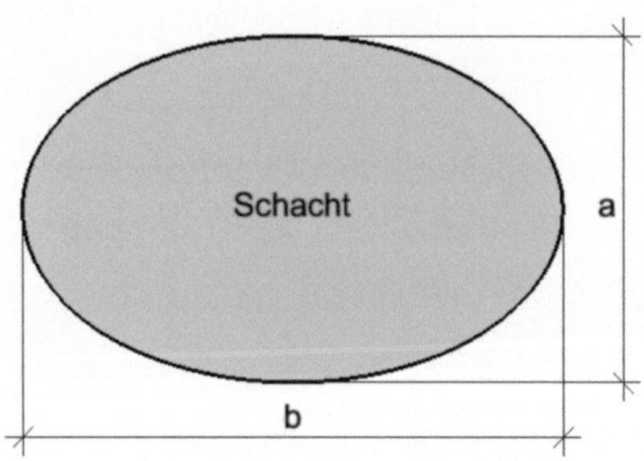

Abbildung 8.25: gekrümmte Schachtwand

Da bei diesem Schachttyp theoretisch nur Druckkräfte in den Seitenwänden entstehen, wird die Berechnung für den größeren Durchmesser durchgeführt. Dadurch ergeben sich die größten Druckkräfte, die bei der Dimensionierung des Schachtquerschnitts berücksichtigt werden.

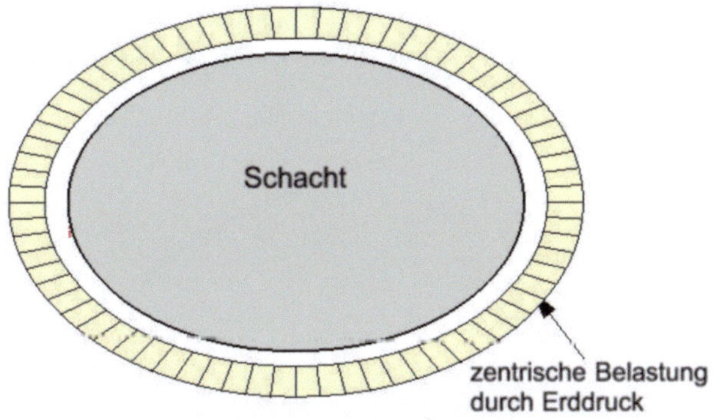

Abbildung 8.26: Belastung der Schachtwand

Der für jede Bodenschicht ermittelte Erddruck wird nun als zentrische Last (entspricht einem äußeren Druck auf ein Rohr) und die Druckkraft berechnet. Dies ergibt sich aus:

aus Belastung von e (Einfluss aus b)

Schicht	Höhe [m]	ΔH [m]	e_1-räuml [kN/m²]	Fs [kN/m]
1	1,5	1,5	12,0	23,91
2	3,0	1,5	20,9	41,75
3	4,5	1,5	28,5	56,96
4	6,0	1,5	34,8	69,54
5	7,5	1,5	39,7	79,50
6	9,0	1,5	43,4	86,83
7	10,5	1,5	45,8	91,54
8	12,0	1,5	46,8	93,62
9	13,5	1,5	46,5	93,08
10	15,0	1,5	45,0	89,91

Abbildung 8.27: Bestimmung der Spannungen auf die Schachtwand

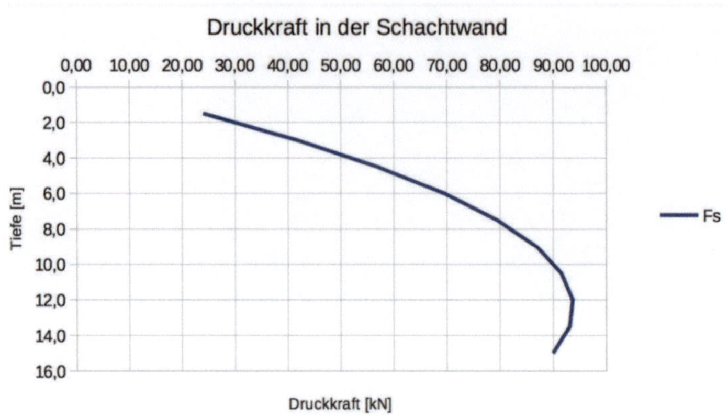

Abbildung 8.28: graphische Darstellung der Spannungen auf die Schachtwand

Diese Druckkräfte müssen nun in jeder Schicht von der Schachtauskleidung aufgenommen werden. Wie beim Rechteckschacht wird zur Aufnahme der Druckkräfte Spritzbeton verwendet.

Wahl der Faser:		SikaForce 50	Kunststoff		
Wahl der Dosierung [kg/m3]:	5	Fehlfaser	10%	Wahl der Betonsorte:	C 25

Abbildung 8.29: Wahl des Materials für die Schachtwand

Nach der Auswahl der Fasern und der Betonqualität erfolgt die Berechnung der Festigkeit des Faserbetons. Hier empfehlen wir das Buch "Faserbeton"(Springer Verlag 2024) [49] zur genaueren Untersuchung.

Durchmesser	d =	0,73	mm	Druckfestigkeit	fck =	2,50	kN/cm2
Fläche	Af =	0,533	mm2	Zugfestigkeit	fctk =	0,256	kN/cm2
Länge	l =	50	mm	E-Modul	Ec =	3.140	kN/cm2
Volumen	v =	26,65	mm3	Biegezug	fctkb =	0,359	[kN/cm2]
Gewicht	gf =	0,0242	g	Scherwinkel	φ =	48,49	[°]
Oberfläche	Of =	146,0	mm2	Scherspannung	tc =	0,474	[kN/cm2]
E-Modul	Ef =	750	kN/cm2	Dehnung	εz =	15,4	[Promill]
Faserdichte	df =	1,03	Stk/cm2				
Faserfaktor	cg =	2,50	-	**Faserbeton:**			
Faserwinkel	β =	25,0	°	Zugfestigkeit	fcftk =	0,504	kN/cm2
Raumwinkel	α =	66	°	Druckfestigkeit	fcfk =	2,73	kN/cm2
Faserrauhigkeit	ρ =	0,9	-				
E-beiwert	ce =	0,24	-	Teilsicherheiten:	Kräfte	1,35	
Faserzugspannung	f-fk1 =	0,145	kN/cm2		Faserbeton	1,5	

Abbildung 8.30: Bestimmung des Faserbetoneigenschaften und der Teilsicherheiten

Bei der Bemessung der Druckkräfte im Schacht ist eine weitere Besonderheit zu berücksichtigen. Beim Aushub des Schachtes entsteht durch das Werkzeug (Schaufel und Spitzhacke oder Baggerschaufel) eine raue Oberfläche, die ausgeglichen werden muss. Diese Rauhigkeit muss daher bei der Dimensionierung der Druckschale berücksichtigt werden.

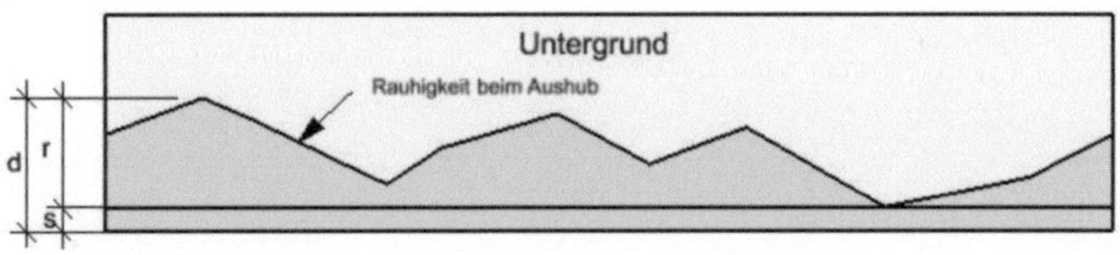

Abbildung 8.31: Rauhigkeit des Erdreiches beim Aushub

Im vorliegenden Fall wird angenommen, dass die Rauheit der Aushuboberfläche folgenden Wert hat:

r = 10 cm

Schachtbemessung:			Feld
Schicht	M-feld	N-feld	erf d
1	0,00	23,91	10,13
2	0,00	41,75	10,23
3	0,00	56,96	10,31
4	0,00	69,54	10,38
5	0,00	79,50	10,44
6	0,00	86,83	10,48
7	0,00	91,54	10,50
8	0,00	93,62	10,51
9	0,00	93,08	10,51
10	0,00	89,91	10,49

Abbildung 8.32: Stärke der Schachtwand

Dies zeigt eine nahezu konstante Spritzbetonstärke von ca. 11 cm, mit der der abgerundete Schaft gesichert werden sollte.

9 Anker und Bodennägel

Im Bauwesen ist der Begriff Anker sehr weit gedehnt. Nicht nur aus historischer Sicht, sondern besonders aus der Sicht der Anwendungsmöglichkeiten gibt es eine Unzahl von Ankern. Daher ist es notwendig hier eine Einteilung vorzunehmen, an der man die verschiedenen Anker erkennen kann, bevor man mit dem Begriff Anker bei Böschungen und Baugruben zu arbeiten beginnt.

9.1 Einteilung

Generell dienen Anker zur Kraftübertragung zwischen zwei Bauteilen. Je nach der Richtung der Anker wird ein Unterschied zwischen zugbelasteten und wechselbelasteten Ankern gemacht.

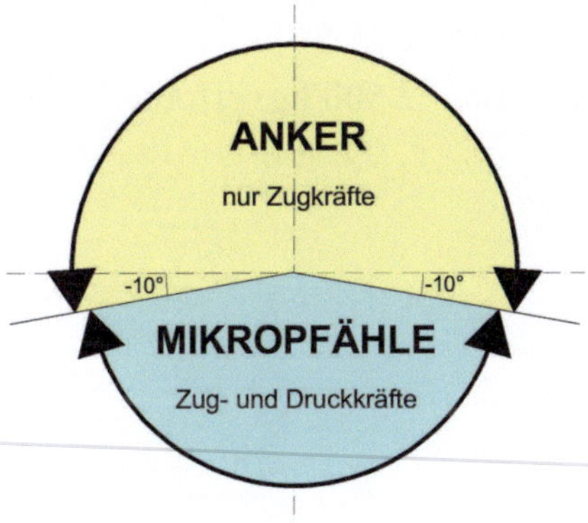

Abbildung 9.1: Definitionen nach der Richtung und Lastart

Es mag zwar viele unterschiedliche Möglichkeiten der Einteilung von Ankern geben, es wird hier lediglich nach der Kraft eingeteilt, die der Anker zu übertragen hat.

© Der/die Autor(en), exklusiv lizenziert an
Springer Fachmedien Wiesbaden GmbH, ein Teil von Springer Nature 2024
B. Wietek, *Böschungen und Baugruben*, https://doi.org/10.1007/978-3-658-44911-7_9

9.1.1 Kleinanker bzw. Dübel

Die hauptsächlich im Hochbau angewendeten Kleinanker bzw. Dübel haben eine **Traglast im Bereich von 10 bis 2.000 N (1 - 200 kg)**.

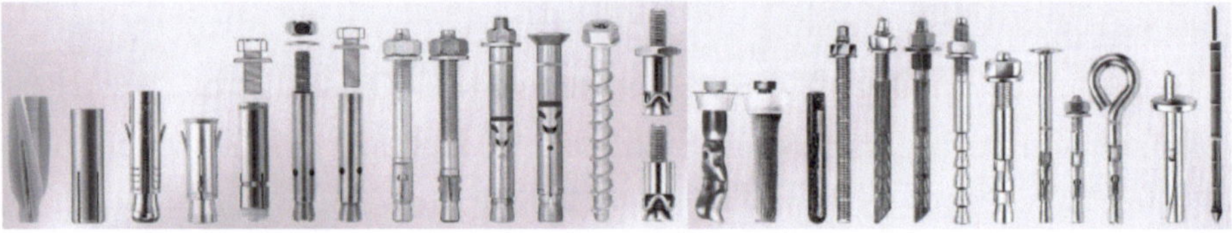

Abbildung 9.2: Dübel im Hochbau

Die obige Abbildung zeigt die Vielfalt dieser Anker auf. Nähere Informationen erhält man über diese Dübel bestens über das Internet bzw. im örtlichen Baumarkt.

9.1.2 Mittellastanker

Diese Ankerart wird bei leichten Bauwerken eingesetzt, die eine **Traglast im Bereich von 1 bis 25 kN (100 - 2.500 kg)** erforderlich machen.

Abbildung 9.3: Schraubanker

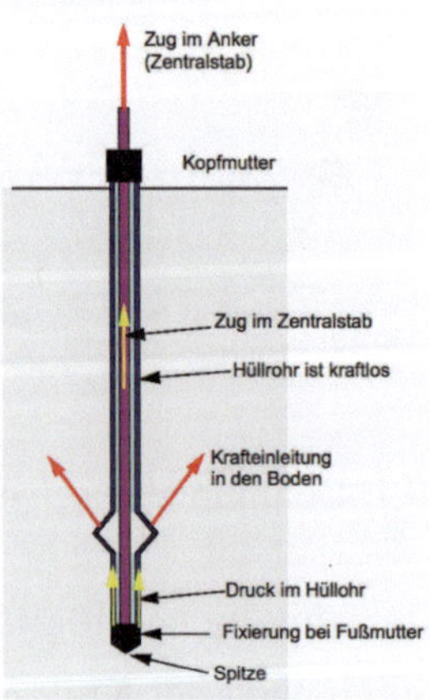

Abbildung 9.4: Spreizanker

Abbildung 9.5: Telleranke

Diese Anker sind generell in Boden, Schnee und Eis einsetzbar und haben dort auch ihre größten Anwendungsbereiche.

Abbildung 9.6: Spinnanker

Je nach Bodenbeschaffenheit, ob in weichem Lehm oder härter in Sand-Kiesbereichen oder auch im Winter bei Schnee und Eis (Schipisten), werden die unterschiedlichen Anker gewählt.

Der Einsatz ist sehr breit gefächert, wobei nachfolgend einige typische Beispiele aufgezeigt werden.

Abbildung 9.7: Mountain Bob

Abbildung 9.8: Zelt

Abbildung 9.9: Klettergerüst

Nähere Informationen erhält man über diese Mittellastanker bestens über das Internet bzw. im örtlichen Baustoffhandel.

9.1.3 Boden- und Felsnägel

Diese Anker werden vielfach zur Sicherung von Böschungen bei allen Bodenarten und im Felsbau sowohl bei Böschungssicherungen als auch im Stollen- und

Tunnelbau zur Hohlraumsicherung verwendet. Die **Traglast ist im Bereich von 10 bis 500 kN (1 - 50 to)** reicht im Normalfall für diese Einsätze aus.

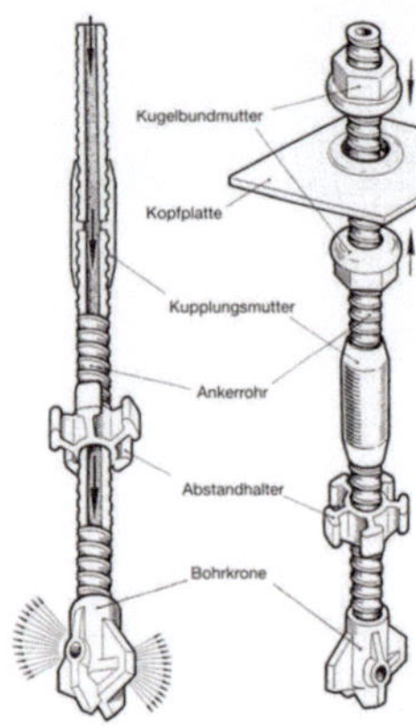

Abbildung 9.10: Ischebek-Anker

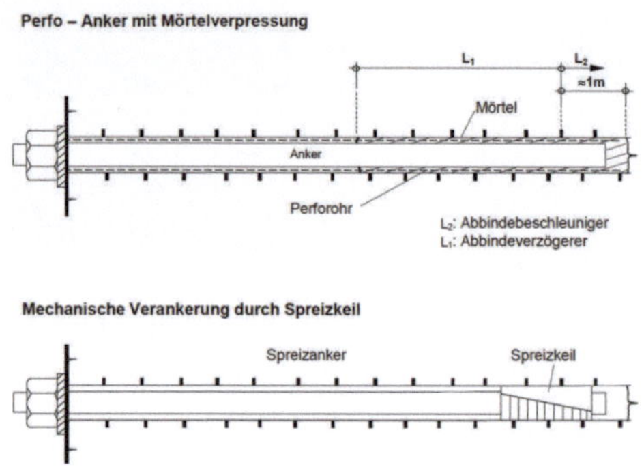

Abbildung 9.11: Perfo- und Spreizanker

In diesen Bereich fallen auch die GFK-Anker, die sich dadurch auszeichnen, dass sie wegen ihres Werkstoffes GFK (Glasfaser verstärkter Kunststoff) nicht der Korrosion unterliegen können. Dies ist besonders für die Anwendung im agresiven Untergrund interessant.

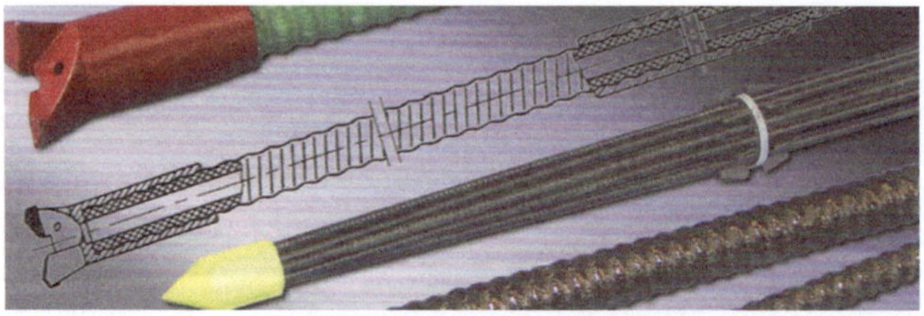

Abbildung 9.12: GFK-Anker

Für die Boden- und Felsnägel werden die einzelnen Nageltypen und auch Materialien noch speziell im Kapitel Bodennägel behandelt.

9.1.4 Schwerlastlastanker

Schwerlastanker werden im Grund- und Felsbau eingesetzt. Es werden hier **Traglasten ist im Bereich von 200 bis 5.000 kN (20 - 500 to)** angewendet.

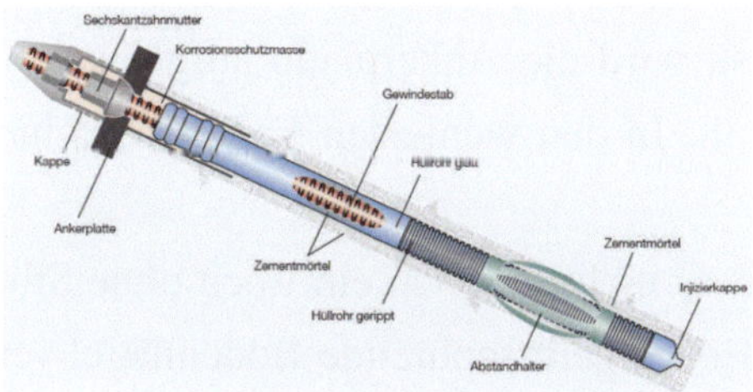

Abbildung 9.13: Einstab-Anker

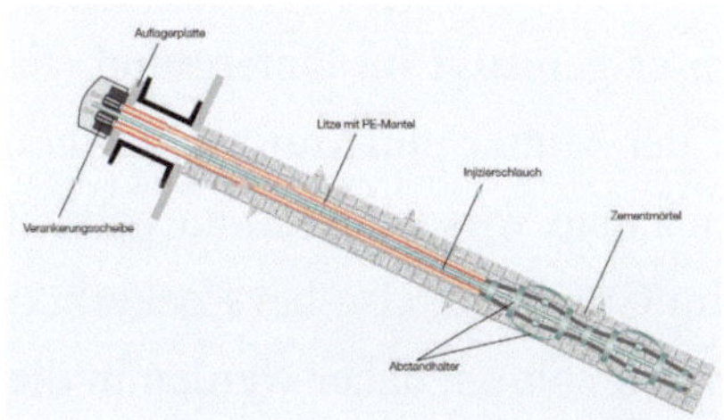

Abbildung 9.14: Litzen-Anker

Ausgehend von den beiden oben aufgezeigten Arten gibt es etliche Systeme für den jeweiligen Ankerkopf. Auch die Nutzungsdauer der Anker führt zu zwei unterschiedlichen Ausführungen. So wird zwischen temporärer und permanenter Nutzung unterschieden. Auch die Stahlgüten unterscheiden sich bei den verschiedenen Ankerherstellern. Im Kapitel Anker wird speziell auf all diese Unterschiede eingegangen.

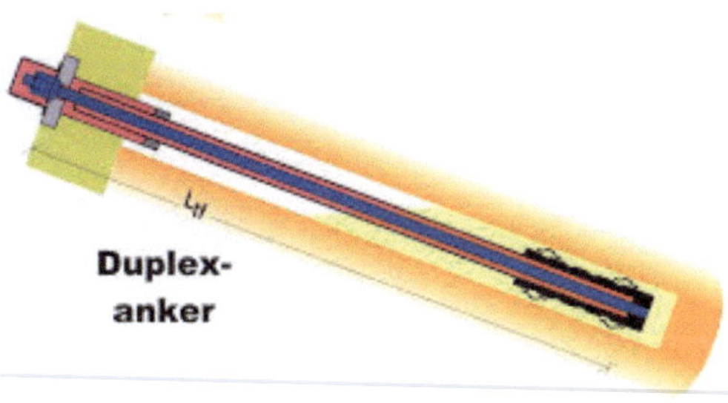

Abbildung 9.15: Duplex-Anker

Eine Besonderheit stellt der Duplex-Anker dar, da die in den Anker eingeleitete Kraft bis ans Ende geleitet Wird und von dort über ein Druckrohr in den Boden eingeleitet wird. Dies ist die einzige Ankerart in der die Kräfte vom Bohrlochtiefsten aus in den Untergrund einleitet werden.

9.2 Bodennägel

Bodennägel werden im Felsbau (Unter- oder Übertage) hauptsächlich als Vollstabnagel ausgeführt. Es wird dabei ein entsprechendes Loch in den Fels gebohrt und der Bodennagel dort hineingeschoben und entsprechend Verankert. Nachdem er gefestigt im Untergrund (Fels) ist, wird die Ankerplatte aufgelegt und mit der Mutter ein Kraftschluss hergestellt. In den wenigsten Fällen wird hier gleich eine Vorspannkraft aufgebracht.

Im Grundbau, also bei Lockerböden ist es nicht möglich ein Loch ohne Stützung zu bohren, daher werden in diesen Böden selbstbohrende Bodennägel verwendet, die wegen ihrer Form auch Hohlstabnägel bezeichnet werden. Dabei wird während dem Bohrvorgang von der Bohrkrone aus entweder Luft oder Ankermörtel in das Loch gepumpt. Somit wird das Bohrgut nach Aussen transportiert. Wenn die Bohrtiefe erreicht ist, wird bei Luftspülung nun der Hohlraum mit Ankermörtel von der Bohrkrone aus verfüllt, oder bei Bohrung mit Ankermörtel der Bohrvorgang eingestellt. In beiden Fällen verbleibt die Bohrkrone im Untergrund, daher spricht man von verlorener Bohrkrone. Nachdem der Ankermörtel im Untergrund (Boden) ausgehärtet ist, wird die Ankerplatte aufgelegt und mit der Mutter ein Kraftschluss hergestellt. In den wenigsten Fällen wird hier gleich eine Vorspannkraft aufgebracht.

9.2.1 Vollstabnagel

Die Anwendung dieser Nägel ist hauptsächlich auf den Felsbau und Tunnelbau beschränkt.

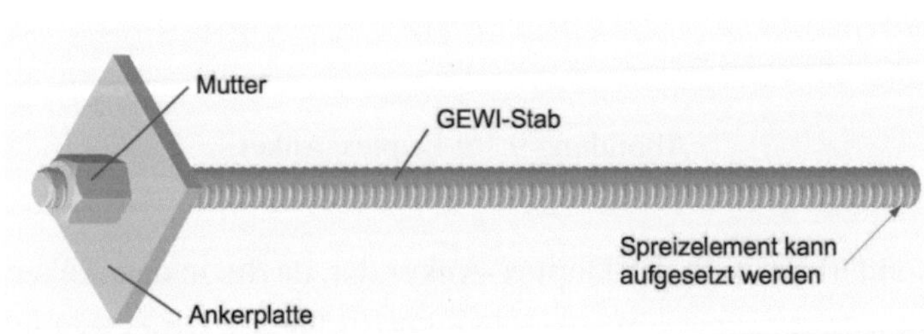

Abbildung 9.16: Felsnagel

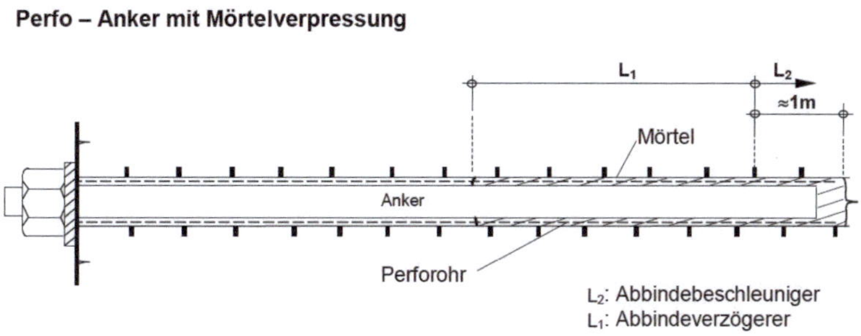

Abbildung 9.17: Perfo-Anker

Beim Perfoanker wird oft eine zusätzliche löchrige Schale zum Ankerstab eingebracht, wo in den Zwischenraum dann der Ankermörtel eingepresst wird und nachdem diese das Lochblech durchflossen hat mit dem Fels dann auch den Kontakt bildet. Der Grund für das Lochblech ist, dass bei größeren Klüften eine Überbrückung statt finden kann und nicht das gesamte Injektionsgut in eine Kluft gepumpt wird.

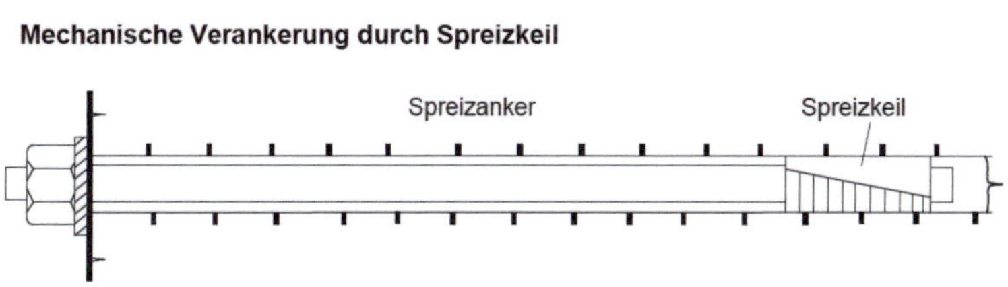

Abbildung 9.18: Spreiz-Anker

Abbildung 9.19: Keil-Spreizkopf

Abbildung 9.20: Feder-Spreizkopf

Den schnellsten Kraftkontakt kann ein Spreizanker herstellen. Direkt nach dem einführen des Ankerstabes wird der Spreizmechanismus betätigt und der Anker (Felsnagel) kann sofort Kräfte über Mutter und Ankerplatte übertragen.

Ein Ausinjizieren des Hohlraumes beim Ankerstab ist nicht unbedingt notwendig, wird aber zum Schutz vor Korrosion empfohlen.

Sehr häufig werden DSI Einstabanker eingebaut, die in zwei unterschiedlichen Versionen erhältlich sind.

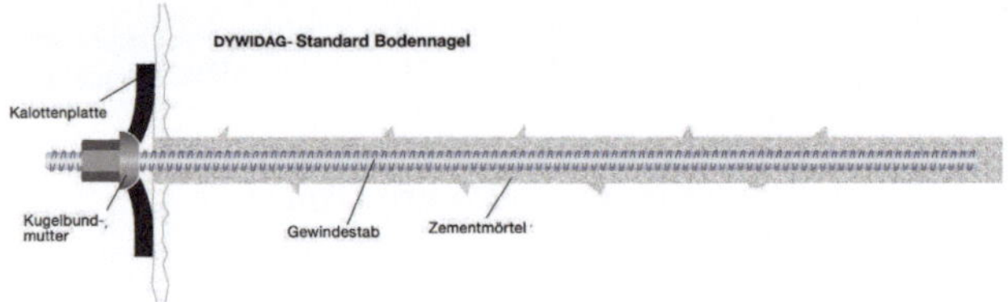

Abbildung 9.21: DYWIDAG Standard Bodennagel

Der Standard Bodennagel wird hauptsächlich für den temporären Einsatz bei kurzfristigen Hang- und Baugrubensicherungen angewendet.

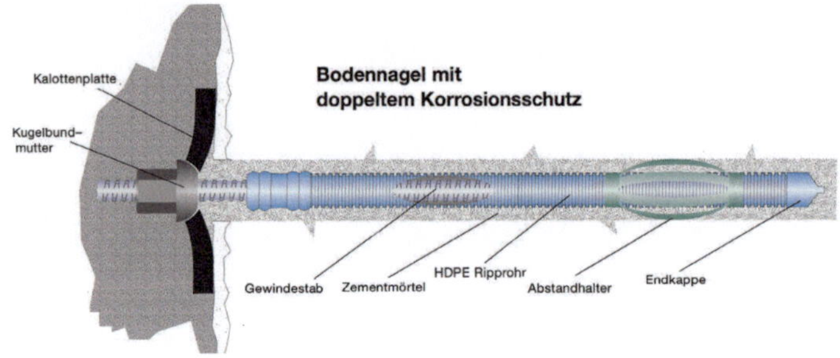

Abbildung 9.22: DYWIDAG Dauer Bodennagel

Falls der Bodennagel permanent eingesetzt werden soll, so ist derzeit wegen dem dafür notwendigem Korrosionsschutz ein Dauer-Bodennagel mit doppeltem Korrosionsschutz anzuwenden.

Bei der Auswahl der beiden Nagelarten ist die Gebrauchsdauer ein entscheidender Faktor. Nur wegen dem notwendigen Korrosionsschutz für längeren Einsatz ist der Daueranker einzusetzen.

Die nachfolgende Tabelle zeigt die von der Fa. DSI bereitgestellten Stahlgüten mit den möglichen Durchmessern auf, wobei hier andere Firmen auch die selben Abmessungen und Stahlgüten anbieten.

Stahltypen	**Nenndurch-messer**	**Stahlgüte**	**Querschnitt** A	**Last an der Streckgrenze**	**Bruchlast**
	mm	N/mm²	mm²	kN	kN
GEWI®-Stab mit Linksgewinde	16	BSt 500 S	201	101	111
	20	BSt 500 S	314	157	173
	25	BSt 500 S	491	246	270
	28	BSt 500 S	616	308	339
	32	BSt 500 S	804	402	442
	40	BSt 500 S	1.257	628	691
	50	BSt 500 S	1.963	982	1.080
	63,5	S 555/700	3.167	1.758	2.217
GEWI®*Plus*-Stab mit Rechtsgewinde	18	S 670/800	254	170	204
	22	S 670/800	380	255	304
	25	S 670/800	491	329	393
	28	S 670/800	616	413	493
	30	S 670/800	707	474	565
	35	S 670/800	962	645	770
	43	S 670/800	1.452	973	1.162
	57,5	S 670/800	2.597	1.740	2.077
	63,5	S 670/800	3.167	2.122	2.534

Abbildung 9.23: DYWIDAG Bodennagel Daten

9.2.2 Hohlstabnagel

Diese Art von Bodennägel wurde in den Jahren ab 1960 entwickelt, wobei dabei zwei Firmen an der Entwicklung maßgeblich beteiligt waren. Die Fa. Gruber in Österreich und Fa. Ischebeck in Deutschland. Es fanden anfangs sehr viele Ideen aus dem Bergbau auch hier Eingang, wobei das handwerkliche Können einzelner Personen zu erstaunlichen Erfindungen und Erweiterungen führten.

Besonders hervorzuheben ist hier die Fa. GD-Anker als Tochterfirma von Gruber, die beim Hohlstabnagel extrem innovativ war. Leider fiel sie nach sehr erfolgreichen Jahren der Strategie der anderen Konkurrenzfirmen zum Opfer, denen es mit Marktregulierungen gelang, diese Firma aufzulösen. Das wichtigste Produkt wird aber von einigen Firmen unter unterschiedlichen Namen weiter am Markt vertrieben.

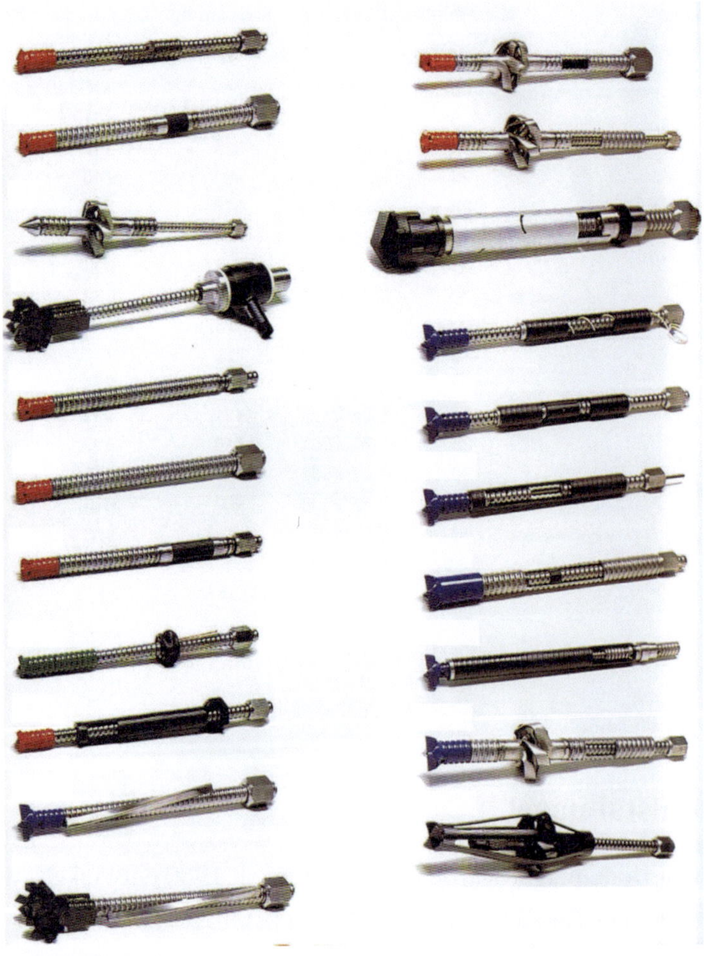

Abbildung 9.24: Variation vieler Bodennägelarten von Fa. GD-Anker

Wie bereits erwähnt hat die Fa Ischebeck einen Nagel mit dem Namen Titan erfunden, der ähnlich dem GD-Nagel ist, sich jedoch in etlichen Details unterscheidet, die mehr aus erfinderischen Gründen gewählt wurden und für die praktische Anwendung eher nebensächlich sind.

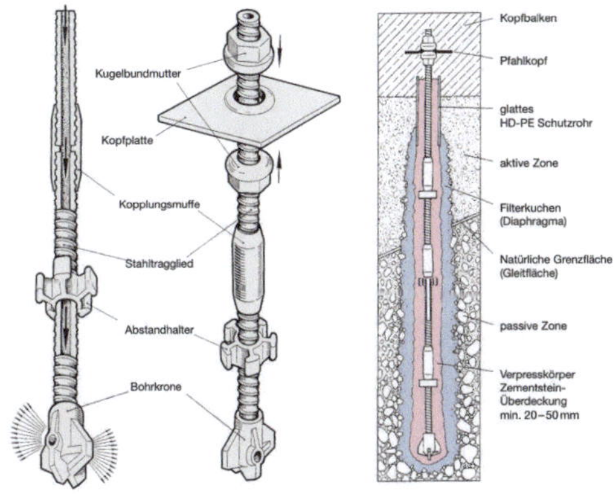

Abbildung 9.25: Ischebeck Bodennagel

Nachfolgend werden für die Dimensionierung notwendigen Grunddaten von diesem Nagelsystem wiedergegeben.

Bezeichnung	Einheit	TITAN 30/16	TITAN 30/14	TITAN 30/11	TITAN 40/20	TITAN 40/16	TITAN 52/26	TITAN 73/56
Nenndurchmesser außen Ø	mm	30	30	30	40	40	52	73
Nenndurchmesser innen Ø	mm	16	14	11	20	16	26	56
Effektiver Querschnitt A_{eff}	mm²	340	375	415	730	900	1250	1360
Bruchlast F_u	kN	245	275	320	540	660	925	1035
Kraft an der 0,2% Dehngrenze $F_{0,2,k}$ (50%-Fraktilwert)	kN	190	220	260	425	525	730	830
Charakteristische Tragfähigkeit $R_{M,k}$ gemäß dt. Zulassung (5%-Fraktilwert) [1)]	kN	155[2)]	195[2)]	225[2)]	372	465	620	695[2)]

Abbildung 9.26: Ischebeck Bodennagel-Daten

Der MAI-Hohlstabnagel, abstammend vom Nagel der Fa. Gruber ist einer von etlichen Firmen vertriebener Boden- und Felsnagel. Die Anwendung sowie die technischen Daten sind gleich dem DYWIDAG-Bodennagel, so wird auf eine weitere Beschreibung verzichtet.

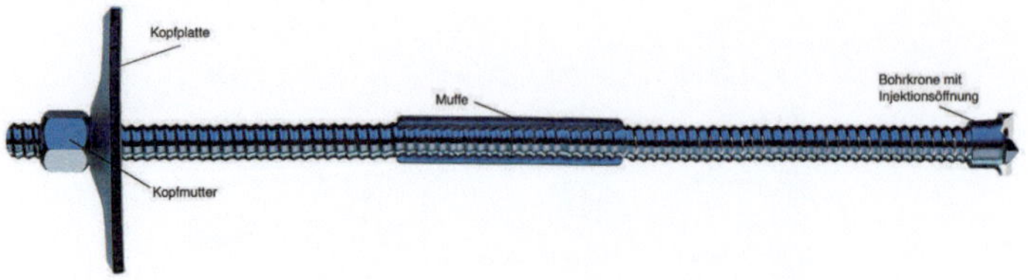

Abbildung 9.27: MAI-Hohlstabnagel

Für den kurzzeitigen Einsatz bei Böschungs- und Baugeubensicherungen steht der DYWIDAG-Bodennagel zur Verfügung.

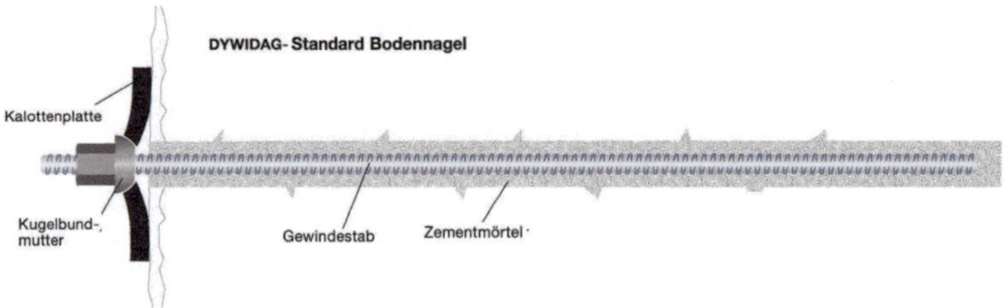

Abbildung 9.28: DYWIDAG-Standard-Hohlstabnagel

Bei längerer Nutzungsdauer führt zu einem dauerhaft korrosionsgeschützten DYWIDAG-Bodennagel. Damit kann der Bodennagel bei permanenten Anwendungen eingesetzt werden.

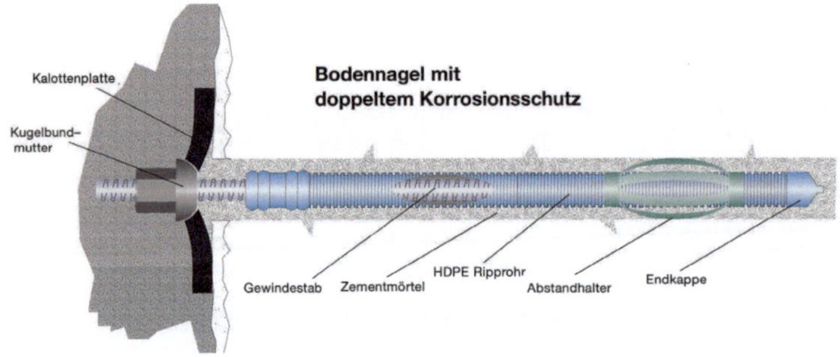

Abbildung 9.29: dauerhaft korrosionsgeschützter DYWIDAG-Hohlstabnagel

Die technischen Daten für eine Berechnung mit diesen Bodennägeln können der nachfolgenden Tabelle entnommen werden.

Technische Daten	Einheit	R25N	R32L	R32N	R32S	R38N	R51L	R51N	T76N	T76S
Außendurchmesser	mm	25	32	32	32	38	51	51	76	76
Innendurchmeser	mm	14	22	18,5	15	19	36	33	51	45
Querschnitts-fläche	mm^2	290	340	430	520	770	890	1070	2120	2750
Bruchlast *1	kN	200	220	280	360	500	550	800	1600	1900
Last an der Streckgrenze *1	kN	150	180	230	280	400	450	630	1200	1500
Mittlere Zugfestigkeit *1	N/mm^2	690	650	650	690	650	620	750	750	690
Mittlere Streckgrenze *1	N/mm^2	520	530	530	540	520	510	590	570	550
Gewicht	kg/m	2,0	2,7	3,4	4,1	6,1	7,0	8,4	16,7	22,0

Abbildung 9.30: Daten für den DYWIDAG-Hohlstabnagel

9.2.3 GFK-Anker

GFK Anker und Felsbolzen werden als alternative Ausbauelemente zu Stützmitteln aus Stahl eingesetzt.

Mit fortschreitender Entwicklung der Produktionstechnologie und steigendem Anteil von maschinellen Vortrieben haben GFK-Systeme weltweit im Untertagebau an Bedeutung gewonnen. Anwendungsgebiete von GFK Ankern und Felsbolzen reichen vom Tunnel- und Stollenbau bis hin zum Baugruben- und Böschungssicherung. Wobei hier besonders die Eigenschaft zählt, dass diese Anker nicht korrodieren können, und so im aggresiven Untergrund sehr vorteilhaft einsetzbar sind.

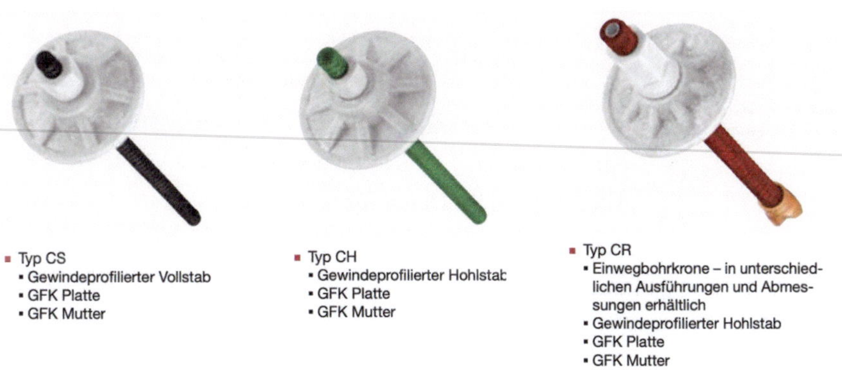

Abbildung 9.31: GFK-Anker

Anwendungsgebiete:

Gebirgsvergütung und Stützmittel im Untertagebau
Maschinelle Vortriebe – TVM und schneidende Gewinnung im Bergbau
Schneidbares Ausbauelement für den untertägigen Bergbau
Injektionslanze in Verbindung mit DYWI® Inject Systemen
Portalbereiche von Tunnelbauwerken
Sicherungsmittel für den Baggervortrieb
Baugrubensicherungen und Unterfangungen
Hangsicherungen im Spezialtiefbau

Hauptvorteile:

Geringes Einsatzgewicht erleichtert den Einbau
Hohe Zugtragfähigkeit
Beständiges und widerstandsfähiges System
Einfach durch Vortriebsmaschinen oder Bagger abtrennbar
kein Korrosionsschutz notwendig
Antistatische Systemkomponenten
Widerstandsfähige und tragfähige Gewindeform

GFK Stäbe Typ CS, CH und CR

Nr.	Kennwert / Typ [1]	Zeichen	Einheit	CS20-190	CS25-350	CS32-560	CH25-250	CH32-350	CR32-340
1	Nenndurchmesser	$D_{a,nom}$	[mm]	20	25	32	25	32	32
2	Nennquerschnitt [2]	S_0	[mm²]	186	346	580	230	340	340
3	Nennmasse [2]	m	[kg/m]	0,56	0,90	1,30	0,64	0,95	0,95
4	Höchstkraft Stab [3]	$F_{m,s,nom}$	[kN]	190	350	560	250	350	350
5	Zugfestigkeit Stab [4]	$R_{m,s,nom}$	[N/mm²]	1.000	1.000	960	1.000	1.000	1.000
6	Dehnung Stab [5]	A_{gt}	[%]	2,5	2,5	2,5	2,5	2,5	2,5
7	Scherkraft Stab [5]	$F_{S,nom}$	[kN]	90	160	230	110	140	140
8	Höchstkraft Stab-Mutter [6]	$F_{m,n,nom}$	[kN]	–	–	130	–	130	130
9	Höchstkraft Stab-Muffe [6]	$F_{m,c,nom}$	[kN]	–	–	160	–	160	160
10	Lieferlängen [7]	L	[m]	1,0 - 6,0	1,0 - 6,0	1,0 - 6,0	1,0 - 6,0	1,0 - 6,0	1,0 - 6,0
11	Farbkennzeichnung Stab	–	–	SCHWARZ	SCHWARZ	SCHWARZ	GRÜN	GRÜN	ROT

Abbildung 9.32: Daten für den GFK-Anker

9.3 Anker

Seit Beginn der Anker- und Vorspanntechnik wurden verschiedene Spannsysteme entwickelt, die sich hauptsächlich in der Art des Vorspannens, der Ausbildung der Verankerungsköpfe und des verwendeten Stahls (Drähte, Litzen oder Stangen) unterscheiden.

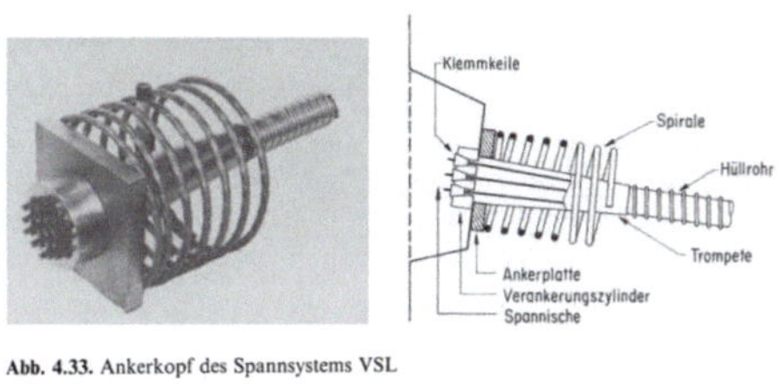

Abbildung 9.33: Ankerkopf von VSL

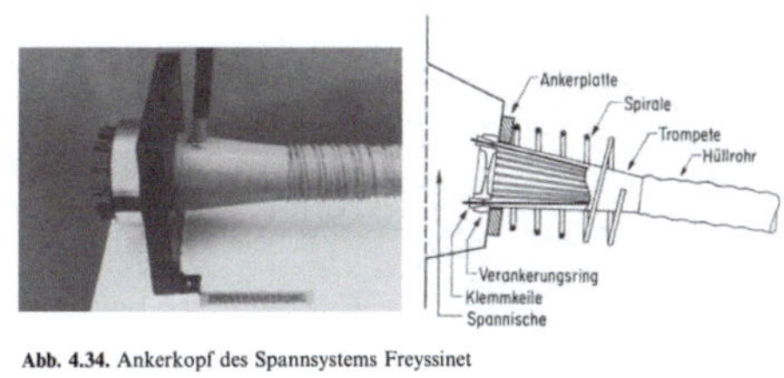

Abbildung 9.34: Ankerkopf von Freisinet

Das VSL-System verwendet Litzen, die mit Klemmkeilen an einem gelochten Stahlzylinder verankert werden.

Das Freysinet-System und das DYWIDAG-Bündelspannverfahren verwenden ebenfalls Litzen. Die Verankerung erfolgt auch bei diesem Spannverfahren mittels Klemmkeilen an der Ankerplatte.

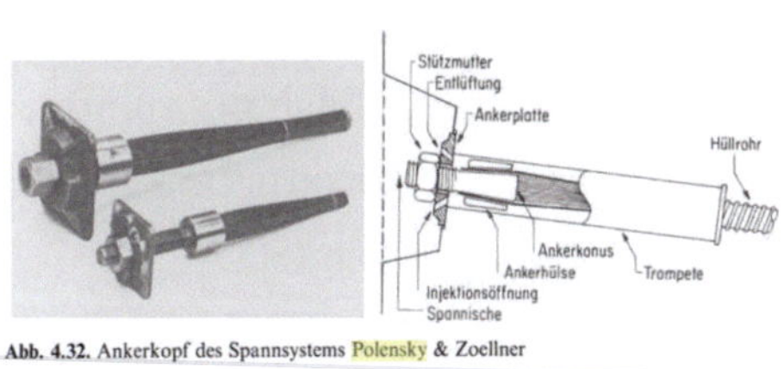

Abbildung 9.35: Ankerkopf von Polensky-Zöllner

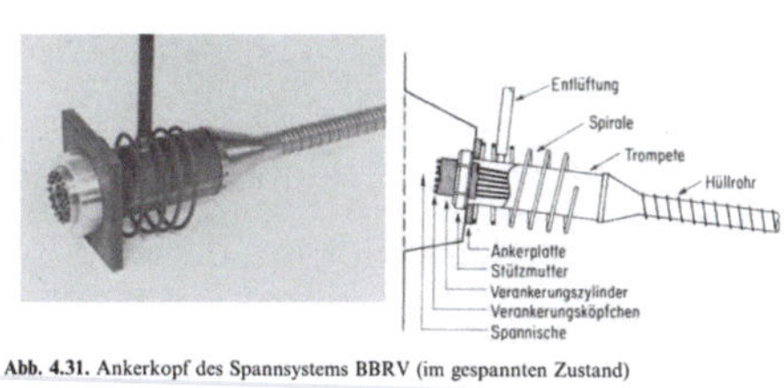

Abbildung 9.36: Ankerkopf von BBRV

Beim Spannverfahren nach Polensky und Zöllner werden die Litzen bzw. Drähte an einem Konus mittels einer Ankerhülse befestigt. Die Kraft wird dann auf einen Stab übertragen, der mit einem Feingewinde ausgebildet ist. Über die Ankermutter kann nun die Vorspannkraft beliebig eingestellt werden.

Das BBRV-System verwendet Drähte, die mit aufgestauchten Köpfchen in einem gelochten Stahlzylinder verankert sind. Der Zylinder wird beim Spannvorgang mittels Spannpresse aus der Hüllrohr-Trompete herausgezogen und über einen Verankerungsring auf die einbetonierte Ankerplatte abgestützt.

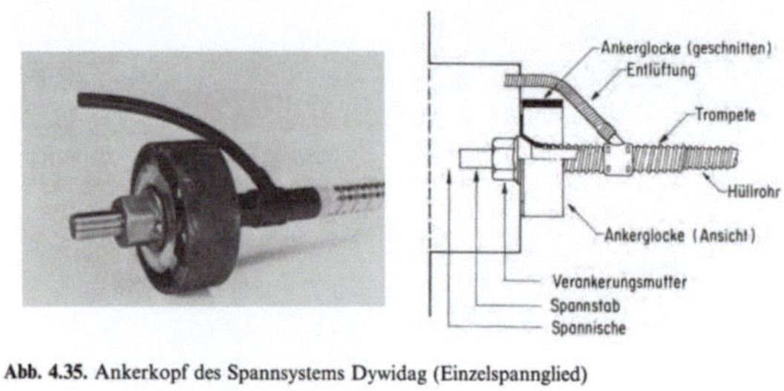

Abbildung 9.37: Ankerkopf von DSI-Einstabanker

Beim DYWIDAG-Einzelspannglied-Verfahren werden Gewindestäbe verwendet. Die Stäbe werden mit einer Stützmauer an der Ankerplatte verankert.

9.3.1 Stabanker

Stabanker sind ein Verpressanker-System und entsprechen den gängigen Normen. Durch eine aktive Vorspannung werden die zu erwartenden Verformungen des Systems und Verformungen im Bereich der Tiefbaumaßnahme minimiert oder ganz eliminiert. Dabei kann es sich um temporäre Konstruktionen (z.B. Baugrubenverbau) oder um dauerhafte Rückverankerungen handeln.

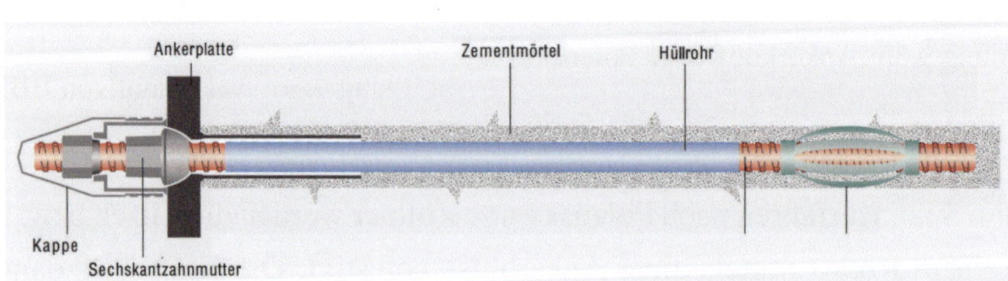

Abbildung 9.38: DSI Einstabanker

Definitionsgemäß besteht ein Anker aus drei Hauptkomponenten:

Krafteinleitungsstrecke: mit Ankermörtel (Zementmörtel) wird der Anker im Bohrloch umhüllt und kann die Kräfte über die Mantelreibung in den umliegenden Untergrund ableiten.

Freispielstrecke: mit einem Glattrohr wird der Stab von der Bohrlochverfüllung entkoppelt, so daß er sich in dieser Länge frei dehnen kann. Die Vorspannkraft wird über diese Strecke verlustfrei bis zur Krafteinleitungsstrecke weitergeleitet.

Ankerkopf: beim Ankerkopf wird die Ankerkraft durch eine externe Vorspannung aufgebracht und fixiert. Von dort wird die Vorspannkraft über die Freispielstrecke bis zur Krafteinleitungsstrecke weitergeleitet.

Jeder Anker wird nach ausreichender Erhärtung des Verpressmörtels durch eine Abnahmeprüfung auf seine Tragfähigkeit hin überprüft. Falls erforderlich, können die Anker nachgespannt oder ablassbar ausgebildet werden. Eine permanente Kontrolle der Ankerkraft ist durch den Einbau von Kraftmessdosen möglich.

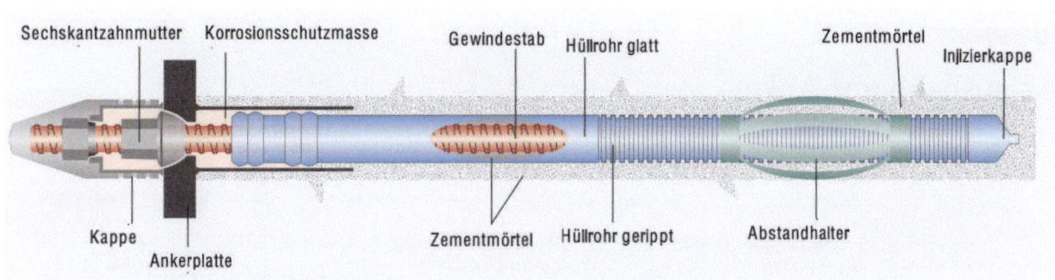

Abbildung 9.39: DSI Einstabanker mit doppeltem Korrosionsschutz

Für einen permanenten Einsatz über lange Zeit wird der doppelt korrosionsgeschützte Anker eingesetzt. Dabei wird der einfache Stabanker durch ein Glattrohr an der Freispielstrecke und ein zusätzliches Ripprohr an der Krafteinleitungsstrecke umhüllt, wobei der Ankermörtel auf beiden Seiten des Glattrohres und Ripprohres eingebracht wird. Somit entsteht ein doppelter Korrosionsschutz. Auch beim Ankerkopf wird auf einen besseren Korrosionsschutz geachtet.

Die technischen Daten für eine Berechnung können der nachfolgenden Tabelle entnommen werden.

	Dauer- und Temporäranker			
Typ	**Nenndurchmesser**	**Stahlgüte**	**Last an der Streckgrenze**	**Bruchlast**
	mm	N/mm²	kN	kN
Spannstahl mit Rechtsgewinde	26,5	950/1050WR	525	580
	32	950/1050WR	760	850
	36	950/1050WR	960	1.070
	40	950/1050WR	1.190	1.320
Spannstahl mit Rechtsgewinde (nur auf Anfrage)	26,5	1080/1230	595	678
	32	1080/1230	868	989
	36	1080/1230	1.099	1.252
GEWI®Plus-Stab mit Rechtsgewinde	30	670/800	474	565
	35	670/800	645	770
	43	670/800	973	1.162
	57,5	670/800	1.740	2.077
	63,5	670/800	2.122	2.534
GEWI®-Stab mit Linksgewinde	40	500/550	628	691
	50	500/550	982	1.080
	63,5	555/700	1.758	2.217

Abbildung 9.40: DSI Anker Daten

Eine Besonderheit stellt der ausbaubare Anker dar, bei dem der Ankerkopf und die Freispielstrecke nach Gebrauch des Ankers entfernt werden können. Es verbleibt jedoch die Krafteinleitungsstrecke mit all ihren Systemteilen im Untergrund.

DSI-ausbaubarer Anker

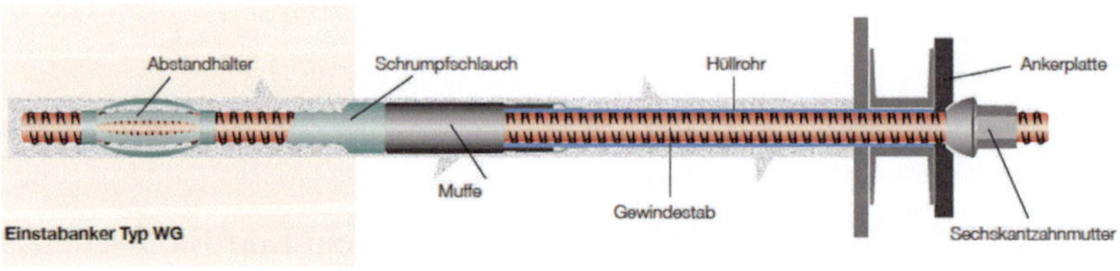

Abbildung 9.41: DSI ausbaubarer Anker

Eine eher historische Art stellt der Duplex-Anker dar, der bis ca. 1990 eingebaut wurde. Der Grundgedanke bei diesem Stabanker war die Ankerkraft bis zum Ankerende zu leiten und von dort über ein zusätzliches Druckglied in den Untergrund einzuleiten. Dies bedeutet, dass die Kraft entgegen den üblichen Ankern von ganz hinten eingeleitet wird und nicht kontinuierlich vom Ende der Freispielstrecke aus. Da diese Konstruktion jedoch teurer ist als die übliche Ankerart ist, wurde der Duplex-Anker immer weniger in der Praxis eingesetzt.

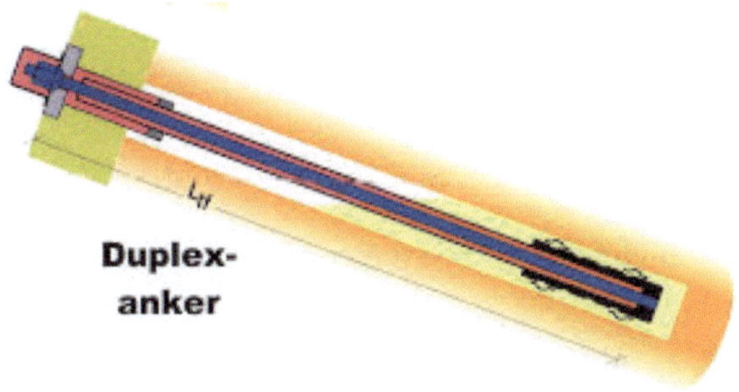

Abbildung 9.42: Duplex-Anker

9.3.2 Litzenanker

Bei Litzenanker werden statt dem Stab der die Kraft überträgt, ein bzw. mehrere Litzen verwendet. Eine Litze besteht aus 7 Einzeldrähten, die in der Krafteinleitungsstrecke blank ist und in der Freispielstrecke wie in der nachfolgenden Abbildung durch ein Hüllrohr geschützt ist, wobei in dem Zwischenraum ist Fett eingespritzt.

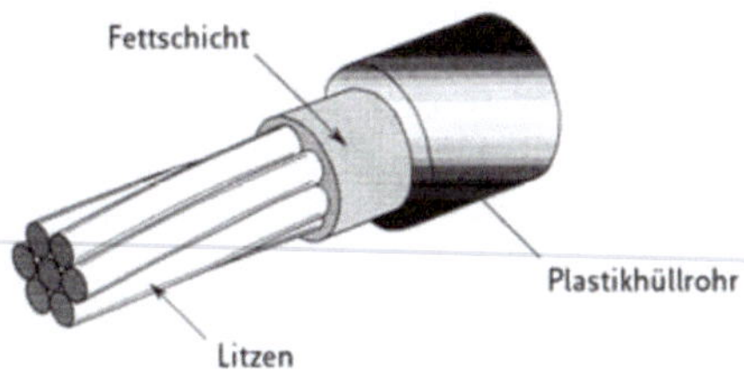

Abbildung 9.43: Aufbau einer Einzellitze

Für die Anwendung bei Ankern haben sich 2 Durchmesser der Einzellitzen durchgesetzt. Entweder 0,60 Zoll (15,25 mm) oder 0,62 Zoll (15,75 mm). Es werden meist mehrere Litzen zur Kraftübertragung verwendet. Dies führt im

Regelfall zu Litzenanker mit 3 bis 20 Litzen, je nach der zu übertragenden Ankerkraft.

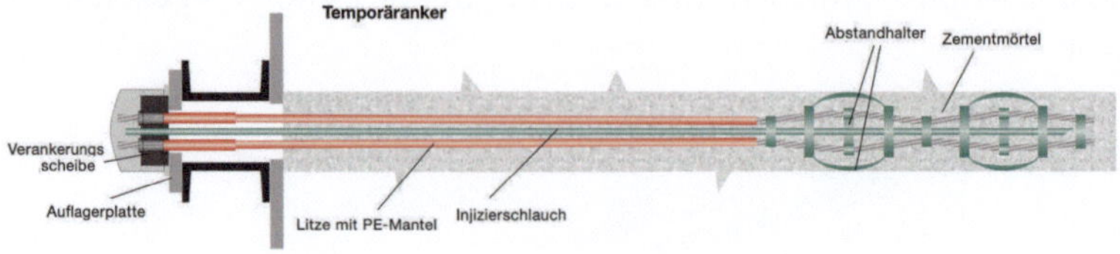

Abbildung 9.44: DSI temporärer Litzenanker

Im Grunde sind diese Anker gleich aufgebaut wie Stabanker. Sie werden normalerweise in großen Rollen zur Baustelle transportiert und können somit unabhängig der Länge mit jedem LKW auf die Baustelle gebracht werden.

Erst nach dem Einbau in das Bohrloch wird der Anker mit Ankermörtel ausgepresst. Damit wird der Kontakt mit dem Untergrund hergestellt.

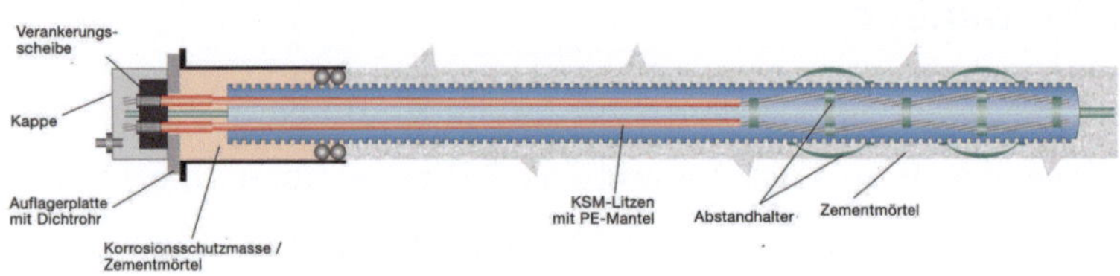

Abbildung 9.45: DSI doppelt korrosionsgeschützter Litzenanker

Die technischen Daten für die Einzellitzen, die in die Berechnung einfließen, können der nachfolgenden Tabelle entnommen werden.

Stahlgüte	**Nenndurchmesser**	**Querschnitt**	**Last an der Streckgrenze*** **($F_{p\,0,2\,k}$)**	**Bruchlast*** **(F_{pk})**
N/mm²		mm²	kN	kN
1570/1770	0.6"	140	220	248
1570/1770	0.62"	150	236	266
1670/1860	0.6"	140	234	260
1670/1860	0.62"	150	251	279

* pro Litze

Abbildung 9.46: DSI Daten für Litzenanker

9.4 Kleinpfahl - GEWI-Pfahl

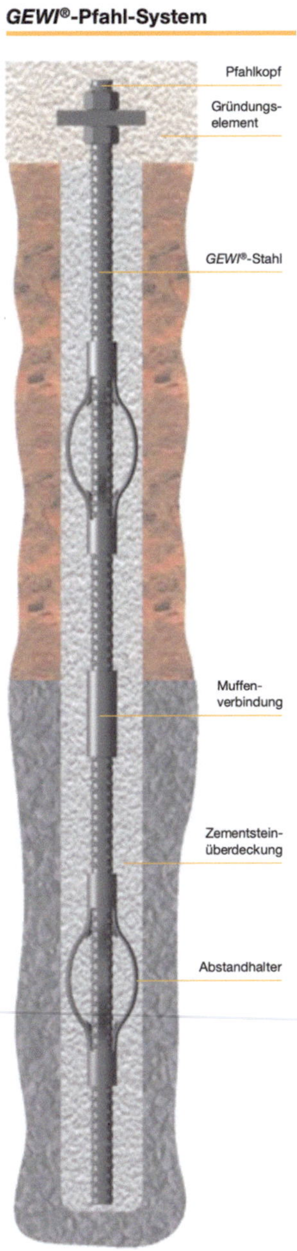

Abbildung 9.47: GEWI-Pfahl

Eine Besonderheit des Vollstabankers ist der **GEWI-Pfahl**, der meist vertikal eingebaut wird und als Kleinpfahl die Lasten in den Untergrund ableitet.

Es gibt den Pfahl ebenso wie die Einstabnägel und auch Einstabanker in der temporären Ausführung (siehe nebenstehende Abbildung) sowie mit doppeltem Korrosionsschutz.

Im Unterschied zu den Nägeln und Ankern wird die jeweilige Kraft mit einer Übertragungsplatte, die durch zwei Muttern gesichert wird in die Bauwerkskonstruktion (meist Fundament) eingeleitet.

GEWI–Pfähle sind Mikropfähle nach DIN 4128 und EN 14199. In der Regel werden sie nicht vorgespannt und wirken somit als passives Gründungssystem. In das Bohrloch wird ein GEWI-Gewinde-Stab eingestellt, der mittels eines Abstandhalters zentriert wird. Anschließend wird das Bohrloch von unten nach oben mit Zementmörtel verfüllt und/oder verpresst. Der Zementmörtel dient einerseits zur Kraftübertragung durch Mantelreibung in das Erdreich, andererseits als Standard- Korrosionsschutz. Hierbei wird ähnlich zum Massivbau das alkalische Milieu der umgebenden Zementsteinüberdeckung zum Schutz des Betonstahls herangezogen. Falls bei stahlaggressivem Baugrund oder Grundwasser diese Zementsteinhülle keine ausreichende Schutzwirkung bietet, kann der GEWI-Pfahl mit Dauerhaftem Korrosionsschutz ausgeführt werden. Hierzu wird das Stahltragglied werksseitig mit einem Kunststoff-Ripprohr umhüllt und der Ringraum mit Zementmörtel verpresst.

Speziell bei Zugkräften kommt diese Ausführungsvariante zum Einsatz. Da es sich bei GEWI-Pfählen um reine Mantelreibungspfähle handelt, können diese Druck-, Zug- und Wechsellasten abtragen. Dabei sind dank des speziell entwickelten DYWIDAG- Gewindes und der Systemkomponenten keine Anpassungen am Gründungssystem erforderlich. Lediglich die Ausbildung der Pfahlköpfe und Muffenverbindungen wird variiert. Zur Abtragung extrem hoher Lasten können mehrere Einzelpfähle (in der Regel drei) in einem Bohrloch kombiniert werden, sofern der Bohrlochdurchmesser dementsprechend groß gewählt wird.

Nenndurchmesser Ø [mm]	Streckgrenze/ Zugfestigkeit $f_{0,2k}/f_{tk}$ [N/mm²]	Querschnittsfläche A [mm²]	Last an der Streckgrenze F_{yk} [kN]	Bruchlast F_{tk} [kN]	Gewicht [kg/m]	Gewicht DKS [kg/m]
20	500/550	314	157	173	2,47	5,9
25	500/550	491	245	270	3,85	7,0
28	500/550	616	308	339	4,83	8,6
32	500/550	804	402	442	6,31	9,5
40	500/550	1.257	628	691	9,86	13,6
50	500/550	1.963	982	1.080	15,41	21,0
63,5	555/700	3.167	1.758	2.217	24,86	32,4
25	670/800	491	329	393	3,85	7,0
28	670/800	616	413	493	4,83	8,6
30	670/800	707	474	565	5,55	9,0
35	670/800	962	645	770	7,55	11,3
43	670/800	1.452	973	1.162	11,40	15,8
57,5	670/800	2.597	1.740	2.077	20,38	30,0
63,5	670/800	3.167	2.122	2.534	24,86	32,4
75	670/800	4.418	2.960	3.534	34,68	43,5

Abbildung 9.48: GEWI-Pfahl Daten

9.5 Dauerhaftigkeit von Ankern

Die Dauerhaftigkeit eines Ankers hängt von mehreren Faktoren ab:

Lastzuordnung: hier werden die Kräfte den Bereichen Material, Norm, Planung und Prüfung verglichen und Zusammenhänge aufgezeigt.

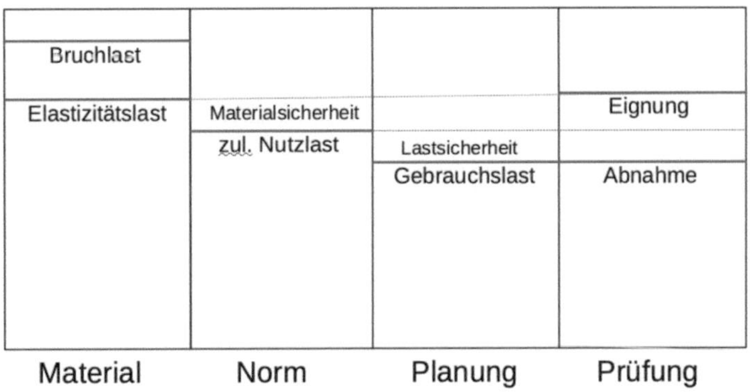

Abbildung 9.49: Lastzuordnungen bei Ankern

Untergrundeigenschaften: es wird der Untergrund in Gruppen der Aggressivität unterschieden

Korrosionsschutz: es werden drei Zeiträume mit unterschiedlichem Korrosionsschutz angegeben, in die jeweils die Anker einzuordnen sind.

Eigenschaften des Bodens gemäß Tabelle A.1	Geplante Nutzungsdauer in Jahren		
	Einfacher Korrosionsschutz gemäß ÖNORM EN 1537	Erweiterter, einfacher Korrosionsschutz [a])	Doppelter Korrosionsschutz gemäß ÖNORM EN 1537
leicht korrosiv oder durchschnittlich korrosiv	≤ 2	> 2 bis ≤ 7	> 7
korrosiv oder hoch korrosiv	-	≤ 2	> 2

Abbildung 9.50: Nutzungsdauer bei Ankern

Verpressanker mit erweitertem, einfachen Korrosionsschutz sind gemäß nachfolgender Regel auszuführen:

Das Stahlzugglied ist in der freien Stahllänge werkseitig innerhalb des PE-Schutzrohres mit Korrosionsschutzmasse zu versehen. Im Ankerkopfbereich sind freiliegende Teile des Stahlzuggliedes mit Korrosionsschutzmasse zu beschichten und abzudecken. Der Ankerkopf ist an die freie Stahllänge anzuschließen.

Als Ersatz für einen Korrosionsschutz kann bei Bodennägel und temporären Einstabankern die Abrostrate herangezogen werden. Damit kann die Nutzungsdauer eines Ankers erhöht werden. Es muss jedoch in der Dimensionierung des Ankers der Querschnittsverlust entsprechend berücksichtigt werden.

Abrostrate in Österreich gemäß **GZ: BMVIT-327.120/0003-II/ST2/2004**

Bodenparameter	Korrosionsbelastung im Boden		
	niedrig	mittel	hoch
Belüftung	mäßig bis sehr gut	schlecht bis mäßig gut	sehr schlecht bis schlecht
Bodenaufbau	überwiegend Sand, Kies, gebrächer Fels	hohe Anteile an Schluff, Feinsand	hohe Anteile an Ton Industrieabfälle, Tausalz
Wassergehalt	niedrig (drainagefähig)	im allgemeinen mittel (feucht)	im allgemeinen hoch, Wasserwechselzonen
Neutralsalzgehalte	gering	möglicherweise erhöht	möglicherweise hoch
pH-Werte	5 - 8	5 - 8	5 - 8
spezifischer Bodenwiderstand [Ωm]	> 70	10 - 70	< 10

Nutzungsdauer in Jahren	Abrostrate in mm		
	niedrig	mittel	hoch
2	0	0	0,2
7	0,2	0,2	0,5
30	0,4	0,6	2,0
50	0,5	1,0	-

Abbildung 9.51: Abrostrate bei Ankern

Besonders bei Baustellen im hochalpinen Bereichen wird diese zusätzliche Methode der Verlängerung der Nutzungsdauer angewendet. Dies insbesondere bei Lawinenverbauungen und Hang- sowie Felssicherungen im unwegsamen Gelände.

9.6 Überwachung von Anker

Anker sind ein tragendes Bauteil, das normalerweise sehr hohe Lasten überträgt. Da Anker normalerweise optisch nicht überprüfbar sind (mit Ausnahme eines nicht einbetonieren Ankerkopfes), müssen andere Kontrollsysteme die Überwachung übernehmen.

Die meisten Anker bestehen aus Stahl und sind somit Korrosionsgefährdet. Man erkennt schon an der Einteilung der Anker, dass die Gebrauchsdauer eine erhebliche Rolle für den werkseitigen Korrosionsschutz spielt.

Da es sich meist um sehr hohe Lasten bei der Gebrauchslast handelt, ist eine Kontrolle über die Zeit unbedingt notwendig, denn ein Versagen kann zu extremen Bauschäden führen, bei denen es auch nicht nur um Materialschäden geht, sondern auch um Leben.

Für Anker aus Stahl sind derzeit zwei Übertwachungssysteme möglich:

Kraftmessungen
Korrosionsmessungen

Beide Messarten haben jeweils Vor- und Nachteile, die es gegenseitig abzuwägen gilt, bevor man sich für eine Methode entscheidet.

9.6.1 Überwachung der Tragkraft

Jeder im Untergrund eingebaute Anker muss auf seine Tragfähigkeit überprüft werden. Damit ist sicher gestellt, dass der Anker selbst, und auch der Untergrund in der Lage ist die vorgesehenen Lasten abzutragen.

Zuerst muss festgestellt werden, ob sich der Anker prinzipiell für die Ableitung der Kräfte in den vorliegenden Untergrund eignet. Dazu gibt es die Eignungsprüfung, die als erste Ankerprüfung bei einer vorgeschriebenen Mindestanzahl von Ankern durchgeführt werden muss.

Die restlichen Anker eines Projektes müssen eine Abnahmeprüfung erfolgreich bestehen um als vollwertige Anker die vorgesehenen Kräfte in den Untergrund abzuleiten.

9.6.1.1 Eignungsprüfung

Abbildung 9.52: Eignungsprüfung bei Stabanker ø=57,5mm

Angaben für den Anker			**Angaben für die Presse**		
Anker Nr:			Fabrikat		
Typ			Typ		
Stahlsorte		[kN/cm2]	Presse Nr:		
E-Modul		[kN/mm2]	Kolben ø		[cm]
ø		[mm]	Kolben fläche		[cm²]
Querschittsfläche		[mm²]	max.Druck		[bar]
Gesamtlänge		[m]	max.Kraft		[kN]
Freispielstrecke		[m]	Drucksteigerung		[kN/bar]
Verankerungsstrecke		[m]			
Überstand		[m]			

Abbildung 9.53: Angaben für Anker und Presse

Angaben über Ankerkräfte			**Angaben für den Prüfversuch**		
Bruchlast		[kN]	Prüfkraft		[kN] Pp
Streckgrenzenlast		[kN]	Vorbelastung		[kN] Pv
Stahlsicherheit		[kN]			
max. Nutzlast		[kN]			
Gebrauchslast		[kN]			

Abbildung 9.54: Angaben für Ankerkräfte und Prüflast

Protokoll der Messwerte

Lastzyklus Nr	Laststufe Kraft	Last [kN]	Druck [bar]	Zeit [min]	Weg [mm]
1	0,25 * Pp			1	
	0,4 * Pp			0	
				1	
				2	
				3	
				5	
				10	
				15	
	0,25 *Pp			1	
	Pv			1	

Abbildung 9.55: Lastfall 1

2	0,25 * Pp			1	
	0,4 * Pp			1	
	0,55 * Pp			0	
				1	
				2	
				3	
				5	
				10	
				15	
	0,4 * Pp			1	
	0,25 *Pp			1	
	Pv			1	

Abbildung 9.56: Lastfall 2

3	0,25 * Pp			1	
	0,4 * Pp			1	
	0,55 * Pp			1	
	0,7 * Pp			0	
				1	
				2	
				3	
				5	
				10	
				15	
	0,55 * Pp			1	
	0,4 * Pp			1	
	0,25 *Pp			1	
	Pv			1	

Abbildung 9.57: Lastfall 3

4	0,25 * Pp			1	
	0,4 * Pp			1	
	0,55 * Pp			1	
	0,7 * Pp			1	
	0,85 * Pp			0	
				1	
				2	
				3	
				5	
				10	
				15	
	0,7 * Pp			1	
	0,55 * Pp			1	
	0,4 * Pp			1	
	0,25 *Pp			1	
	Pv			1	

Abbildung 9.58: Lastfall 4

5	0,25 * Pp			1	
	0,4 * Pp			1	
	0,55 * Pp			1	
	0,7 * Pp			1	
	0,85 * Pp				
	Pp			0	
				1	
				2	
				3	
				5	
				10	
				15	
				20	
				30	
				45	
				60	
	0,85 * Pp			1	
	0,7 * Pp			1	
	0,55 * Pp			1	
	0,4 * Pp			1	
	0,25 *Pp			1	
	Pv			1	

Abbildung 9.59: Lastfall 5

9.6.1.2 Abnahmeprüfung

Angaben für den Anker			Angaben für die Presse		
Anker Nr:			Fabrikat		
Typ			Typ		
Stahlsorte		[kN/cm2]	Presse Nr:		
E-Modul		[kN/mm2]	Kolben ø		[cm]
ø		[mm]	Kolben fläche		[cm²]
Querschittsfläche		[mm²]	max.Druck		[bar]
Gesamtlänge		[m]	max.Kraft		[kN]
Freispielstrecke		[m]	Drucksteigerung		[kN/bar]
Verankerungsstrecke		[m]			
Überstand		[m]			

Abbildung 9.60: Angaben für Anker und Presse

Angaben über Ankerkräfte			Angaben für den Prüfversuch		
Bruchlast		[kN]	Prüfkraft		[kN] Pp
Streckgrenzenlast		[kN]	Vorbelastung		[kN] Pv
Stahlsicherheit		[kN]	Festlegelast		[kN] Po
max. Nutzlast		[kN]			
Gebrauchslast		[kN]			

Abbildung 9.61: Angaben für Ankerkräfte und Prüflast

Protokoll der Messwerte				
Laststufe	Last	Druck	Zeit	Weg
Kraft	[kN]	[bar]	[min]	[mm]
Pv			1	
0,4 * Pp			1	
0,7 * Pp			1	
Pp			0	
			1	
			2	
			3	
			5	
			10	
			15	
0,5 * Pp			1	
Pv			1	
Po			1	

Abbildung 9.62: Angaben für Lasteinleitung

9.6.1.3 Abhebeprüfung

Angaben für den Anker			Angaben für die Presse		
Anker Nr:			Fabrikat		
Typ			Typ		
Stahlsorte		[kN/cm2]	Presse Nr:		
E-Modul		[kN/mm2]	Kolben ø		[cm]
ø		[mm]	Kolben fläche		[cm²]
Querschittsfläche		[mm²]	max.Druck		[bar]
Gesamtlänge		[m]	max.Kraft		[kN]
Freispielstrecke		[m]	Drucksteigerung		[kN/bar]
Verankerungsstrecke		[m]			
Überstand		[m]			

Abbildung 9.63: Angaben für Anker und Presse

Angaben über Ankerkräfte			Angaben für den Prüfversuch		
Bruchlast		[kN]	Abhebelast		[kN] Pa
Streckgrenzenlast		[kN]	Festlegelast		[kN] Po
Stahlsicherheit		[kN]			

Abbildung 9.64: Angaben für Ankerkräfte und Prüflast

Protokoll der Messwerte				
Laststufe	Last	Druck	Zeit	Weg
Kraft	[kN]	[bar]	[min]	[mm]
Pa			1	
0,5 * Pa			1	
0,1 * Pa			1	
0,5 * Pa			1	
Pa			1	
Po			1	
			2	
			5	

Abbildung 9.65: Angaben für Lasteinleitung

9.6.1.4 Kraftmessdosen

Zur Überwachung der Kraft, die der Anker in den Untergrund einleitet, werden Kraftmessdosen verwendet. Diese werden Am Ankerkopf zwischen der Auflagerscheibe und der Festhaltemutter inklusive Beilagscheibe eingebaut.

In den meisten Anwendungen verbleiben die Messkörper am Ankerkopf, nur die Ableseeinheit kann abmontiert werden. Da die meisten Druckmessdosen auf einem hydraulischen Prinzip arbeiten, wird das zur Ablesung benötigte Manometer entweder fix installiert, oder nur bei der Messung angeschraubt.

Abbildung 9.66: Kraftmessdose mit Manometer bei Stabanker ø=57,5mm

Neuerdings werden elektronische Messdosen verwendet, die auf dem Prinzip von Messstreifen basieren und das Messsignal dann auch digital weitergeben. Die Ausleseeinheit wird dann bei der Ablesung mit der Messdose verbunden und der jeweilige Wert kann am Ablesegerät erkannt werden und in den meisten Fällen auch sofort abgespeichert werden.Auch automatische Messwertübertragung ist derzeit schon möglich und auch in Gebrauch.

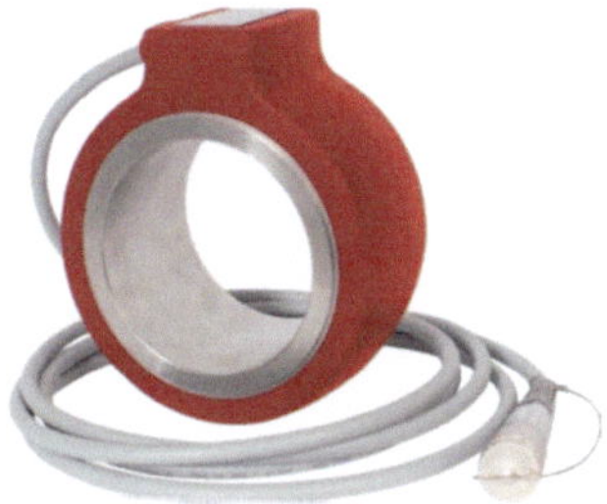

Abbildung 9.67: elektronische Kraftmessdose, Foto DSI

Abbildung 9.68: Kraftmessdose bei Litzenanker, Foto DSI

Eine Besonderheit der Messdose stellt nun eine neue Messdose der Fa. DSI dar, die aus zwei Hälften besteht und eine max. Höhe von 2-4 cm besitzt.. Damit ist es möglich die Messdose bei jedem Anker nach dessen Entlastung am Ankerkopf unter die Beilagscheibe und der Ankermutter einzuschieben und dann wieder eine gewünschte Vorspannkraft aufzubringen und die Kraft mit der neuen Messdose zu messen.

Somit kann man auch nachträglich bei Ankern eine Messdose einbauen. Dies war bis dato nicht möglich, da die neu einzubauende Messdose eine solche Höhe hatte, die dem Überstand des Ankerstahles über die Mutter überragte. Damit konnte man nach dem Doseneinbau die Ankermutter nicht mehr entsprechen anziehen und somit nicht die gewünschte Kraft wieder aufbringen.

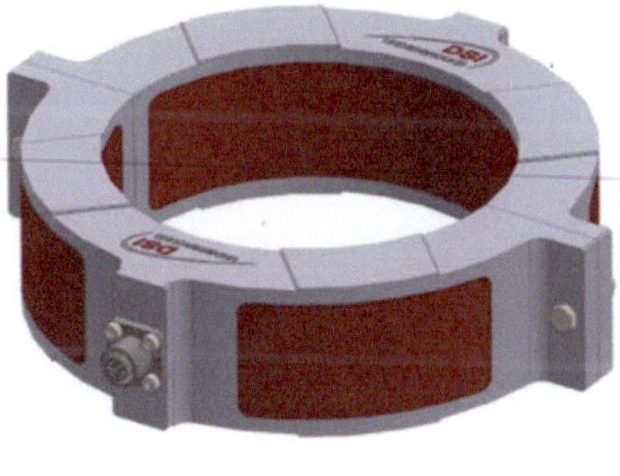

Abbildung 9.69: zweigeteilte Kraftmessdose von DSI

9.6.2 Überwachung der Korrosion

Wenn schon bei Ankern so ein Aufwand wegen der möglichen Korrosion gemacht wird, ist doch die Frage zu stellen: **Warum misst man dann die Korrosion bzw. den Korrosionsvorgang nicht?**

Die bestehenden Normen geben ja schon einige Anregungen, auf welcher Ebene ein solches Meßsystem zu finden wäre.

In der EN 1537 Verpressanker

Punkt 6.3.2 Kurzzeitanker
Wenn Kurzzeitanker unplanmäßig länger eingesetzt werden oder Veränderungen der Umgebungsbedingungen auftreten, die möglicherweise die Aggressivität des Bodens beeinflussen, sollten zum Nachweis der Funktionsfähigkeit geeignete regelmäßige Überwachungen erfolgen.

Punkt 6.5.5:Beschichtungen mit Opfermetallen
Die Beschichtung mit Opfermetallen besagt, dass diese nicht auf Zugglieder aufgebracht werden dürfen. Sie dürfen jedoch auf andere Stahlteile aufgetragen werden. Dabei.darf jedoch kein schädliches galvanisches Element für die Zugglieder entstehen.

Diese Anregungen zeigen ganz deutlich, dass ein Meßsystem auf elektrochemischer Basis sicherlich zum Ziel führen würde, zumindest dass galvanische Elemente nicht vorkommen. Solche galvanischen Elemente können mit Referenzelektroden gemessen werden. Dies ist im Schiffsbau, Pipelinebau und Kesselbau durchaus Stand der Technik. Da es im Bauwesen jedoch noch nicht üblich ist mit elektrochemischen Methoden zu messen, wird hier sehr ausführlich diese Messmethode speziell für Anker beschrieben.

9.6.2.1 Allgemeines

Seit den Dreißiger Jahren des letzten Jahrhunderts werden vorgespannte Anker im Grundbau verwendet. Problematisch beim Einsatz dieser vorgespannten Anker erwies sich mit den Jahren der Korrosionsschutz des Ankerstahles. Dies führte in all den nachfolgenden Jahren zu den verschiedensten Arten des Korrosionsschutzes , die letztlich in allen Ländern zu den jeweiligen Normen geführt haben. In allen Normen werden die Anker nach der Verwendungsdauer unterschieden.

Kurzzeitanker (Temporäranker) sind für den Einsatz unter zwei Jahren gedacht, werden Anker einer längeren Anwendung zugeführt, so muss ein doppelter Korrosionsschutz den Ankerstahl umhüllen. Dieser Schutz besteht in einer Zementmörtelhülle um den Ankerstahl in einer Mindestdicke von 5 mm und einem darum befindlichen dichten Plastic-Hüllrohr, das im eingebauten Zustand wiederum in einem Zementmörtel liegt.

Diese Daueranker werden zwar mit einer Grundsatzprüfung überprüft, sind sie jedoch einmal in den Untergrund eingebaut, so ist eine Kontrolle des Korrosionsschutzes bei den derzeit im Handel befindlichen Ankersystem nicht mehr möglich. Diese Situation hat zur Suche eines Meßsystems geführt, mit dem jederzeit auch nach dem Einbau eines Ankers der Ankerstahl überprüft werden kann, ob der Stahl einwandfrei in Ordnung ist, oder ob er bereits in einer chemischen Umwandlung ist, die letztlich zur Korrosion des Ankers führt.

Da eine Veränderung des Ankerstahles auf elektrochemischen Weg erfolgt, kann ein Meßsystem nur dann den Zustand genau erfassen, wenn es den elektrochemischen Zustand des Ankerstahles messen kann. Für eine elektrische Messung sind jedoch immer zwei Pole notwendig. So wird für ein Meßsystem im Anker eine Referenzelektrode eingeführt, so dass eine elektrische Messung ermöglicht wird. Es kommt nun auf die Wahl des Werkstoffes der Elektrode an, welche Eigenschaften diese in Zusammenhang mit dem Eisen besitzt und wie die mechanischen Eigenschaften sind.

Im Folgenden wird zuerst der Elektrochemismus, der bei der Korrosion bei Stahl eintritt, erläutert um anschließend die Folgerungen für das Meßsystem abzuleiten.

9.6.2.2 Elektrochemie

Elektrochemie ist die Wissenschaft die sich einerseits damit befaßt wie mit elektrischer Energie chemische Reaktionen erzeugt werden können, und andererseits welche elektrischen Energien bei chemischen Reaktionen entstehen. Der zweite Teil dieser Definition ist der bei der Korrosion von Stahl im Beton bzw. Zementmörtel relevante Teil.

Eine elektrochemische Reaktion z.B. die Erzeugung elektrischer Energie benötigt zwei Teilreaktionen.

a) Die anodische Teilreaktion an der Anode, wie z.B.

$$2\,Fe \longrightarrow 2\,Fe^{++} + 4\,e^-$$

Dabei wird Eisen (Fe) oxidiert (korrodiert), bei dieser Reaktion entstehen positiv geladene Eisenionen (Kationen) und Elektronen. Dies nennt man die Reduktion des Eisens (Stahls).

Die frei werdenden Elektronen werden im nächsten Zusammenhang benötigt.

b) Die kathodische Teilreaktion an der Kathode, wie z.B.

$$O_2 + 2\,H_2O + 4\,e^- \longrightarrow 4\,(OH)^-$$

Hier findet eine Reduktion statt, die freien Elektronen werden bei den negativ geladenen OH-Ionen (Anionen) gebunden. Hierbei findet ein Ansteigen des pH-Wertes stall, was einen zusätzlichen Schutz des Stahles an dieser lokalen Stelle bedeutet.

Wie in der nachfolgenden Reaktion aufgezeigt ist das Endprodukt der beiden vor beschriebenen Teilreaktionen Eisenhydroxid [$Fe(OH)_2$], Rost.

$$4\,(OH)^- + 2\,Fe^{++} \longrightarrow 2\,Fe(OH)_2$$

Dies ist eine der prinzipiellen Reaktionen die unter den Begriffen Karbonatisierung und auch Chlorid induzierte Korrosion ablaufen können.

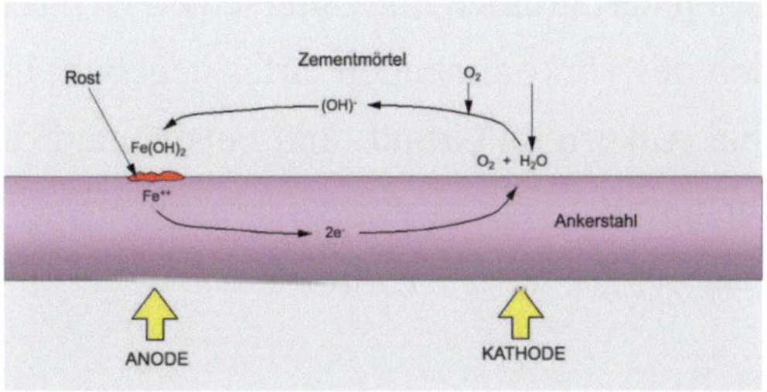

Abbildung 9.70: elektrochemische Bedingungen bei der Entstehung von Korrosion

An der Anode, an der die Korrosion entsteht, bilden sich positiv geladene Eisenionen (Kationen). Negative Elektronen fließen von diesen positiven Eisenionen weg und wandern zur Kathode.

An der Kathode werden die negativen Elektronen dazu verwendet negativ geladene OH-Ionen (Kationen) zu bilden. Diese wiederum wandern zu den Eisenionen und bilden mit diesen das Eisenhydroxid [$Fe(OH)_2$]. Somit entsteht bei dieser Reaktion durch den Elektronenfluß bedingt ein elektrischer Strom, der messbar ist, und somit die Grundlage für ein Messsystem ist.

9.6.2.3 Korrosionsarten

Aus der Menge der allgemein definierten Korrosionsarten sind für die Korrosion von Stahl in Ankermörtel (Zementmörtei) eigentlich nur drei Arten im Bauwesen von Bedeutung.

Abtragende Korrosion
Lochfraß
Spannungsrisskorrosion

Alle drei vorkommenden Korrosionsarten können elektrochemisch nicht unterschieden werden, sondern müssen von der jeweiligen Situation her erkannt werden. Die im Bauwesen auch oft angegebenen Korrosionsarten wie z.B. Flugrost, Narbenrost, Kontaktrost e.t.c. lassen sich durch jeweils eine der drei angegebenen Korosionsarten beschreiben, ihr Unterschied ist nur aus optischen Gründen oder aus Gründen des vorkommenden Ortes gegeben. Im Wesentlichen läßt sich die Korrosion bei Ankern im Grund- und Felsbau auf die drei angegebenen Korrosionsarten reduzieren.

Abtragende Korrosion

Hierbei handelt es sich um eine Veränderung der Stahloberfläche infolge chemischer Umwandlung von Eisen zu einem Eisenoxyd entlang der Oberfläche des Ankerstahles und hat somit eine linienhafte bis flächenhafte Wirkung.

Diese Art der Korrosion entsteht in der Praxis meist durch Karbonatisierung des Zementmörtels. Bei diesem Vorgang verliert der Zementmörtel seine Alkalität und der pH-Wert wandert vom basischen Bereich (-13) in den neutralen Bereich zumindest aber unterhalb von 9. Der Korrosionsschutz des Zementmörtels für den Ankerstahl ist dabei nicht mehr gegeben. Die Passivschicht an der Stahloberfläche löst sich auf, bzw. wird als Korrosion aktiviert. Somit kommt es auch auf den örtlichen Wassergehalt der Poren an, in wieweit die Korrosion aktiviert wird.

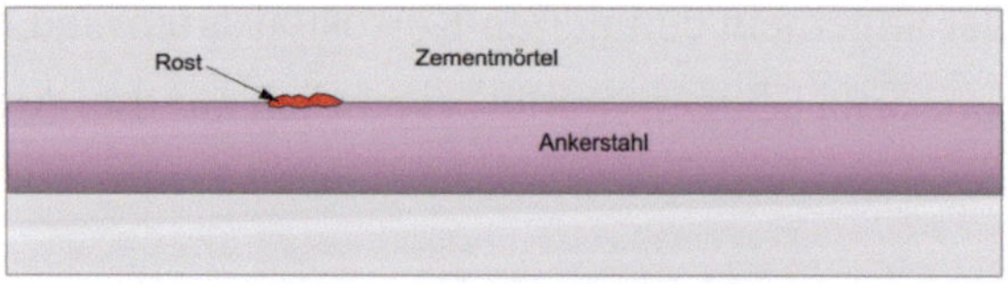

Abbildung 9.71: Beginn der Korrosion

Da die bei der Korrosion entstehenden Produkte wie Fe_2O_3 oder $Fe(OH)_2$ ein wesentlich größeres Volumen einnehmen wie das reine Eisen, entsteht eine Volumenszunahme an der Stahloberfläche.

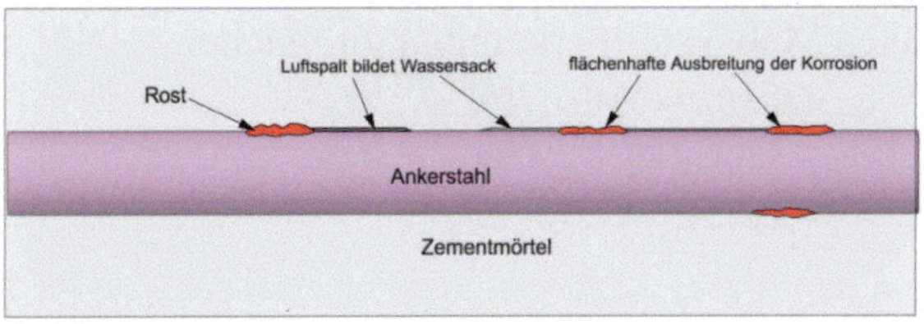

Abbildung 9.72: Entstehung von Hohlstellen um den Stahl durch Volumenvergrößerung der Korrosionsprodukte

Diese Volumenzunahme bewirkt an der Mörtel-Stahl-Kontaktfläche eine Zugkraft, die mit zunehmender Korrosion steigt, bis der Zementmörtel wegen mangelhafter Haftfestigkeit von der Stahloberfläche abreißt und somit ein Hohlraum entsteht. Der Hohlraum vergrößert sich mit zunehmender Korrosion. Dieser Hohlraum ist statisch gesehen bedenklich, da der Zementstein in seiner Struktur gestört ist und die Hohlräume weitere nicht korrodierende Stahlteile freilegen. Damit ist der Korrosionsschutz dort nicht mehr vorhanden und der Stahl korrodiert.

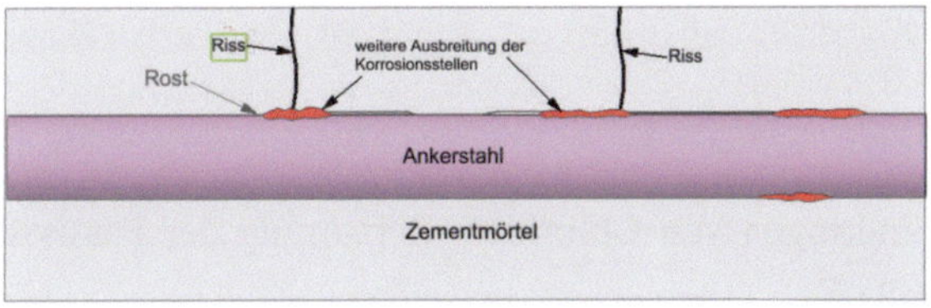

Abbildung 9.73: Entstehung von Rissen in der Zementmörtelüberdeckung

Ist die Volumenausdehnung der Korrosionsprodukte so groß, daß im Bereich der Umhüllung des Zementmörtels Biegespannungen im Ankermörtel entstehen, so kommt es zu Zugrissen, die schlagartig ein Versagen des Überdeckungsbereiches bewirken. Somit entsteht ein offener Riß vom umliegenden Untergrund zum korrodierenden Stahl hin. Es können nun die Korrosionsprodukte durch diesen Riss in den umliegenden Boden dringen und auch ausgespült werden.

Es bedarf also schon einer relativ großen Korrosionsfläche am Ankerstahl, bis die Korrosionsprodukte in den Untergrund dringen. Dies ist von Aussen nicht sichtbar, daher ist es unbedingt notwendig, einen solchen Korrosionsvorgang durch ein geeignetes Meßsystem erkennbar zu machen.

Lochfraß

Diese Korrosionsart kommt typischerweise bei Vorhandensein von Chloriden vor. Im Winterdienst werden Salze (NaCl) zum Auftauen von Schnee und Eis auf die Fahrbahn gestreut. Dabei wandern die Chloridionen in den Untergrund zum Anker und dringen punktuell durch die am Ankerstahl befindliche Passivschichte.

Dadurch kann örtlich eine Korrosionsstelle im ungeschützten Stahl entstehen, die sich nicht flächenhaft ausdehnt, sondern immer mehr in die Tiefe fortschreitet. Wie in den folgenden Zeichnungen gezeigt, ist diese Korrosionsart zuerst lokal begrenzt und arbeitet sich nur punktuell in die Tiefe.

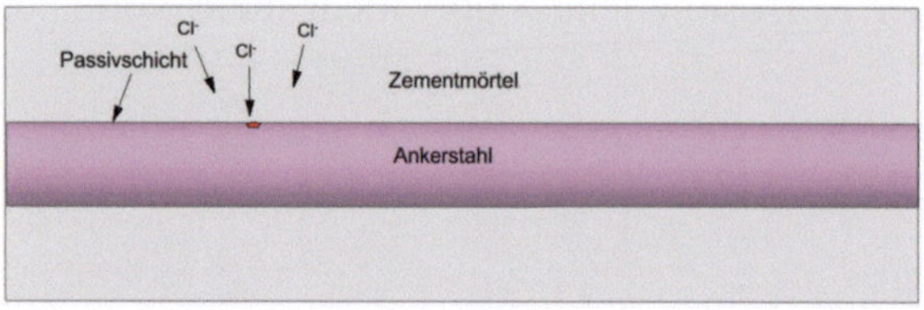

Abbildung 9.74: Eindringen von Chloriden, Zerstörung der Passivschicht, Beginn der Korrosion (Lochfraß)

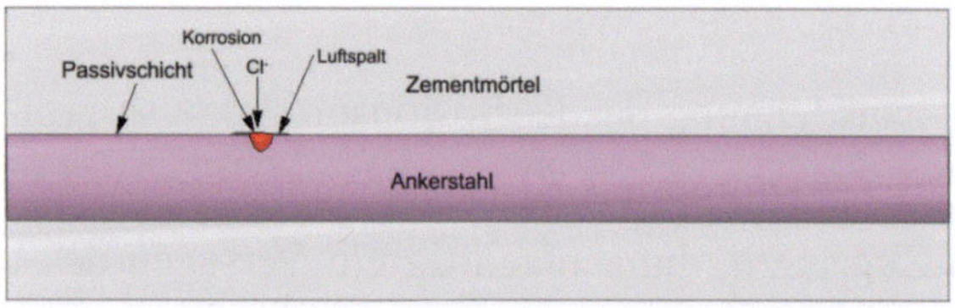

Abbildung 9.75: Erste Hohlstelle und Tiefenwirkung

Erst wenn die Korrosionsprodukte den darüber liegenden Zementmörtel vom Ankerstahl abgehoben haben, entstehen Hohlräume um die Korrosionsstelle und es kann eine flächenhafte Korrosion an der benachbarten Oberfläche angreifen.

In weiterer Folge entsteht eine Kombination beider Korrosionsarten.

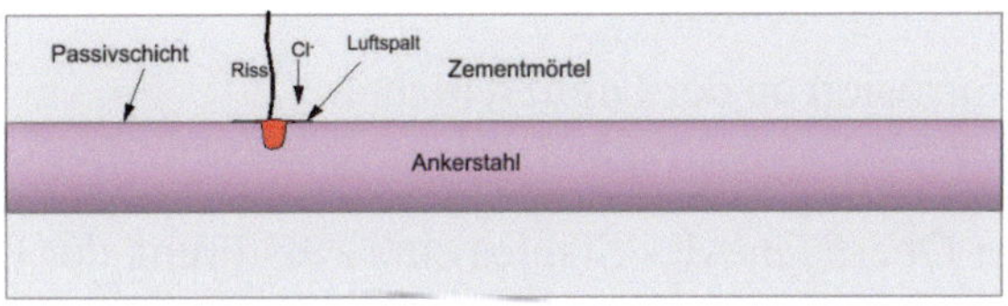

Abbildung 9.76: Risse im Zementmörtel

Der Lochfraß ist eine sehr unangenehme Korrosionsart, da die Korrosion sehr rasch in die Tiefe des Ankerstahles eindringt. Dies bedeutet eine relativ rasche Querschnittseinengung, und somit eine frühzeitige Verminderung der Sicherheit. Somit ist bei Ankern, bei denen Chlorideindringungen stattfinden können, eine erhöhte Aufmerksamkeit zu schenken. Dies sollte die Bauherrn zu einer regelmäßigen Überprüfung ihrer betroffenen Anker anspornen.

Spannungsrisskorrosion

Grundbedingung für das Auftreten dieser Korrosionsart ist, dass sich der Stahl unter großer Zugspannung befindet, wie dies bei Spannstählen und vorgespannten Ankern der Fall ist. Eine generelle Darstellung des Verlaufes der Spannungsrisskorrosion ist in den nachfolgenden Zeichnungen aufgezeigt.

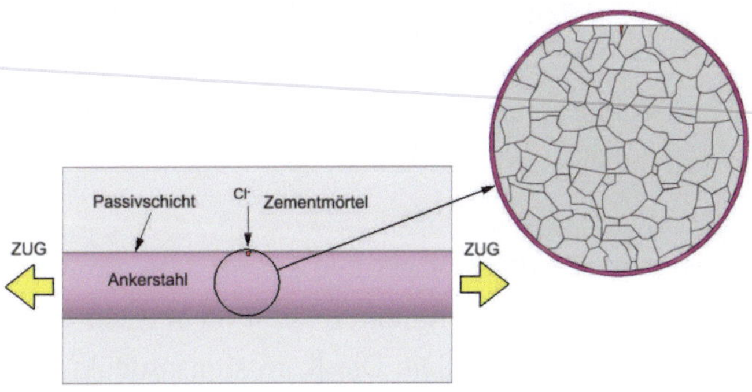

Abbildung 9.77: Ausgangszustand für Spannungsrisskorrosion

- Stahl unter Spannung
- Eindringen von Chloriden
- Zerstörung der Passivschicht
- Beginn der Korrosion an der Grenzschicht

Tritt nun an der Oberfläche des Stahles eine Zerstörung der Passivschicht auf, oder die Chloride dringen durch die Passivschicht, so kann Korrosion beginnen. Die erste Oberflächenkorrosion bedeckt eine Fläche, die über mehrere Einzelkristalle des Eisens reichen kann. Auch die Grenzen zwischen den Einzelmineralien werden von der Korrosion betroffen. Gerade ein Äuslösen"der Fe Teile ist an den Kristallrändern leichter als im Inneren eines Kristalls. So ist am Beginn die Korrosion an den Kristallrändern als intergrannuläre Korrosion anzutreffen. Damit ergeben sich an der Oberfläche infolge der Korrosion einige Vertiefungen, die gerade an den Kristallberührungsflächen auftreten.

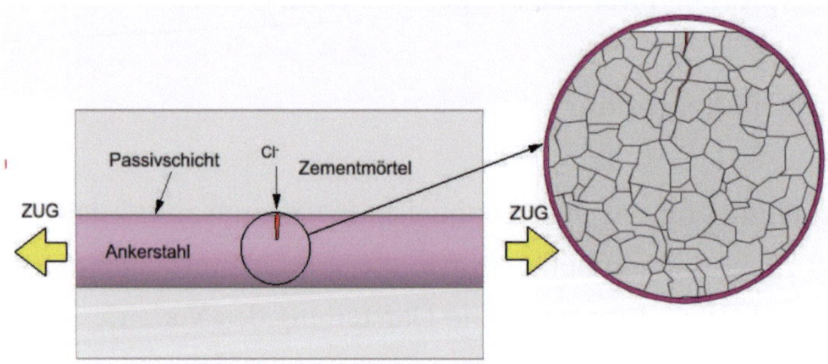

Abbildung 9.78: Beginn der Kristallöffnung und somit erste Korrosion

- weitere Chlorideindringung - Rissbildung entlang der Kristalle im Stahl - weitere Korrosion im Riss

Der unter Zug stehende Stahl öffnet nun geringfügig die Randkristalle - ein gegenseitiger Halt ist wegen der Randkorrosion nicht mehr gegeben - und ein erster Teil eines Risses ist vorhanden. Die Korrosionsprodukte, die bei der Korrosion entstehen, nehmen ein größeres Volumen ein als der ursprüngliche Stahl. Somit wird der Riß weiter auseinandergedrückt. Also kommt zusätzlich zu dem im Stahl befindlichen allgemeinen Zug noch eine im Riss durch die Korrosion entstehende interne Druckkraft, die eine weitere Öffnung des Risses unterstützt.

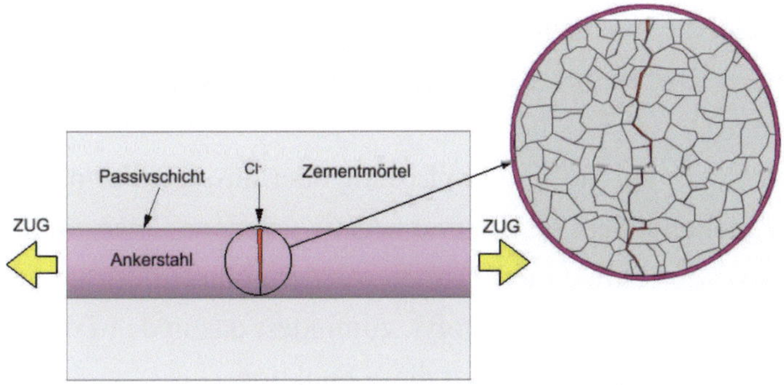

Abbildung 9.79: Rissausbreitung in der Kristallstruktur

- Rissazsbreitung über den ganzen Querschnittes - Bruch des Zuggliedes durch Querschnittsverminderung

Geht der Riss nun einen Teil des Querschnittes hinein, so ist es bei größeren Zugkräften möglich, dass die weitere Ausdehnung des Risses rasch erfolgt und somit ein schlagartiges Versagen des gesamten Querschnittes eintritt. Diese Eigenschaft wird besonders bei hochgespannten Spannstählen von Bauingenieuren sehr gefürchtet. Gerade bei der Verankerungstechnik, bei der Daueranker oftmals sehr hoch vorgespannt sind, ist diese Korrosionsart gefährlich, denn durch schlagartiges Versagen ist keine wie immer geartete Vorwarnung gegeben.

Besonders bei alten, seit Jahrzehnten, eingebauten Ankern besteht die Gefahr wenn sie bei einer Ankerprüfung entlastet und wiederbelastet werden. Ist diese Wiederbelastung höher als die seit jahrzehnten wirkende Kraft, so kann sich durch eine Spannungsrisskorrosion ein plötzliches Versagen (Ankerbruch) einstellen. Die diesbezügliche Gefahr ist relativ groß, so dass bei Ankerprüfungen bei alten Ankern größte Vorsicht gegeben ist und mit einem Ankerbruch gerechnet werden sollte.

9.6.2.4 Potentialmessung mit Elektroden

Die Potentialmessung mit Elektroden ist eine Messmethode bei der das elektrische Potential mit Volt (V) gemessen wird. Es wird dabei das Potential zwischen einer Elektrode, die in einem Elektrolyt eingebettet ist, und einer Referenzelektrode gemessen. Dieses Potential wird wie in der Elektrochemie üblich in Millivolt (mV) gemessen.

Ein Elektrolyt ist ein Stoff, der in Lösung oder flüssiger Form die Eigenschaft hat, Strom zu leiten indem positiv und negativ geladene Ionen zu den jeweiligen Elektroden (6) wie Kathode und Anode wandern können. Im vorliegenden Fall wirkt der Zementmörtel als Elektrolyt, zumindest das in den Poren des Mörtels befindliche Porenwasser übernimmt diese Funktion.

Das Korrosionspotential (E_{corr}) ist nun als jenes Potential definiert, das in einem offenen elektrischen Kreis zwischen einer korrodierenden Stahloberfläche und einer Referenzelektrode an der Betonoberfläche entsteht.

Während einem elektrochemischen Vorgang sind die kathodischen und anodischen Teilreaktionen nicht immer gleich, es entsteht daher ein vermischtes Potential. Dieses Potential kann nun mittels einer Referenzelektrode gemessen werden.

Bei der Korrosion von Ankerstahl ist die kathodische Teilreaktion vorherrschend und es entsteht dadurch eine negative Potentalveränderung. Das Korrosionspotential hängt nun von der Metallart der Elektroden und auch dem Charakter des Elektrolyten ab. Es muß jedoch beachtet werden, daß auch ohne Korrosion ein Potential zwischen den beiden Elektroden (Stahl und Referenzelektrode) immer gemessen wird. Auch bei einer Passivschicht an der Stahloberfläche ist diese Potentialmessung möglich.

Ein Potential bis zu einem definiertem Potentialwert zeigt somit einen nicht korrodierenden Stahl im Beton an. Sinkt das Potential unterhalb dieses Wertes, so muß Korrosion angenommen werden. Dies wird in den nächsten Kapiteln näher beschrieben.

Messung mit der CMS-Elektrode

Es wird bei dieser Methode eine Feststoffelektrode in den Zementmörtel um das zu messende Stahlteil (Ankerstahl) gelegt und die Potentiale zwischen dieser metallischen Elektrode und dem zu untersuchenden Stahl gemessen. Vom Meßsystem her gesehen ist eine Ähnlichkeit mit der Potentialmeßmethode gegeben, nur daß hier nicht punktuell sondern linienhaft gemessen wird.

Zur Verwendung kommt eine Silber-Silberchlorid-Elektrode, die mit einer speziellen durchlässigen Hüllkonstruktion versehen ist, um einen metallischen Kontakt zu dem zu überprüfenden Stahlkörper zu vermeiden. Silber-Silberchlorid ist in der medizinischen Technik bereits seit langem als sehr gute Referenzelektrode bekannt. Diese wird dort z.B. bei der EKG-Messung als Referenzelektrode verwendet und hat sich in zig-millionenfacher Anwendung bestens bewehrt.

Zwischen der Referenzelektrode und dem Stahl entsteht eine Potentialdifferenz, die dem Minimum auf der gesamten Meßstrecke entspricht. Das tiefste Potential entlang der gesamten Meßstrecke ist entscheidend und wird somit gemessen. Ähnlich wie der Druck in einer Rohrleitung vom schwächsten Punkt abhängt, dies bedeutet, dass bei einer Messung von -400 mV die Korrosion mehr aktiv ist als bei -300 mV. Über eine längere Strecke gesehen bleibt dieser Effekt aufrecht, wobei eine Änderung des Potentials natürlich relativ langsam stattfindet und somit die zeitliche Veränderung nur eine untergeordnete Rolle spielt.

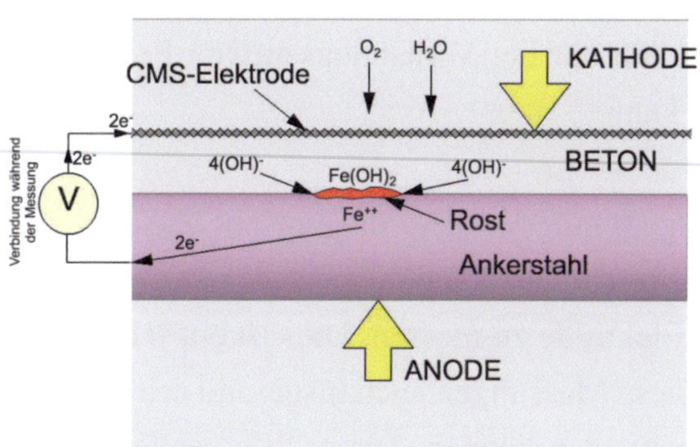

Abbildung 9.80: System der Messung mit der CMS-Elektrode

Dieser Effekt ist mit einer Schlauchwaage zu vergleichen; wenn der Wasserspiegel an einer Seite angehoben wird, hebt er sich überall innerhalb der Leitung und somit auch am anderen Ende der Leitung. Somit sind Längen der Elektrode von 50 m durchaus als Meßstrecke vertretbar. Bei größeren Längen ist es eine Querschnittsfrage der Elektrode, sodaß Leitungsverluste keine Rolle spielen.

Es ist aus der vorstehenden Zeichnung klar erkennbar, daß die Elektrode während dem Meßvorgang als Kathode und der Stahl als Anode wirkt. Somit wird über die Meßverbindung der gesamte Elektronenfluß (Strom) gemessen. Als Elektrolyt zwischen den beiden Polen ist der Beton bzw. Zementleim. Eine Ionenwanderung kann nur dann statt finden, wenn genügend Wasser in den Poren des Betonsystems vorhanden sind. Für die Meßbarkeit ist es also wichtig, daß die Grundbedingung der ausreichenden Feuchtigkeit gegeben ist. Die beiden anderen Bedingungen der Korrosion (ausreichend Sauerstoff und ph-Wert) müssen nicht gegeben sein und sind somit für eine Durchführung der Messung unerheblich. Falls keine Feuchtigkeit in der Umgebung des Stahles vorhanden ist, ist einerseits eine Korrosion nicht möglich (eine der Bedingungen für Korrosion fehlt ja) und andererseits ist kein Elektrolyt zum messen vorhanden. Die Messung ergibt kein Potential. Dies besagt also, dass keine Korrosion im Meßbereich zu dem gegebenen Zeitpunkt vorhanden ist. Falls der Zementstein durch z.B. Hangwasser befeuchtet wird, kann eine Messung sofort die entsprechenden Potentiale messen.

Dies zeigt also, daß nur bei Vorhandensein von Feuchtigkeit eine Korrosion gemessen werden kann.

Im Normalfall kann nun der elektrochemische Zustand des Ankerstahles gemessen werden. Es reicht das Potential zwischen dem Ankerstahl und der längsseits eingebauten Elektrode zu messen. Dies ist ein sehr einfacher und schneller Vorgang, so dass diese Messungen auch insgesamt sehr schnell und auch kostengünstig ausgeführt werden können. Die nachfolgenden Bilder zeigen Beispiele bei Ankern im Hochgebirge, die bei Seilbahnen eingebaut wurden und jährlich überprüft werden.

Abbildung 9.81: Hahnenkammbahn-Kitzbühel

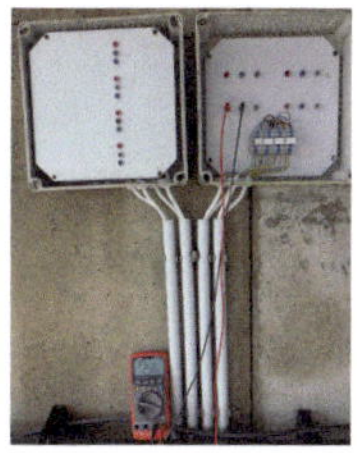

Abbildung 9.82: Wurmkogel-Hochgurgl

Abbildung 9.83: Gamsgarten-Stubaier-Gletscher

Sieht man sich die beiden anderen Bedingungen für eine Korrosion an, so sei zunächst auf den ausreichenden Sauerstoffgehalt eingegangen. Da in der Luft Sauerstoff ausreichend vorhanden ist, ist sicher, dass bei allen Ankern immer Sauerstoff im Porensystem des Zementmörtels vorhanden ist. Auch bei fließendem Wasser (z.B. Hangwasser) ist oberflächennah Sauerstoff vorhanden, sodass der Korrosionsvorgang ausreichend mit dem dafür notwendigen Sauerstoff versorgt wird.

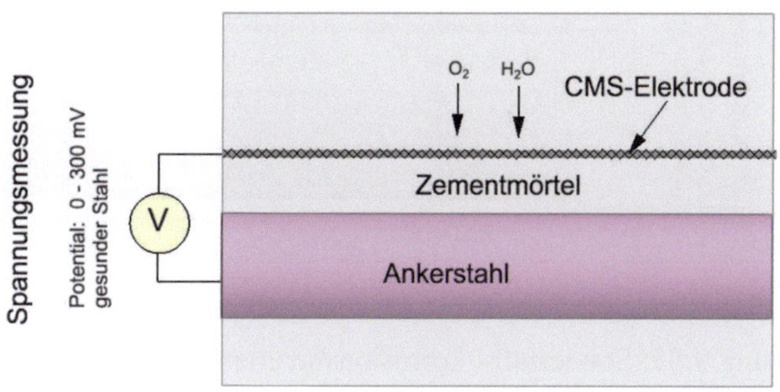

Abbildung 9.84: Messung wenn Ankerstahl geschützt ist und nicht korrodiert

Potential-Werte zwischen 0 und -300 mV haben folgende Ursachen:

keine Umgebungsfeuchtigkeit - Messwert 0 mV
wenig Umgebungsfeuchtigkeit - Messwert -20 bis - 120 mV
kein Chloridgehalt im Ankermörtel - Messwert -50 bis -150 mV
mittlerer bis hoher Chloridgehalt - Messwert -150 bis -280 mV

Im tieferliegenden Grundwasser sowie bei stehenden Gewässern in größerer Tiefe nimmt bekanntlich der Sauerstoffgehalt mit zunehmender Tiefe ab. Dies führt soweit, dass für die Korrosion nicht ausreichend Sauerstoff vorhanden ist. Es können sich zwar auch in diesem Sonderfall Anode und Kathode ausbilden, es zeigen sich jedoch Werte, die weit unter den üblichen Korrosionswerten liegen.

Ohne Sauerstoff kann sich Wasser nicht in eine (OH)-Gruppe teilen. Statt dessen übernimmt der an der Stahloberfläche befindliche Kohlenstoff die Kathodenfunktion. Da jedoch keine (OH)- Teile vorhanden sind, kann das freie Eisenion keine Verbindung eingehen. Es fehlt das Verbindungsmittel.

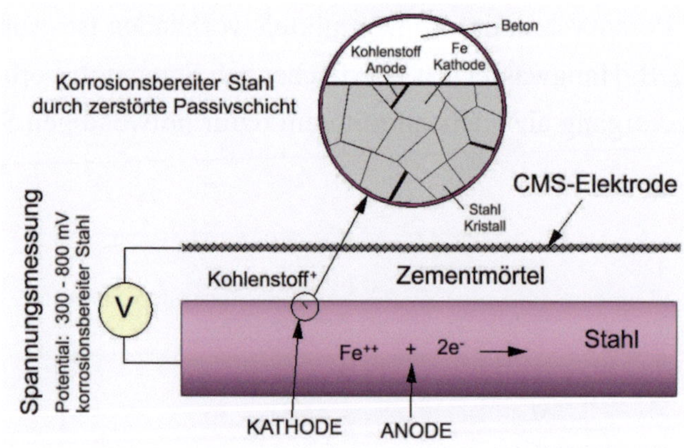

Abbildung 9.85: Sonderfall - korrosionsbereiter Stahl im Zementmörtel

Somit misst man zwar Potentiale, die eine chemische Reaktion vortäuschen, in Wirklichkeit ist es jedoch nur die Bereitschaft eine Verbindung einzugehen. Da kein Sauerstoff vorhanden ist, der den chemischen Prozess ablaufen läßt, findet er auch nicht statt. Die diesbezüglichen Potentiale können sich bis zu -800 mV fallen, ein Wert, der bei korrodierendem Stahl noch nicht in dieser Höhe gemessen wurde. Eine Klärung ob nun hier der chemische Vorgang einer Korrosion stattfindet, kann nur eine zusätzliche Polarisationsmessung bringen (siehe nächstes Kapitel).

Im Normalfall, wenn man bei der Potentialmessung einen Wert zwischen -300 und -500 mV misst, ist der Korrosionsvorgang aktiv. Dies bedeutet, dass die chemischen Prozesse unmittelbar am laufen sind.

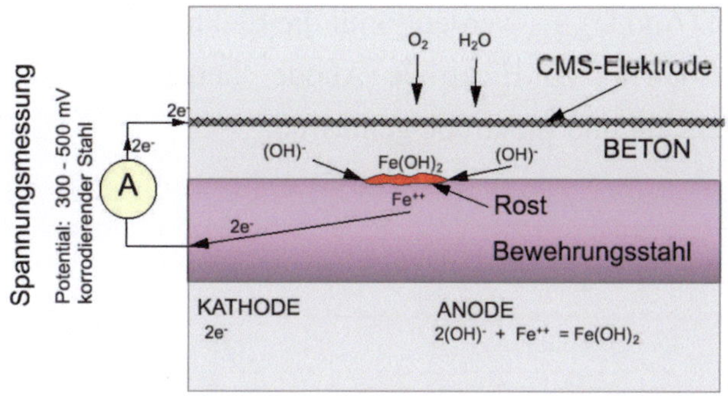

Abbildung 9.86: korrodierender Ankerstahl im Zementmörtel

Durch die Gegenüberstellung der aufgezeigten und dargestellten Möglichkeiten ist klar, wie die Korrosion eindeutig erkannt werden kann. Zur Beurteilung ob ein Stahl mit der CMS-Elektrode überprüft wird und korrodiert, können folgende einfache Kriterien angewendet werden:

Potentiale:

0 bis -300 mV	**keine Korrosion**
-300 bis -350 mV	**Passivschicht des Ankerstahles löst sich auf**
-350 bis -500 mV	**Ankerstahl korrodiert**
-500 m V und kleiner	**kein Sauerstoff für Korrosion vorhanden**

falls Zweifel entstehen:
Polarisationsmessung zur Klärung durchführen
(diese sind als Vergleichsversuche relativ zeitaufwendig)

9.6.2.5 Polarisationsmessung mit Elektroden

Wie bereits bei der Potentialmessung erwähnt, wird zur Klärung des Zustandes des Ankerstahls ob Korrosion läuft oder nicht eine Polarisation des Ankers mit der Elektrode vorgenommen. Dabei wird ein Strom in das Anker-Elektrode-System eingeleitet, sodass der Anker den - Pol darstellt (Kathode) und die Elektrode den + Pol (Anode). Es werden somit die Elektroden in den Ankerstahl eingeleitet und können nun zur Elektrode (Anode) fließen. Dabei wird das Potential zwischen Ankerstahl und Elektrode gemessen.

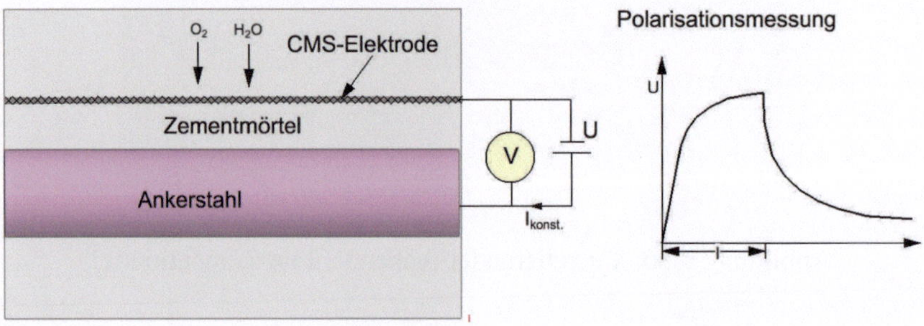

Abbildung 9.87: Polarisationsmessung wenn Ankerstahl geschützt ist und nicht korrodiert

Im Falle, dass keine Korrosion am Ankerstahl tätig ist, steigt das Potential zwischen Ankerstahl und Elektrode sehr an und erreicht nach 2-3 Minuten sein Maximum. Danach wird der Strom abgeschalten, jedoch das Potential weiter gemessen. Es zeigt sich ein relativ rascher Abfall des Potentials, wobei die ersten 100 mV binnen einer Sekunde bereits abfallen. Dieser Abfall des Potentials wird das 100 mV-Kriterium genannt. Wird es eingehalten, d.h, der rasche Abfall ist mindestens so groß, so ist keine Korrosion am Stahl tätig.

Man kann dieses Kriterium mit einer Dichtheitsprüfung vergleichen. Ist das System dicht, es entrinnen keine Elektronen dem Ankerstahl, so wird Potential aufgebaut und auch wieder schnell abgebaut. Falls das System nicht dicht ist, es verliert wegen dem Korrosionsvorgang Elektroden, so kann auch kein größeres Potential aufgebaut werden, denn die Elektroden weichen durch die Korrosionsstelle aus. In diesem Fall ist dann Korrosion eindeutig nachgewiesen.

Da die Polarisationsmessung den Ionenfluss direkt misst, kann eindeutig der Zustand des Stahles gemessen werden. Findet eine Ionenwanderung und somit eine chemische Reaktion statt, so bewirkt der aufgebrachte Strom nur eine Beschleunigung des chemischen Prozesses, nicht jedoch eine wesentliche Potentialverschiebung. Findet kein chemischer Prozess in Form von Korrosion statt, so steigt durch die Stromaufbringung das Potential zwischen Stahl und Elektrode erheblich an und man kann deutlich erkennen, dass gegenüber dem korrodierenden Fall ein erheblicher Unterschied ist.

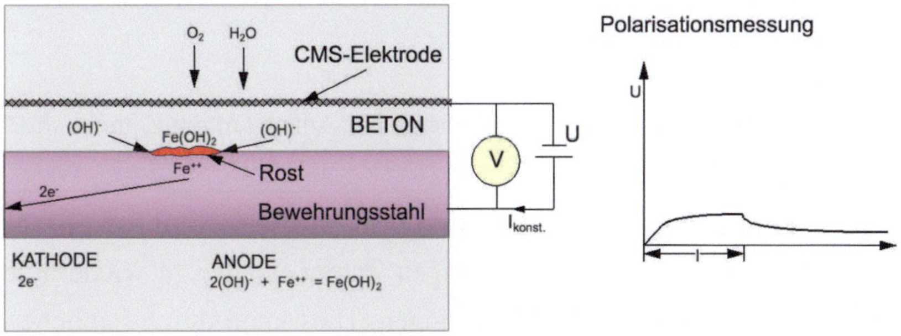

Abbildung 9.88: Polarisationsmessung bei korrodierendendem Ankerstahl im Zementmörtel

Zeigt die Ausgangs durchgeführte Potentialmessung jedoch Werte unter -500 mV, so ist zwar eine Korrosion von dieser Messung her angezeigt, es muß jedoch noch ein Sonderfall überprüft werden. Dieser Sonderfall ist ein korrosionsbereiter Stahl, dem für die Abwicklung des chemischen Vorganges jedoch der notwendige Sauerstoff fehlt. Der Ankerstahl befindet sich meist in stehendem Gewässer oder auch im Mooren, in dem kein Sauerstoff mangels Bewegung vorhanden ist. Mangels Sauerstoff wird zwar Korrosionsbereitschaft angezeigt, jedoch bei einer Polarisation des Systems zeigt sich eindeutig, dass die Elektronen nicht den Stahl verlassen und wie beim nicht korrodierenden Stahl entsteht dabei ein großes Potential zwischen Ankerstahl und Elektrode.

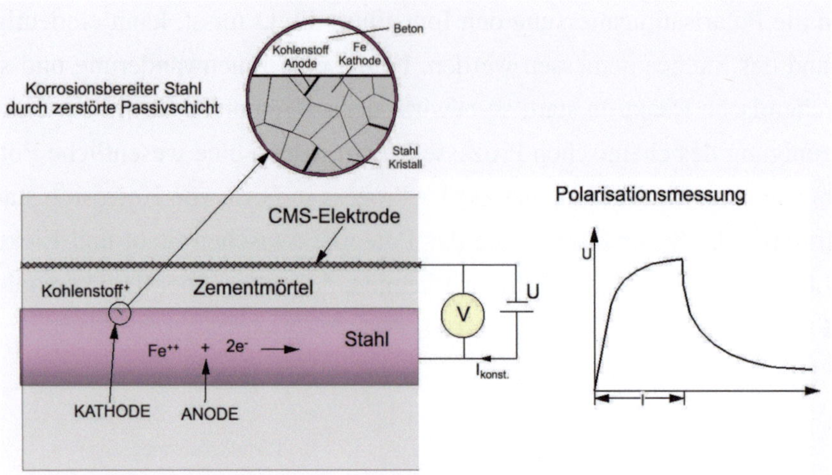

Abbildung 9.89: Sonderfall - korrosionsbereiter Ankerstahl im Zementmörtel

Es findet in dieser angezeigten Situation keine Korrosion am Ankerstahl statt. Trotzdem ist es angebracht die Messungen immer wieder zu wiederholen, da in der Umgebung durchwegs Veränderungen. Dies kann durch bauliche Anlagen oder auch im Zuge von wasserbaulichen Anlagen und Entwässerungen von Mooren eintreten.

9.6.3 bei doppelt korrosions-geschützten Ankern

Bei doppelt korrosionsgeschützten Ankern wird die Elektrode zwischen dem gerippten Hüllrohr und dem Ankerstahl eingebaut. Am Ankerkopf wird ein elektrischer Anschluss zum Ankerstahl hergestellt. Beide Drähte werden zu einem Messkasten geführt, von dem dann auch die Messungen (Potentialmessung und/oder Polarisationsmessung) durchgeführt werden können.

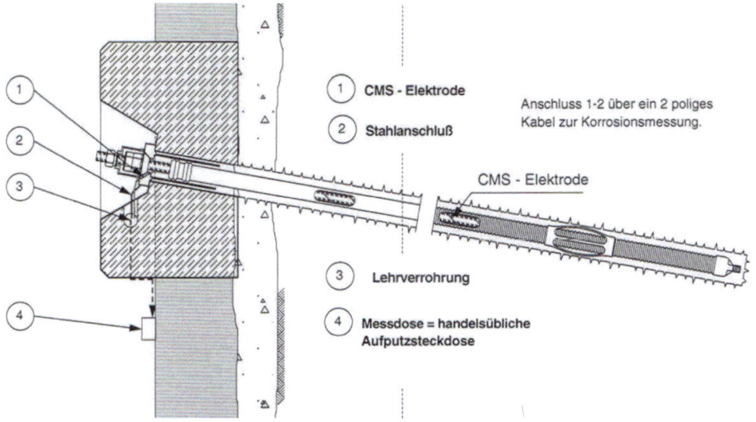

Abbildung 9.90: Schema eines Stabankers mit CMS-Elektrode

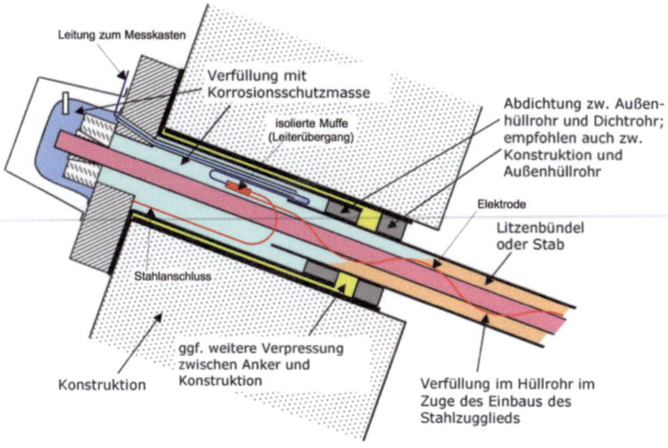

Abbildung 9.91: Leitungsführung beim Ankerkopf

Die doppelt korrosionsgeschützten Stabanker werden im Werk zwischen Ankerstahl und Ripprohr mit Ankermörtel ausinjiziert, wobei vorher die Elektrode um den Stabstahl gewickelt wird und somit auch eine Funktion als Abstandhalter einnimmt.

Abbildung 9.92: Herstellung der Stabanker mit CMS-Elektrode im Werk

Nach der Erhärtung des Ankermörtels werden die Anker auf die Baustelle transportiert und gelagert.

Abbildung 9.93: Lagerung der Stabanker mit CMS-Elektrode auf der Baustelle

Der Einbau der Anker erfolgt dann wie üblich auf der Baustelle in eine Verrohrte Bohrung, die dann mit einem weiteren Ankermörtel ausinjiziert wird.

Nach Aushärten des äußeren Ankermörtels kann mit den Potentialmessungen begonnen werden. Die zeitliche Reihenfolge der Messungen sollte zwischen Planer und Bauherrn festgelegt werden und die eventuell staatlich vorgeschriebenen Untersuchungszeitintervalle berücksichtigen.

Eine elektronische Datensammlung mit angeschlossener Fernübertragung zu Bauherrn und Planer ist als sehr sinnvoll zu betrachten, da hier auf individuelle Messabstände leichter eingegangen werden kann und damit auch Kosten eingespart werden können.

9.6.4 bei einfach korrosions-geschützten Ankern

Einfach korrosions-geschützte Anker werden meist als selbstbohrende Anker mit verlorener Spitze hergestellt (Ischebeck-, Mai-Nägel).Dabei kann wöhrend dem Bohrfortschritt eine Elektrode nich an dem Anker mit eingebohrt werden, den durch die Austragung des Bohrgutes im Spalt zwischen Bohrlochwandung und Stahlrohr würden die Gesteinsteile die Elektrode zerstören. Damit ist eine vergleichbare Situation wie bei den Doppelt korrosionsgeschützten Ankern auch nicht möglich.

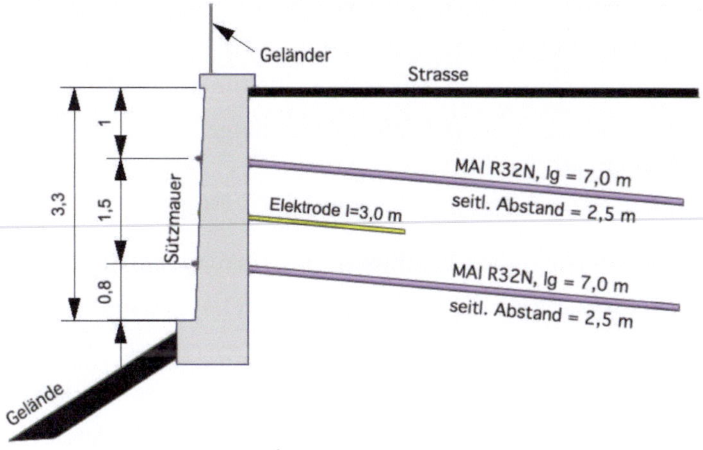

Abbildung 9.94: Schnitt durch Stützmauer mit Bodennägel und Elektrode

Es kann aber trotzdem mit einer Elektrode die Korrosion bei einfach geschützten Ankern (Bodennägel) gemessen werden. Dazu stellt man in der Nähe eines oder mehrerer Bodennägel eine Bohrung her, in die man eine Linienelektrode (CMS-Elektrode) einsetzt. Der seitliche Abstand zu den zu messenden Ankern sollte 5,0m nicht überschreiten.

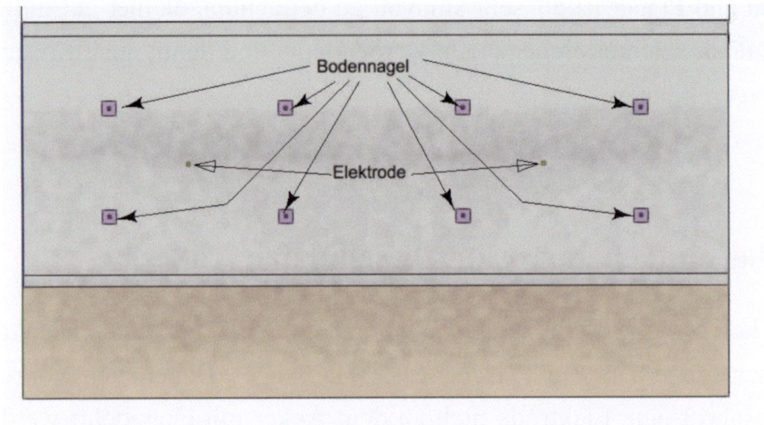

Abbildung 9.95: Stützmauer mit Bodennägel und Elektroden von vorne

Die Tiefe bis zu der die Elektrode in den Untergrund eingebracht werden muss hängt nun von folgenden Kriterien ab:

- Tiefe der natürlichen Austrocknung des Untergrundes und allfälliger Betonkonstruktionen (mindestens 1,5 m)

- Länge der zu messenden Anker, es sollte die im feuchten Boden befindliche Elektrode mindestens die 0,3-fahce Ankerlänge besitzen um ein gutes Messergebnis zu erhalten.

Für die Korrosionsmessung bei diesen Situationen kann die Potentialmessung nicht verwendet werden, da die Elektrode zu weit vom zu messenden Ankerstahl entfernt ist. Daher muss hier die Polarisationsmessung verwendet werden, mit der man eine aktive Korrosion klar erkennen läßt. Der Nachtei dabei ist, dass die Lage der Korrosionsstelle durch weitere Messarten derzeit noch nicht möglich ist,

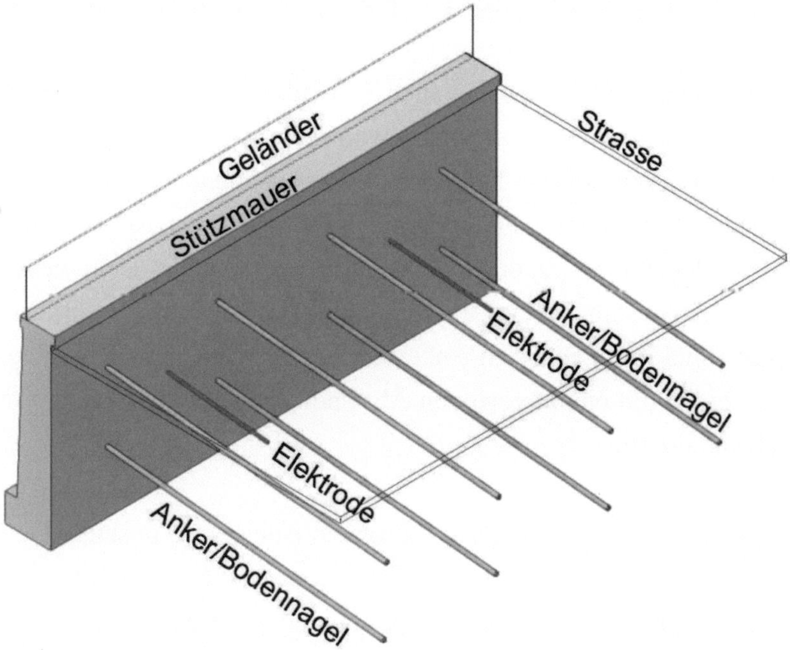

Abbildung 9.96: räumliche Sicht auf vernagelte Stützmauer mit Elektroden

Somit ist es möglich, bei vernagelten Sicherungen von Geländesprüngen auch nachträglich die Korrosion zu messen. Das bedeutet, dass man die Gebrauchszeit auf Grundlage dieser Korrosionsmessung durchaus verlängern kann und auch bei den derzeit üblichen Hangsicherungen, die mit Hilfe der Abrostrate dimensioniert wurden, können diese Korrosionsmessungen zur Änderung der Gebrauchsdauer im positiven wie negativen Sinne beitragen. Schlussendlich führt die Korrosionsmessung bei Ankern zu einem besseren Verständnis der Situation der Anker.

9.7 Verlängerung der Gebrauchsdauer von Anker

Die Anker sind je nach Bauart und auch Zulassung für einen gewissen Zeitraum zugelassen. Diese Gebrauchszeit hängt von dem materialmäßigen Zustand des Ankers ab. Da in den meisten Fällen der Anker aus Stahl besteht, handelt es sich beim Materialzustand um die Korrosion des Stahles. Diese ist ein fortschreitender Prozess, der zu einer Einengung des Querschnittes führt. Geht diese zu weit, so kann der Ankerstahl die auf ihn wirkende Kraft nicht mehr aufnehmen und der Anker reißt. Somit kann ein Anker nur in Gebrauch sein, der bis zu diesem kritischen Punkt mit einem gewissen Abstand (der Sicherheit) seine Tragfähigkeit noch garantiert.

Ein oft gefragter Zusammenhang ist: ob ein Anker auch in seiner Gebrauchszeit verlängerbar ist. Dies kann eigentlich nur mit ja beantwortet werden, wenn der Korrosionsprozess vollkommen unterbunden werden kann. Mit der elektrochemischen Messung über eine Elektrode ist der elektrochemische Zustand eines Ankers klar erkennbar. Somit ist eigentlich klar, wenn der elektrochemishe Vorgang der Korrosion gestoppt wird, dass die Korrosion nicht mehr weiter fortschreitet. Diesen elektrochemischen Vorgang nennt man "**Kathodischen Korrosionsschutz (KKS)**"

Dieses Verfahren gibt es bereits seit **1824**, wo **Sir Humphery Davy** von der Royal Society und der Britischen Admiralität den Auftrag erhielt, die von ihm entwickelte Methode zum Schutz vor Korrosion Zinkplatten an Kupferverkleidungen **bei Schiffen** anzubringen. Dieses Verfahren wurde schlussendlich der Kathodische Korrosionsschutz genannt. Dabei opfert sich ein Metall entsprechend der elektrischen Spannungsreihe der Metalle für das bessere Metall auf. Es war der natürliche KKS mit Opferanode erfunden, der seit 1824 bei Schiffen eingesetzt wird.

1902 gelang es **K.Cohen** statt der Opferanode mit einem **äußeren Gleichstrom** das kathodische Schutzstromverfahren praktisch durchzuführen, Seit dem spricht man von KKS mit Fremdstromanode, wobei über diese der Gleichstrom eingeleitet wird. Diese Art des Korrosionsschutzes wurde erstmals **1906** von **Herbert Geppert (Betriebsleiter der Stadtwerke Karlsruhe)** zum Schutz von **Rohrleitungen (pipe lines)** eingesetzt. Der Erfolg war klar erkennbar, sodaß sich das Verfahren beim Rohrleitungsbau durchsetzte.

Ab dem Jahr **1905** schützte **E. Cumberland Dampfkessel** der Eisenbahn mit KKS und Fremdstrom, soadass diese Kessel mit ihren Rohren nicht mehr alle 9 Monate ausgetauscht werden mussten, sondern jahrzehnte unbeschadet ihren Dienst absolvierten. Seitdem wird dieses Verfahren bei Wasserkessel eingesetzt.

Seit dieser Zeit sind die Anwendungsfälle des KKS erweitert worden und haben zuletzt auch z.B. **Stahlbetonkonstruktionen** wie **Brücken** und Dächer erreicht, wo sie **seit 1998 im deutschen Sprachraum** eingesetzt werden.

Ab **2020** besteht nun die Möglichkeit dieses Fremdstromverfahren auch **im Tiefbau bei Erd- und Felsankern** zur Verlängerung der Gebrauchszeit einzusetzen. **Im vorliegenden Buch wird dieses Verfahren erstmals bei Ankern erläutert.**

9.7.1 allgemeines über KKS

Als Verlängerung der Gebrauchsdauer von Ankern gibt es die Möglichkeit des Kathodischen Korrosionsschutzes (KKS). Diese Art der Verlängerung der Gebrauchsdauer wird im Schiffsbau, bei Pipelines und im Kesselbau seit über 100 Jahren erfolgreich eingesetzt.

Die Verlängerung der Gebrauchsdauer mit dem Kathodischen Korrosionsschutz (KKS) bei Ankern unterscheidet sich zur traditionellen Sanierungen sehr stark. Es wird der den Anker ümhüllende karbonatisierte bzw. auch chloriddurchsetzte Ankermörtel (Zementmörtel) nicht abgetragen oder ersetzt, sondern es wird der Ankerstahl daran gehindert weiter zu korrodieren.

Es müssen somit die von Korrosion betroffenen Stahlteile nicht freigelegt werden, sondern es muss nur darauf geachtet werden, dass ein gleichmäßiger geringer Stromfluss (Elektronenfluss) zwischen Kathode (Ankerstahl) und Anode entstehen kann, sodass immer ein Elektronenüberschuss am Ankerststahl vorherrscht.

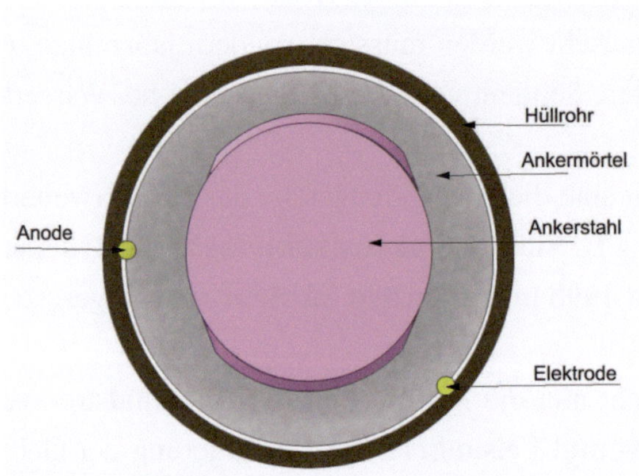

Abbildung 9.97: Querschnitt beim doppelt korrosionsgeschütztem Anker mit KKS

Es wird Strom (Elektronen) über den Ankerstahl (Kathode) eingespeist und zu einem Gegenpol (Anode) geleitet. Dieser Gegenpol besteht aus eine Edelmetalldraht. Der Strom besteht aus Elektronen, die somit verhindern, dass der Ankerstahl eine Verbindung mit dem Sauerstoff und den OH- Ionen herstellt und somit Rost erzeugt.

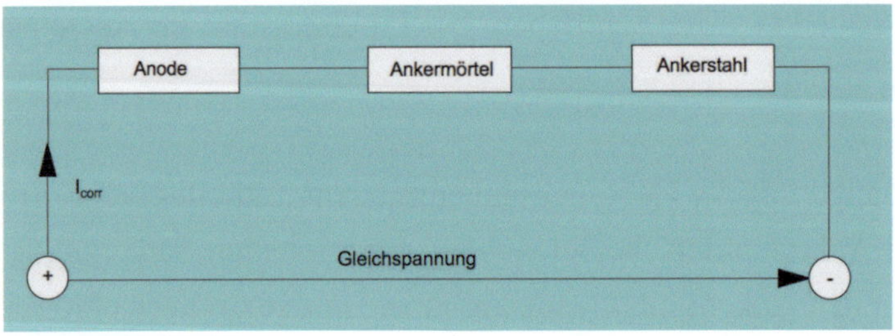

Abbildung 9.98: Prinzip der elektrischen Schaltung beim KKS

Diese Schutzmethode benötigt etwa 3-10 mA/m2 Schutzfläche (Ankeroberfläche). Dies ist eine sehr geringe Strommenge, die man bei Berührung kaum spürt. Somit können relativ viele Anker mit einem kleinen Gleichrichter versorgt werden.

Vereinfacht dargestellt werden dem Stahl immer Elektronen zugegeben, sodass bei einem Elektronenverlust immer ein freies Elektron nachrückt. Es findet somit eine Polarisierung statt, die beim Ankerstahl immer einen Elektronenüberschuss erzeugt.

Somit kann der Anker keine chemische Verbindung mit anderen Stoffen wie O2 oder OH eingehen. Also kann der Anker nicht rosten.

Solange diese Polarisierung aufrecht ist, kann der Stahl nicht rosten, er ist somit geschützt. Sein Querschnitt bleibt erhalten.

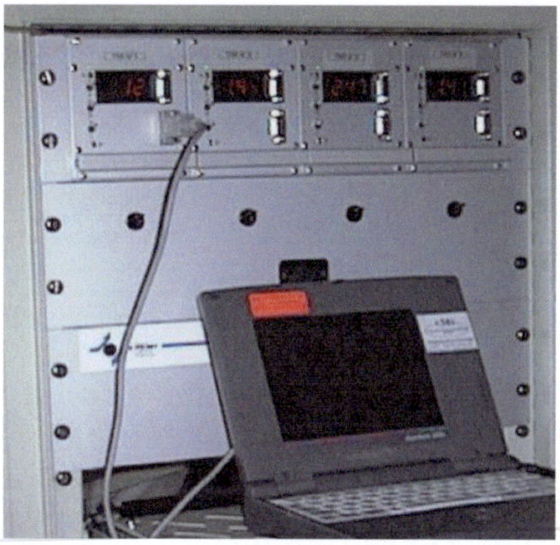

Abbildung 9.99: Steuerung der KKS-Anlage bei einer Ankeranlage

Bei dieser KKS-Steuerung wurden die Anker in 4 Gruppen zu jeweils 4 Ankern zusammengefasst. Es lassen sich alle Anker jeweils über die eingebauten Elektroden messen und auch über die Anoden mit KKS schützen.

9.7.2 KKS bei doppelt korrosionsgeschützten Ankern

Anker mit der Längsten Gebrauchsdauer sind die doppelt korrosionsgeschützten Anker. Wie bei einer elektrischen Messung (Potentialmessung) mit einer Längselektrode muss für den Schutz mittels kathodischem Korrosionsschutz die Anode auch innerhalb des Hüllrohres (Ripprohres) installiert sein. Es kann dann der zum kathodischen Schutz notwendige Gleichstrom über eine Anode aufgebracht werden. Es ist bei doppelt korrosionsgeschützten Ankern die Steuerung des Schutzstromes jeweils einzeln für jeden Anker extra zu regeln. Dies erfolgt auf Grundlage der Messerbebnisse einer Polarisationsmessung am Ankerstahl.

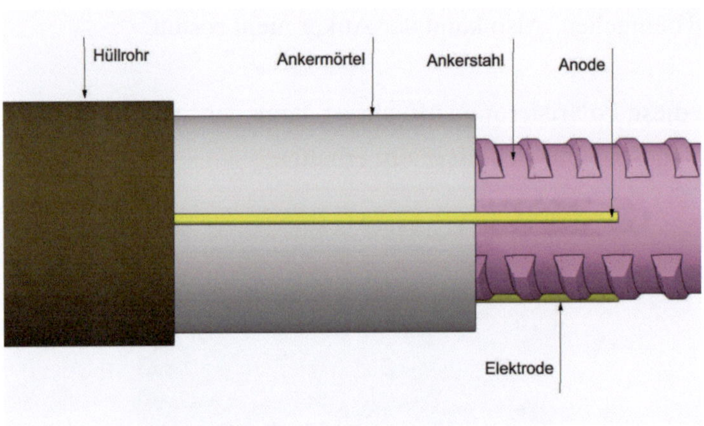

Abbildung 9.100: Längsschnitt beim doppelt korrosionsgeschütztem Anker mit KKS

Eine nachträgliche Anwendung des KKS für doppelt korrosionsgeschützte Anker ist derzeit noch nicht bekannt, es bestehen jedoch theoretische Möglichkeiten, die im Prüfstadium sind und auf ihre Realisierung warten.

9.7.3 KKS bei einfach korrosionsgeschützten Ankern

Bodennägel oder einfach korrosionsgeschützte Anker bestehen im Wesentlichen aus einer Stahlstange bzw. einem Stahlrohr das mehr oder weniger gut von Ankermörtel umhüllt im Untergrund liegt. Aus der Sicht des kathodischen Korrosionsschutzes ist nur wichtig, dass der Stahlteil in einem feuchtigkeitsgetränktem Medium (Ankermörtel und/oder Boden) liegt. Um einer Austrocknung von der Erdoberfläche her vorzukehren, sollte die Anode jedenfalls tiefer als 1,5 m von der Erdoberfläche an ihre Wirkung erzeugen. Dies führt dazu, dass eine Mindesteinbindetiefe von 3,0 m für eine Anode (ebenso wie für die Elektrode beim Messvorgang) vorgeschlagen wird.

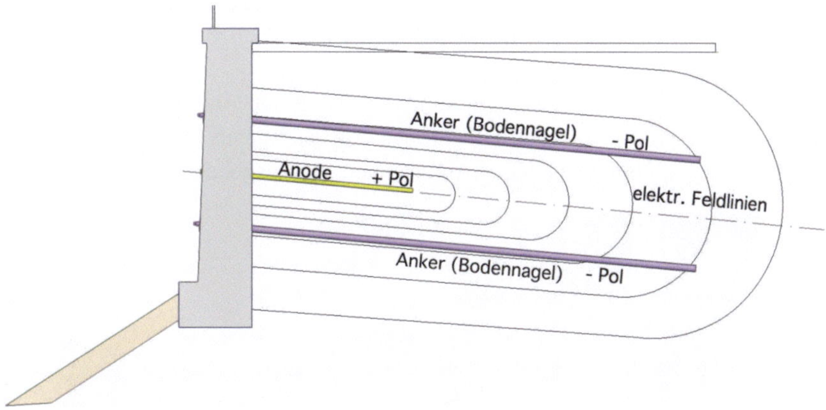

Abbildung 9.101: KKS bei einfach korrosionsgeschützten Ankern und Bodennägel

Da das Stahltragglied (Anker) nicht durch ein Küllrohr ummantelt ist, kann der kathodische Korrosionsschutz auch mit einer weiter entfernten Anode durchgeführt werden. Dies hat zwei Vorteile:

- die Anode kann auch nachträglich in den Untergrund eingebaut werden
- eine Anode kann mehrere Bodennägel (Anker) schützen

Publisher Erratum zu: Unterfangungen

Publisher Erratum zu:
Kapitel 7 in: B. Wietek, *Böschungen und Baugruben*,
https://doi.org/10.1007/978-3-658-44911-7_7

Die Abbildung 7.4 (Seitenzahl 270) fehlte in der Druckfahne und wurde daher nicht veröffentlicht. Die ursprünglich veröffentlichte Version des Buches wurde korrigiert.

Der Verlag entschuldigt sich bei den Autor*innen, Herausgebenden und den Leser*innen.

Abbildung 7.4: Unterfangung des Franziskanerklosters in Innsbruck

---

Die aktualisierte Version dieses Kapitels finden Sie unter
https://doi.org/10.1007/978-3-658-44911-7_7

© Der/die Autor(en), exklusiv lizenziert an
Springer Fachmedien Wiesbaden GmbH, ein Teil von Springer Nature 2024
B. Wietek, *Böschungen und Baugruben*, https://doi.org/10.1007/978-3-658-44911-7_10

Anhang

© Der/die Herausgeber bzw. der/die Autor(en), exklusiv lizenziert an
Springer Fachmedien Wiesbaden GmbH, ein Teil von Springer Nature 2024
B. Wietek, *Böschungen und Baugruben*, https://doi.org/10.1007/978-3-658-44911-7

Abbildungsverzeichnis

© Der/die Herausgeber bzw. der/die Autor(en), exklusiv lizenziert an
Springer Fachmedien Wiesbaden GmbH, ein Teil von Springer Nature 2024

B. Wietek, *Böschungen und Baugruben*, https://doi.org/10.1007/978-3-658-44911-7

Literaturverzeichnis

[1] ArcelorMittal. *Piling Handbook*, 8. edition, 2008.

[2] R. Baboian. Corrosion tests and standards. *ASTM*, (ISBN 0-8031-2058-3), 1995.

[3] Ernst Biener, editor. *Wendehorst Bautechnische Zahlentafeln*. 35. Auflage. Springer Vieweg, 2015.

[4] Jörn Bosse. *Das Baugrundrisiko im Bauvertrag*. ISBN-13: 978-3825885137. LIT Verlag Münster, 2005.

[5] Hermann Brandecker. Die gestaltung von böschungen in lockermassen und in fels. Forschungsbericht Heft 3, Forschungsgesellschaft für das Strassenwesen, 1971.

[6] W.G. Brown. Difficulties associated with predicting depth of freeze or thaw. Technical Report Vol.1,215-226, Can. Geotechnique Journal, 1964.

[7] Golster Camman. *Das Arbeiten mit ionenselektiven Elektroden*. Springer Berlin Heidelberg New York Tokyo, 3 edition, 1995.

[8] Arbeitskreis Baugruben der Deutschen Gesellschaft für Geotechnik, editor. *Empfehlungen des Arbeitskreises Baugruben*. ISBN 3-433-02970-1. Ernst Sohn, 4. edition, 2012.

[9] D.Verink. The basics. *NANCE International*, (ISBN 1-877914-62-2), 1994.

[10] Klaus Englert, Josef Grauvogl, and Maurer Michael Maurer. *Handbuch des Baugrund und Tiefbaurechts*. ISBN-13: 978-3804114708. Werner Verlag, 4. edition, 2011.

[11] Fa. Ischebeck. *Bodenvernagelung mit Titan Geotechnik*, w 29.4/03.10/03.10/br edition, 10 2003.

© Der/die Herausgeber bzw. der/die Autor(en), exklusiv lizenziert an
Springer Fachmedien Wiesbaden GmbH, ein Teil von Springer Nature 2024

B. Wietek, *Böschungen und Baugruben*, https://doi.org/10.1007/978-3-658-44911-7

[12] Fecker, Götz, Sauer, and Spaun, editors. *Festschrift L.Müller-SBG zum 65. Geburtstag*. Widmann Karlsruhe, 1974.

[13] Daniel Fitterer. *Systemrisiko und Erfolgsverpflichtung im Baurecht.* ISBN-13: 978-3936232868. Verlag Lexxion, 2006.

[14] Jungwirth; Beyer; Grübl. Dauerhafte betonbauwerke. *Boss-Druck und Verlag*, page 225, 1986.

[15] Gerd Gudehus. *Bodenmechanik.* ISBN 3-432-92181-0. Enke, 1981.

[16] Walter Herth and Erich Arndts. *Theorie und Praxis der Grundwasserabsenkung*. ISBN 3-433-00994-5. Ernst Sohn, 2. edition, 1985.

[17] Schweiger H.F., editor. *Bemessung der Spritzbetonvernagelung für einen Baugrubenverbau.* 7. Cristian Veder Kolloquium, April 1992.

[18] Klaus Hilmer. *Schäden im Gründungsbereich.* ISBN 3-433-01209-1. Ernst Sohn, 1991.

[19] k. Berkely; S. Pathmanaban. *Cathodic Protection of Reinforcement Steel in Concrete.* Number ISBN 0-408-03273-1. Butterworks, London, 1990.

[20] A. Kezdi. *Erddrucktheorien.* Springer Berlin Göttingen Heidelberg, 1962.

[21] D. Kolymbas. *Geotechnik - Bodenmechanik und Grundbau.* Springer Berlin Heidelberg New York Tokyo, 1998.

[22] Konrad Kuntsche. *Geotechnik.* ISBN 3-528-07712-3. Viewegs Fachbücher der Technik, 2000.

[23] Lazzari. *Engineering Tools for Corrosion.* Number 68. EFC Publ 68, 2019.

[24] Felsbau und Tunnelbau Lehrstuhl für Grundbau, Bodenmechanik. Stützbauwerke und verbau. Technical report, TU München Zentrum Geotechnik, 2014.

[25] L. Müller. Int. symposium in salzburg austria. In Richard Widmann, editor, *Anker in Theorie und Praxis*, page 457. Österr. Gesellschaft für Geomechanik, AA Balkema, 1995.

[26] Leopold Müller. *Der Felsbau 1.* ISBN-10: 3827412676. Enke, 1963.

[27] M. Pourbaix. *Lectures on Electrochemical Corrosion*. Number ISBN 0-306-30449-X. Plenum Press New York, London, 1973.

[28] E.G. Prater. Die gewölbewirkung der schlitzwände. *Der Bauingenieur*, (49):125–131.

[29] Meinhard Schiechtl and Roland Stern. *Handbuch für naturnahen Erdbau*. ISBN 3-7040-1063-4. Österr. Agrarverlag, 1992.

[30] Hans-Henning Schmidt, Roland F. Buchmaier, and Carola Vogt-Breyer. *Grundlagen der Geotechnik*. 4. Auflage. Springer Vieweg, 2013.

[31] U. Seltenhammer. Ankermauer an der brenner autobahn. *Österr. Ingenieur Zeitschrift*, (11):208–211, 1968.

[32] Konrad Simmer. *Grundbau Teil 1*. ISBN 3-519-45231-6. BG Teubner Stuttgart, 19. edition, 1994.

[33] Konrad Simmer. *Grundbau Teil 2*. ISBN 3-519-35232-X. BG Teubner Stuttgart, 18. edition, 1999.

[34] Ulrich Smoltczyk, editor. *Grundbau Taschenbuch Teil 1*. ISBN 3-433-01445-0. Ernst Sohn, 6. edition, 2001.

[35] Ulrich Smoltczyk, editor. *Grundbau Taschenbuch Teil 2*. ISBN 3-433-01477-7. Ernst Sohn, 6. edition, 2001.

[36] Ulrich Smoltczyk, editor. *Grundbau Taschenbuch Teil 3*. ISBN 3-433-01446-9. Ernst Sohn, 6. edition, 2001.

[37] Karoly Szechy. *Gründungsschäden*. Bauverlag Wiesbaden Berlin, 1963.

[38] ThyssenKrupp. *Spundwandhandbuch*, 4. edition, 04 2010.

[39] J. Tritthart. Zu korrosion von stahl in beton. *ÖIAZ*, 134(12):607–615, 1989.

[40] Henner Türke. *Statik im Erdbau*. ISBN 3-433-01203-2. Ernst Sohn, 2. edition, 1990.

[41] Karl v. Terzaghi and Ralph B. Peck. *Die Bodenmechanik in der Baupraxis*. Springer Berlin Göttingen Heidelberg, 1961.

[42] Christian Veder. *Rutschungen*. ISBN 3-211-81504-X. Springer Wien New York, 1979.

[43] P. von Soos. *Eigenschaften von Boden und Fels*. W. Ernst u. Sohn, 1993.

[44] vW. Baeckmann; W. Schwenk; W. Prinz. *Handbuch des Kathodischen Korrosionsschutzes*. Number ISBN 3-527-26972-X. VCH-Verlag Weinheim, 1989.

[45] A. Weissenbach. *Baugruben*. Ernst u. Sohn Berlin, 1977.

[46] B. Wietek. Ein korrosions-meß-system für daueranker. *GD-Anker Kolloquium*, 1996.

[47] B. Wietek. Früherkennung von korrosion bei brücken. In Kolloquium 4.11.1997, editor, *Forschung und Entwicklung für Zement und Beton*. Vereinigung der österr. Zementindustrie, 1997.

[48] Bernhard Wietek. Dränagepfahl und dränagewand. Technical Report TIS 10/82, Tiefbau Ingenieurbau Strassenbau, 1982.

[49] Bernhard Wietek. Dränageverbau. Technical Report TIS 5/83, Tiefbau Ingenieurbau Strassenbau, 1983.

[50] Bernhard Wietek. *Grundbau*. ISBN 3-7068-1206-1. Manz Verlag, 4. edition, 2002.

[51] Bernhard Wietek. *Stahlfaserbeton*. ISBN 978-3-8348-0872-1. Vieweg+Teubner, 2. edition, 2010.

[52] Bernhard Wietek. *Faserbeton im Bauwesen*. Springer Vieweg, 2014.

[53] Walter Wittke. *Felsmechanik*. ISBN 3-540-13016-0. Springer Berlin Heidelberg New York Tokyo, 1984.

[54] G. Wranglen. *Korrosion und Korrosionsschutz*. Number ISBN 3-540-13741-6. Springer Berlin Heidelberg New York Tokyo, 1985.

Index

© Der/die Herausgeber bzw. der/die Autor(en), exklusiv lizenziert an
Springer Fachmedien Wiesbaden GmbH, ein Teil von Springer Nature 2024
B. Wietek, *Böschungen und Baugruben*, https://doi.org/10.1007/978-3-658-44911-7